会声会影2020
从入门到精通

龙飞 编著

清华大学出版社
北京

内容简介

本书是市场上畅销的会声会影图书的升级与完善,更是一位视频剪辑师20多年的实战经验总结,精选200多个基础实例演练,以及40个抖音热门短视频进阶实操技巧,帮助用户快速从初学到精通软件,从菜鸟成为视频编辑达人。

本书的细节特色是:1740款超值素材赠送+1510多张图片全程图解+350多分钟视频演示+200多个基础实例演练+70多个专家提醒放送+40个进阶实操技巧+5大篇幅内容安排+4大专题实战精通,帮助读者完成视频的编辑与剪辑。

全书分为5篇:新手入门篇、视频剪辑篇、精彩特效篇、后期处理篇和专题实战篇。具体内容包括:会声会影2020快速入门、会声会影2020基本操作、应用会声会影模板、捕获与添加媒体素材、编辑与调整媒体素材、剪辑与精修视频素材、制作视频滤镜特效、制作视频转场特效、制作视频画中画特效、制作视频字幕特效、制作视频音乐特效、渲染输出视频文件、分享视频至新媒体平台、抖音视频——《星空银河》、电商视频——《图书宣传》、婚纱视频——《携手相伴》、儿童相册——《成长记录》等内容。读者学后可以融会贯通、举一反三,制作出更多更加精彩、漂亮的视频效果。

本书结构清晰、文字简洁,适合于会声会影的初、中级读者阅读,包括广大DV爱好者、数码工作者、影像工作者、数码家庭用户和视频编辑处理人员,同时也可作为各类计算机培训机构、中职中专、高职高专等院校及相关专业的辅导教材(随书附赠PPT教学课件)。

图书在版编目(CIP)数据

会声会影2020从入门到精通 / 龙飞编著.—北京:清华大学出版社,2021.4

ISBN 978-7-302-57872-7

Ⅰ.①会… Ⅱ.①龙… Ⅲ.①视频编辑软件—教材 Ⅳ.①TN94

中国版本图书馆CIP数据核字(2021)第056501号

责任编辑:李 磊
封面设计:王 晨
版式设计:思创景点
责任校对:成凤进
责任印制:朱雨萌

出版发行:清华大学出版社
    网 址:http://www.tup.com.cn,http://www.wqbook.com
    地 址:北京清华大学学研大厦A座   邮 编:100084
    社 总 机:010-62770175   邮 购:010-62786544
    投稿与读者服务:010-62776969,c-service@tup.tsinghua.edu.cn
    质 量 反 馈:010-62772015,zhiliang@tup.tsinghua.edu.cn

印 装 者:三河市国英印务有限公司
经 销:全国新华书店
开 本:185mm×260mm 印 张:23.75 字 数:654千字
版 次:2021年7月第1版 印 次:2021年7月第1次印刷
定 价:79.00元

产品编号:089530-01

大咖推荐

TYUT小崔 | 中国延时摄影师联盟成员、CCTV新闻频道合作延时摄影师、8KRAW摄影师、光纪元联合创始人、航拍师、《高手之路：延时摄影与短视频制作从入门到精通》图书作者

　　作者以多年的视频剪辑经验和理论积累编写了这本书，内容深入浅出，言简意赅，帮助会声会影新手从零开始逐步精通软件的各项操作，制作精彩的视频作品。

毛亚东 | 8KRAW签约摄影师、视觉中国摄影师、《星空摄影与后期从入门到精通》图书作者

　　本书内容全面、实例经典、实用性很强，作者经验丰富、专业，通过200多个实例辅助讲解软件。读者可以一边学习一边实践，快速掌握软件的核心技能和操作技巧。

唐及科得 | 索尼合作摄影师、8KRAW签约摄影师、2018年海峡两岸无人机航拍大赛金奖得主、《飞手是怎样炼成的》图书作者

　　对于爱好视频剪辑的新手来说，这本书绝对能助您收获良多。作者从专业的角度，将多年的经验整理成书分享给大家。本书有专业的知识体系，精选了上百个经典案例，深入浅出地引领您从入门到精通。

王　诚 | 抖音网红星空摄影师、星空秘境旅行家、无人机航拍师、《高手之路：星空摄影与延时短视频从入门到精通》图书作者

　　本书通俗易懂，层层递进，逐步讲解，是一本实用性很强的视频后期剪辑教程书籍。大家在实践操作的过程中有不懂的地方还可以通过观看视频演示来学习。

王肖一 | 8KRAW签约摄影师、抖音百万粉丝的网红摄影师、《无人机摄影与摄像技巧大全》图书作者

　　这是一本会声会影专用指南，作者经验丰富，挑选的案例实用性都很强，对软件的功能、选项、按钮、工具等方面都进行了详细的讲解，帮助读者快速从新手步入高手行列。大家可以认真、仔细地学习本书内容。

前 言

1．软件简介

会声会影2020是Corel公司推出的专为个人及家庭设计的影片剪辑软件，功能强大、方便易用。无论是入门级新手，还是高级用户，均可以通过捕获、剪辑、转场、特效、覆叠、字幕、刻录等功能，进行快速操作、专业剪辑，完美地输出影片。随着其功能的日益完善，在数码领域、相册制作，以及商业领域的应用越来越广，深受广大数码摄影者、视频编辑者的青睐。

2．本书的主要特色

更全面的内容：5大篇幅内容安排＋17章软件技术精解＋70多个专家提醒放送＋1510多张图片全程图解。

更丰富的案例：4大专题实战精通＋40个进阶操作技巧＋200多个基础实例演练＋350多分钟视频播放＋640多个素材效果展示。

更超值的赠送：45个会声会影问题解答＋80款片头片尾视频模板＋110款儿童相册模板＋120款标题字幕特效＋210款婚纱影像模板＋230款视频边框模板＋350款画面遮罩图像。

更完备的功能：书中详细讲解了会声会影2020的工具、功能、命令、菜单、选项，做到完全解析、完全自学，读者可以即查即用。

3．本书的细节特色

◆ 5大篇幅内容安排

本书结构清晰，共分为5大篇：新手入门篇、视频剪辑篇、精彩特效篇、后期处理篇和专题实战篇，帮助读者循序渐进，稳扎稳打，掌握软件的核心与各种视频剪辑的高效技巧，通过大量实战精通演练，提高水平，学有所成。

◆ 4大专题实战精通

本书从抖音视频、电商视频、婚纱视频、儿童相册4个方面，精心挑选素材并制作了4个大型影像案例：《星空银河》《图书宣传》《携手相伴》和《成长记录》，帮助读者掌握会声会影2020的精髓内容。

◆ 40个进阶操作技巧

本书精选了40个简单的抖音热门短视频制作的进阶操作技巧，书中带有★进阶★的章节为进阶内容，简单易学，适合学有余力的读者深入钻研。用户只要熟练掌握基本的操作，开拓思维，就可以在现有的实操基础上有一定的进阶。

◆ 70多个专家提醒放送

作者在编写时，总结平常工作中的会声会影实战精通技巧和设计经验，共70多个，毫无保留地奉献给读者，不仅大大提高了本书的含金量，更方便读者提升实战技巧与经验，从而提高学习与工作的效率，学以致用。

◆ 200多个基础实例演练

本书通过大量的基础技能实例来辅助讲解软件，共计200多个，帮助读者在实战精通演练中逐步掌握软件的核心技能与操作技巧。与同类书相比，通过学习本书读者更能快速掌握会声会影软件的大量使用方法，帮助读者从新手快速进入设计高手的行列。

◆ 350多分钟视频演示

书中的200多个技能实例的操作，以及最后4大专题案例全部录制了带语音讲解的演示视频，时间长度达350分钟，重现书中所有技能实例的操作。读者可以结合图书，也可以独立观看视频演示学习软件，只要扫描实例名称旁边的二维码，即可打开相应的视频。

◆ 1510多张图片全程图解

本书采用了1510多张图片，对软件的技术、实例的讲解、效果的展示进行全程式的图解，通过这些大量清晰的图片，让实例的内容变得更加通俗易懂。读者可以一目了然，快速领会，举一反三，制作出更加精美漂亮的效果。

◆ 1740款超值素材赠送

本书不仅赠送了640多个素材效果文件，还有80款片头片尾视频模板、110款儿童相册模板、120款标题字幕特效、210款婚纱影像模板、230款视频边框模板、350款视频画面遮罩图像等素材，用户在制作视频时可以灵活运用。

4．作者

本书由龙飞编著，参与本书编写的人员还有向小红等人。由于作者知识水平所限，书中难免有疏漏和不足之处，恳请广大读者批评指正，欢迎与我们交流、沟通。作者微信号：2633228153，摄影学习号：goutudaquan。

5．特别提醒

本书采用会声会影2020软件编写，请用户一定要使用同版本软件。直接打开配套资源中的素材和效果文件时，会弹出重新链接素材的提示，如音频、视频、图像素材，甚至提示丢失信息等，这是因为每个用户安装的会声会影2020及素材与效果文件的路径不一致，发生了改变，这属于正常现象。用户只需要将这些素材重新链接素材文件夹中的相应文件，即可链接成功。用户也可以将配套资源复制到计算机中，需要某个VSP文件时，第一次链接成功后，就将文件进行保存，后面打开就不需要再重新链接了。

当用户打开项目，重新链接素材出现格式错误时，请一定要根据提示信息选择原来的素材图片，格式也一定要与原来相符，打开附赠的文件一定要保存至计算机除C盘外的硬盘中，在解压后的文件上单击鼠标右键，在弹出的快捷菜单中选择"属性"命令，弹出相应对话框，取消选中"只读"复选框，以防链接项目素材时操作错误而失败。

6．配套资源

本书提供了丰富的配套资源，以帮助用户更好地学习会声会影2020的相关知识，具体内容如下。

视频　　　　　　　素材　　　　　　　效果

课件　　　　　　　赠送　　　　　　　字体

编　者

配套资源二维码下载说明

本书提供了丰富的配套资源，如本书实例涉及的素材、效果、字体和视频教学文件，以及赠送的资料、PPT课件等，下载操作如下。

首先用户可以打开手机微信"扫一扫"功能，扫描本书前言结尾处相应的资源二维码(例如"视频"二维码)，随即进入"文泉云盘--图书二维码资源管理系统"页面，如图1所示。这里需要注意的是，该页面仅提供用户下载，在该页面中是不能直接打开资源文档的，此时用户可以选择两种方式进行下载。

第一种，将资源下载至手机内：点击"下载资源"选项，弹出信息提示框，提示用户点击右上角，在浏览器中下载，如图2所示；然后点击右上角按钮，弹出相应面板，在其中点击"在浏览器打开"图标按钮，如图3所示；稍等片刻，即可在相应浏览器中打开"文泉云盘--图书二维码资源管理"页面，再次点击"下载资源"选项，弹出相应对话框，点击"立即下载"选项，如图4所示，即可将资源下载至手机中，解压后即可使用。

图1

图2

图3

图4

这里建议用户将资源下载至手机后，通过数据线连接计算机，将下载的资源复制到计算机中解压应用。

第二种，在PC端(计算机)下载：点击"推送到我的邮箱"选项，会弹出"发送资源到邮箱"对话框，在文本框中输入邮箱名称后，点击"发送"按钮，如图5所示；即可将资源链接发送到邮箱中，用户在浏览器登录注册的邮箱，在收件箱中单击资源链接，如图6所示；弹出"新建下载任务"对话框，设置文件名和保存位置后，单击"下载"按钮，如图7所示；下载保存至计算机中，解压后即可使用。

图5

图6

图7

目　录

◆ 新手入门篇 ◆

第3章 应用会声会影模板 `45`

◆ **视频剪辑篇** ◆

第4章 捕获与添加媒体素材 `62`

第5章　编辑与调整媒体素材　77

◆ 精彩特效篇 ◆

第8章　制作视频转场特效 163

◆ 后期处理篇 ◆

第11章　制作视频音乐特效　262

第12章　渲染输出视频文件　282

第13章　分享视频至新媒体平台　301

◆ 专题实战篇 ◆

第14章　抖音视频——星空银河 314

第15章　电商视频——图书宣传 326

第16章 婚纱视频——携手相伴 336

第17章 儿童相册——成长记录 346

附录 45个会声会影问题解答 358

新手入门篇

第1章

会声会影2020快速入门

学习提示

会声会影2020是一款功能非常强大的视频编辑软件,提供超过100多种视频编辑功能与效果,可以导出多种常见的视频格式,是最常用的视频编辑软件之一。本章主要介绍会声会影2020的新增功能以及工作界面等内容,希望读者熟练掌握。

🗑 CLEAR　⬆ SUBMIT

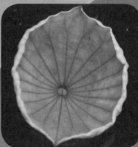

本章重点导航

- ■ 本章重点1——了解会声会影2020的新增功能
- ■ 本章重点2——掌握会声会影2020步骤面板
- ■ 本章重点3——掌握"编辑"界面各元素
- ■ 本章重点4——了解视频/音频的基本常识
- ■ 本章重点5——掌握两大后期编辑类型

🗑 CLEAR　⬆ SUBMIT

1.1 了解会声会影2020的新增功能

　　会声会影2020在会声会影2019的基础上，对一些功能进行了新增、完善以及更新，如无缝过渡转场、动态分割画面、文字蒙版遮罩、高光时刻功能、背景声音素材库以及颜色分级控制项等。下面简单介绍上述功能。

◀ 1.1.1 ▎无缝过渡转场 ▶

　　在会声会影中，为用户提供了转场素材库，转场可以使视频过渡转换画面时更加自然。会声会影2020在之前版本的基础上进行了新增和完善。下面以"无缝"转场组中的转场为例，介绍在两个素材之间添加"无缝"过渡转场的效果。用户学会以后，可以举一反三，将新增的转场特效添加至素材中，制作出精彩的视频文件。

扫码看视频

素材文件	素材\第1章\荷花绽放.VSP
效果文件	效果\第1章\荷花绽放.VSP
视频文件	视频\第1章\1.1.1　无缝过渡转场.mp4

🔍 **实战精通1——荷花绽放**

步骤 01 打开一个项目文件，在预览窗口中查看打开的项目效果，如图1-1所示。

图1-1　查看打开的项目效果

步骤 02 在右上角单击"转场"按钮 **AB**，打开"转场"素材库，如图1-2所示。

步骤 03 在库导航面板中，选择"无缝"选项，如图1-3所示。

 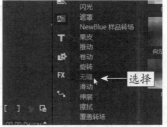

图1-2　单击"转场"按钮　　　　图1-3　选择"无缝"选项

步骤 04 展开"无缝"转场组，选择"向上并旋转"转场，如图1-4所示。

步骤 05 按住鼠标左键将选择的转场拖曳至两个素材文件之间，释放鼠标左键，即可添加"向上并旋转"转场特效，如图1-5所示。

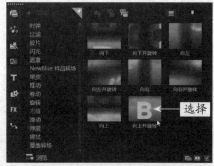
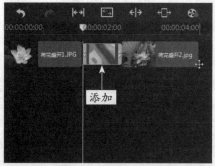

图1-4　选择"向上并旋转"转场　　　图1-5　添加"向上并旋转"转场特效

步骤 06 在导览面板中，单击"播放"按钮，查看添加无缝转场后的项目效果，如图1-6所示。

图1-6　查看添加无缝转场后的项目效果

> **专家指点** 在时间轴面板中，拖曳时间指示器至添加的转场位置，左右移动时间指示器，此时用户可以在预览窗口中查看添加的转场效果。

1.1.2 动态分割画面

　　会声会影2020支持分屏创建功能，可以多屏同框兼容分割视频画面，该功能十分具有可观性。用户可以自己创建分屏，进行自定义模板创建并置入素材，也可以使用系统自带的模板，制作出更多有趣的视频，还可以通过以下方式使用"分屏模板创建器"功能，制作动态分割画面的视频效果。

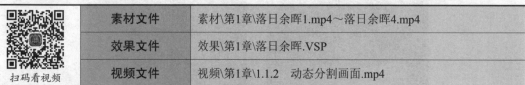

	素材文件	素材\第1章\落日余晖1.mp4～落日余晖4.mp4
扫码看视频	效果文件	效果\第1章\落日余晖.VSP
	视频文件	视频\第1章\1.1.2　动态分割画面.mp4

实战精通2——落日余晖 ▶

步骤 01 进入会声会影编辑器，单击"媒体"按钮 ，切换至"媒体"素材库，在空白位置单击鼠标右键，在弹出的快捷菜单中选择"插入媒体文件"命令，如图1-7所示。

步骤 02 弹出"选择媒体文件"对话框，在文件夹中选择需要导入的媒体文件，在下方单击"打开"按钮，如图1-8所示。

图1-7 选择"插入媒体文件"命令

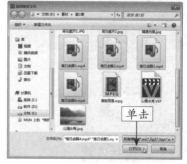

图1-8 单击"打开"按钮

步骤 03 执行操作后，即可将选择的视频素材导入"媒体"素材库面板中，如图1-9所示。

步骤 04 在时间轴面板的工具栏中单击"分屏模板创建器"按钮☑，如图1-10所示。

图1-9 导入视频素材

图1-10 单击"分屏模板创建器"按钮

步骤 05 弹出"模板编辑器"窗口，如图1-11所示。

步骤 06 在右上角的"分割工具"选项区中，选择"直线"工具，如图1-12所示。

步骤 07 在中间的编辑窗口中，从上至下绘制一条垂直直线，将屏幕一分为二，如图1-13所示。

步骤 08 在"属性"面板中，设置"水平"为0、"垂直"为0、"旋转"为90，如图1-14所示。

图1-11 弹出"模板编辑器"窗口

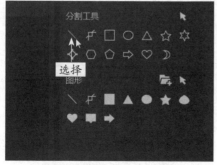

图1-12 选择"直线"工具

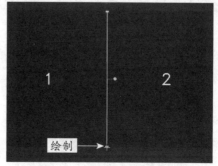

图1-13 绘制一条垂直直线

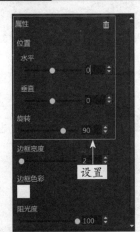

图1-14 设置"属性"参数

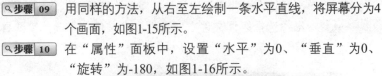

步骤 09 用同样的方法，从右至左绘制一条水平直线，将屏幕分为4个画面，如图1-15所示。

步骤 10 在"属性"面板中，设置"水平"为0、"垂直"为0、"旋转"为-180，如图1-16所示。

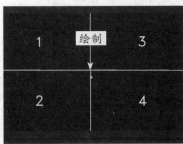

图1-15 从右至左绘制一条水平直线

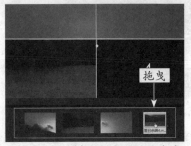

步骤 11 在左侧的"媒体"素材库中，依次拖曳前面导入的素材至编辑窗口下方相应的选项卡中，如图1-17所示。

步骤 12 在编辑窗口中，可以查看添加素材后的画面效果，如图1-18所示。

图1-16 再次设置"属性"参数

图1-17 拖曳素材至相应选项卡中

图1-18 查看添加素材后的画面效果

步骤 13 在编辑窗口中，选中绘制的垂直直线，如图1-19所示。

步骤 14 在编辑窗口下方，单击"结束"按钮，将时间移至视频结束位置，如图1-20所示。

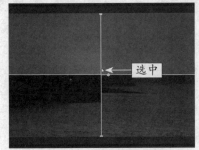

图1-19 选中绘制的垂直直线

图1-20 单击"结束"按钮

步骤 15 在界面左下角，单击"关键帧"按钮，如图1-21所示。

步骤 16 在视频时间结束位置即可添加一个关键帧，如图1-22所示。

图1-21 单击"关键帧"按钮

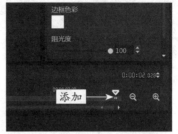
图1-22 添加一个关键帧

步骤 17 单击"上一个关键帧"按钮◀，如图1-23所示，切换时间线至开始关键帧的位置。

步骤 18 在"属性"面板中，设置"水平"为-50、"垂直"为0，如图1-24所示。调整垂直直线开始关键帧的停放位置。

图1-23 单击"上一个关键帧"按钮

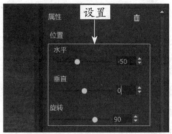
图1-24 设置"属性"面板中的相应参数

步骤 19 在编辑窗口中，选中绘制的水平直线，如图1-25所示。

步骤 20 使用同样的方法，在时间线上添加结束关键帧，并设置开始关键帧的位置参数，在"属性"面板中先设置"垂直"为50，再设置"水平"为0，如图1-26所示。

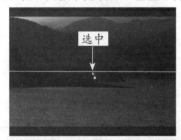
图1-25 选中绘制的水平直线

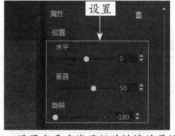
图1-26 设置水平直线开始关键帧的属性参数

步骤 21 在编辑窗口下方面板中，单击"确定"按钮，如图1-27所示。

步骤 22 返回会声会影"编辑"步骤面板，制作的画面分屏素材会自动添加至时间轴面板的覆叠轨中，如图1-28所示。

图1-27 单击"确定"按钮

图1-28 添加分屏素材

在"属性"面板中，"位置"选项区下方的"水平"和"垂直"参数是关联的状态，当用户修改"水平"参数时，"垂直"参数会自动修改，若用户不满意"垂直"参数自动修改的数值，可以手动修改"垂直"参数。

步骤 23 在导览面板中，单击"播放"按钮，即可查看制作的动态分割视频效果，如图1-29所示。

图1-29 查看制作的动态分割视频画面效果

1.1.3 ‖ 文字蒙版遮罩

在会声会影2020中，对遮罩创建器也进行了整改，并新增了文字蒙版工具。用户可以在视频画面中的指定区域创建文字遮罩，并保存在计算机文件夹中，方便日后重复使用创建的遮罩。下面介绍制作文字遮罩的操作方法。

扫码看视频	素材文件	素材\第1章\靖港古镇.VSP
	效果文件	效果\第1章\靖港古镇.VSP
	视频文件	视频\第1章\1.1.3 文字蒙版遮罩.mp4

实战精通3——靖港古镇

步骤 01 进入会声会影编辑器，打开一个项目文件，如图1-30所示。
步骤 02 选中覆叠轨中的视频素材，如图1-31所示。

图1-30 打开一个项目文件　　　　　图1-31 选中覆叠轨中的视频素材

步骤 03 在时间轴面板的工具栏中，单击"遮罩创建器"按钮，如图1-32所示。
步骤 04 弹出"遮罩创建器"窗口，如图1-33所示。
步骤 05 在"遮罩工具"选项区中，单击"文字蒙版工具"按钮，如图1-34所示。

图1-32 单击"遮罩创建器"按钮

图1-33 弹出"遮罩创建器"窗口

步骤 06 在遮罩选定区域窗口中的合适位置双击鼠标左键，会出现一个文本框，如图1-35所示。

图1-34 单击"文字蒙版工具"按钮

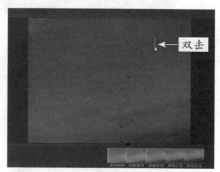

图1-35 双击鼠标左键

步骤 07 在"遮罩工具"选项区下方，设置文本字体、字号和大小等属性，如图1-36所示。

步骤 08 在遮罩选定区域窗口中，输入文字内容并调整文字蒙版遮罩到合适位置，如图1-37所示。

图1-36 文本属性设置

图1-37 调整文字蒙版遮罩位置

步骤 09 在界面右下角单击"保存到"右侧的"浏览"按钮▣，如图1-38所示。

步骤 10 弹出"浏览文件夹"对话框，在其中设置遮罩文件的保存位置，单击"确定"按钮，如图1-39所示。

图1-38 单击"浏览"按钮

图1-39 设置遮罩文件的保存位置

步骤 11 返回"遮罩创建器"窗口，单击"确定"按钮，如图1-40所示。

步骤 12 返回会声会影"编辑"步骤面板，在时间轴面板中可以看到覆叠素材上制作的遮罩标记，如图1-41所示。

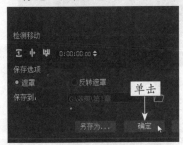

图1-40 单击"确定"按钮

图1-41 查看制作的遮罩标记

步骤 13 在导览面板中，单击"播放"按钮，查看文字蒙版遮罩效果，如图1-42所示。

图1-42 查看制作的文字蒙版遮罩效果

◀ 1.1.4 ‖ 高光时刻功能 ▶

高光时刻是会声会影2020新增的智能影片创建器，在打开的"高光时刻"窗口中可以导入需要制作的素材，并将导入的素材添加到编辑面板中，高光时刻会自动分析提取影片中的最佳片段，自动匹配过渡转场、日期字幕、背景音乐等进行视频合成，生成一个完整的影片文件，生成后的视频文件会保存到"编辑"步骤面板中。下面介绍具体的操作步骤。

扫码看视频	素材文件	素材\第1章\百花争艳1.jpg～百花争艳4.jpg
	效果文件	效果\第1章\百花争艳.VSP
	视频文件	视频\第1章\1.1.4　高光时刻功能.mp4

实战精通4——百花争艳

步骤 01 进入会声会影编辑器，单击菜单栏中的"工具"|"高光时刻"命令，如图1-43所示。

步骤 02 弹出"高光时刻"窗口，单击右上角的"导入媒体"按钮，在弹出的列表框中选择"导入媒体文件"选项，如图1-44所示。

图1-43　单击"高光时刻"命令

图1-44　选择"导入媒体文件"选项

步骤 03 在弹出的对话框中选择需要导入的素材文件，如图1-45所示。

步骤 04 单击"打开"按钮，即可将选择的媒体素材导入窗口中，如图1-46所示。

图1-45　选择需要导入的素材文件

图1-46　导入窗口中

步骤 05 在窗口中选中导入的媒体素材，单击"创建"按钮，如图1-47所示。

步骤 06 即可将所选素材添加至下方的时间轴面板中，并自动生成一个完整的视频文件，如图1-48所示。

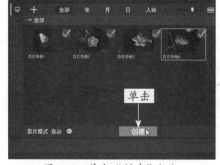

图1-47　单击"创建"按钮

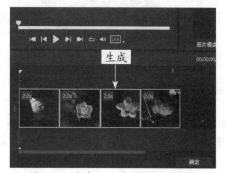

图1-48　生成一个完整的视频文件

步骤 07 在导览面板中单击"播放"按钮▶,查看制作的视频效果,如图1-49所示。

步骤 08 单击"确定"按钮,完成高光时刻影片的制作,制作的视频文件会显示在"编辑"步骤面板中,如图1-50所示。

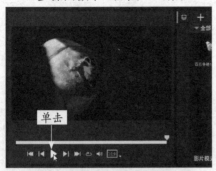

图1-49 单击"播放"按钮　　　　　　图1-50 显示在"编辑"步骤面板中

1.1.5 背景声音素材库

在会声会影"编辑"步骤面板右上角的库面板中,为用户提供了"媒体"素材库、"模板"素材库、"转场"素材库、"标题"素材库、"覆叠"素材库、"滤镜"素材库以及"运动路径"素材库等。现如今,会声会影2020版本又新增了一个"声音"素材库,为用户提供了掌声、欢呼声、流水声、鸟叫声、脚步声、铃声、雷雨声等多个音频素材。下面介绍应用"声音"素材的操作方法。

扫码看视频	素材文件	素材\第1章\山清水秀.VSP
	效果文件	效果\第1章\山清水秀.VSP
	视频文件	视频\第1章\1.1.5　背景声音素材库.mp4

实战精通5——山清水秀

步骤 01 打开一个项目文件,在预览窗口中查看打开的项目效果,如图1-51所示。

步骤 02 在右上角单击"声音"按钮,如图1-52所示。

图1-51 查看打开的项目效果　　　　　　图1-52 单击"声音"按钮

步骤 03 展开"声音"素材库,在其中选择Birds.wav音频素材,如图1-53所示。

步骤 04 按住鼠标左键,将选择的音频素材拖曳至声音轨中,即可为图像素材匹配背景声音,如图1-54所示。在导览面板中单击"播放"按钮▶,查看并倾听添加背景声音后的项目效果。

图1-53　选择Birds.wav音频素材

图1-54　将选择的音频拖曳至声音轨中

1.1.6 ‖ 色彩控制项

在会声会影2020"编辑"步骤面板的"色彩"选项面板中，新增了色调曲线、HSL调节、色轮、LUT配置文件等功能。如图1-55所示为"色彩"选项面板。

在"色彩"选项面板中，各功能含义如下。

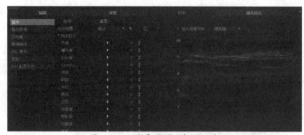

图1-55　"色彩"选项面板

- "基本"面板：在该面板中可以根据图像画面色彩对色调、曝光度、对比度、饱和度等进行微调。
- "自动色调"面板：在该面板中选中"自动调整色调"复选框，可以自动校正图像画面中的色彩色调。
- "白平衡"面板：单击"白平衡"标签，如图1-56所示。在该面板中可以调整素材画面钨光、日光、荧光、云彩、阴影等效果。
- "色调曲线"面板：单击"色调曲线"标签，如图1-57所示。在该面板中可以通过曲线调整素材画面YRGB色调效果。

图1-56　"白平衡"面板

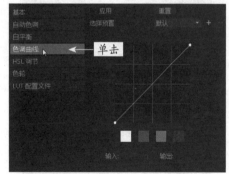

图1-57　"色调曲线"面板

- "HSL调节"面板：单击"HSL调节"标签，如图1-58所示。在该面板中根据图像画面颜色调整色相、饱和度和亮度属性。
- "色轮"面板：单击"色轮"标签，如图1-59所示。在该面板中可以根据色彩三原色(红、绿、蓝)，通过拖曳色轮中心的白色圆圈，调整图像素材画面的高光、阴影、半色调以及色偏(色彩偏移)效果。

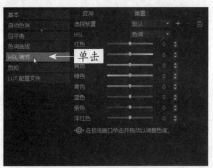 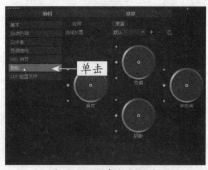

图1-58 "HSL调节"面板　　　　　　　　图1-59 "色轮"面板

- "LUT配置文件"面板：LUT是look up table的简称。我们可以将其理解为查找表或查色表。单击"LUT配置文件"标签，如图1-60所示。展开相应面板，在会声会影2020中提供了多款LUT转换模板，LUT支持多种胶片滤镜效果，方便用户制作特殊的影视图像效果。

- 波形范围面板：选中"显示视频范围"复选框，即可显示视频素材波形图，单击"显示视频范围"复选框右侧的下三角按钮█，如图1-61所示。在弹出的列表框中选择相应选项，即可以相应的波形图来查看视频素材色彩波形分布状况。如图1-62所示为4种素材色彩波形分布图。

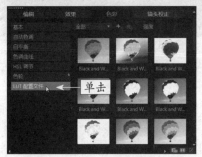 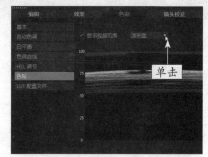

图1-60 "LUT配置文件"面板　　　　　图1-61 单击下三角按钮

波形图

矢量-颜色

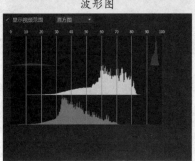

直方图

RGB Parade分量

图1-62 4种素材色彩波形分布图

1.2 掌握会声会影2020步骤面板

在会声会影2020中包括3大步骤面板,分别为"捕获""编辑"和"共享"步骤面板,这3个步骤面板都是编辑视频的常用面板,本节分别介绍这3大步骤面板。

◀ 1.2.1 ‖ "捕获"步骤面板 ▶

在会声会影2020界面的上方,单击"捕获"标签,进入"捕获"步骤面板,如图1-63所示。通过使用该步骤面板中的相关功能,可以捕获各种视频文件,如DV视频、DVD视频以及实时屏幕画面,还可以制作定格动画,该界面能满足用户的各种视频捕获需求。

图1-63 进入"捕获"步骤面板

◀ 1.2.2 ‖ "编辑"步骤面板 ▶

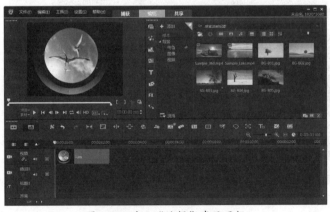

图1-64 进入"编辑"步骤面板

在会声会影2020界面的上方,单击"编辑"标签,进入"编辑"步骤面板,如图1-64所示。该步骤面板是编辑视频文件的主要场所,在其中可以对视频进行剪辑和修整操作,还可以为视频添加转场、滤镜、字幕等各种特效,丰富视频画面。

◀ 1.2.3 ‖ "共享"步骤面板 ▶

在会声会影2020界面的上方,单击"共享"标签,进入"共享"步骤面板,如图1-65所示。当用户对视频编辑完成后,需要通过"共享"步骤面板中的相关功能,将视频文件进行输出操作,可以输出为不同的视频格式,还可以制作3D视频文件,或者将视频上传至网络与其他网友一起分享制作的视频成果。

图1-65　进入"共享"步骤面板

1.3　掌握"编辑"界面各元素

　　会声会影2020工作界面主要包括菜单栏、步骤面板、选项面板、预览窗口、导览面板、各类素材库以及时间轴面板等，如图1-66所示。

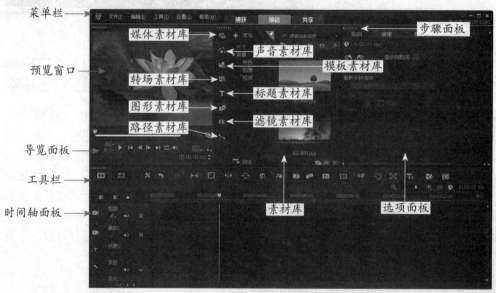

图1-66　会声会影2020工作界面

1.3.1 ‖ 菜单栏

　　在会声会影2020工作界面中，用户可以快速而清晰地完成影片的编辑工作。会声会影2020

图1-67　会声会影2020的菜单栏

中的菜单栏位于工作界面的左上方，包括"文件""编辑""工具""设置"和"帮助"5个菜单，如图1-67所示。

　　在菜单栏中各菜单命令含义如下。

① **"文件"菜单**：在该菜单中可进行一些项目的操作，如新建、打开和保存等。

② **"编辑"菜单**：在该菜单中包含一些编辑命令，如撤销、重复、复制和粘贴等。

③ **"工具"菜单**：在该菜单中可以对视频进行多样的编辑，如使用会声会影的DV转DVD向导功能，可以对视频文件进行编辑并刻录成光盘等。

④ **"设置"菜单**：在该菜单中可以设置项目文件的基本参数、查看项目文件的属性、使用智能代理管理器以及使用章节点管理器等。

⑤ **"帮助"菜单**：在该菜单中可以获取相关的软件帮助信息，包括使用指南、视频教学课程、新增功能、入门指南以及检查更新等内容。

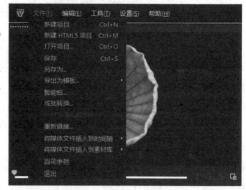

图1-68　"文件"菜单

在会声会影2020中，菜单命令可分为3种类型。下面以图1-68所示的"文件"菜单为例进行介绍。

- 普通菜单命令：普通菜单上没有特殊标记，只需选择该命令，即可执行相应的操作，如"新建项目"命令。

- 子菜单命令：在菜单命令的右侧带有三角形图标，选择该命令，可打开其子菜单，如"将媒体文件插入到时间轴"和"将媒体文件插入到素材库"等命令。

- 对话框菜单命令：在菜单命令之后带有省略号(…)，选择该命令，将弹出一个对话框，如"打开项目""另存为"和"智能包"等命令。

1.3.2 步骤面板

会声会影2020将视频的编辑过程简化为"捕获""编辑"和"共享"3个步骤，单击步骤面板上相应的标签，可以在不同的步骤之间进行切换，在上一节中已经进行了简单的介绍，这里不再重复。

1.3.3 选项面板

在时间轴中对项目选取的素材进行参数设置，根据选中素材的类型和轨道，选项面板中会显示出对应的参数，该面板中的内容将根据步骤面板的不同而有所不同。图1-69为照片在照片"编辑"选项面板和视频"编辑"选项面板中，各参数含义如下。

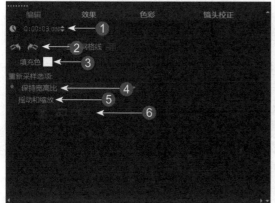
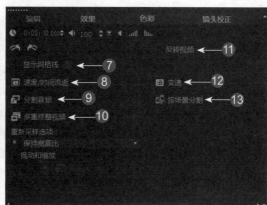

图1-69　照片"编辑"选项面板与视频"编辑"选项面板

专家指点

在会声会影2020媒体素材库面板下方有3个按钮，其功能如下。

- "显示选项面板"按钮：单击该按钮，可以展开选项面板，用户可以根据需要在其中设置属性。
- "显示库和选项面板"按钮：单击该按钮，可同时展开媒体素材库和选项面板。
- "显示库面板"按钮：单击该按钮，则只显示素材库面板中的模板内容。

❶ **"照片区间"数值框**：该数值框用于调整照片素材播放时间的长度，显示了当前播放所选照片素材所需的时间，时间码上的数字代表"小时:分钟:秒:帧"，单击其右侧的微调按钮，可以调整数值的大小，也可以单击时间码上的数字，待数字处于闪烁状态时，输入新的数字后按【Enter】键确认，即可改变原来照片素材的播放时间长度。

❷ **"向左旋转"按钮和"向右旋转"按钮**：单击这两个按钮，可以向左或向右旋转素材。

❸ **"填充色"选项**：选中"填充色"复选框，即可将图像素材填充为色块显示的颜色。

❹ **"保持宽高比"选项**：单击该选项右侧的下三角按钮，在弹出的列表框中选择相应的选项，可以调整预览窗口中素材的大小和样式。

❺ **"摇动和缩放"选项**：选中该单选按钮，可以设置照片素材的摇动和缩放效果，其中提供了多种预设样式，用户可根据需要进行相应的选择。

❻ **"自定义"按钮**：选中"摇动和缩放"单选按钮后，单击"自定义"按钮，在弹出的对话框中可以对选择的摇动和缩放样式进行相应的编辑与设置。

❼ **"显示网格线"选项**：选中该复选框，即可在预览窗口中显示网格线。

❽ **"速度/时间流逝"按钮**：单击该按钮，在弹出的对话框中可以设置视频素材的回放速度和流逝时间。

❾ **"分割音频"按钮**：在视频轨中选择相应的视频素材后，单击该按钮，可以将视频中的音频分割出来。

❿ **"多重修整视频"按钮**：单击该按钮，弹出"多重修整视频"对话框，在其中用户可以对视频文件进行多重修整操作，也可以将视频按照指定的区间长度进行分割和修剪。

⓫ **"反转视频"选项**：选中该复选框，可以对视频素材进行反转操作。

⓬ **"变速"按钮**：单击该按钮，可以调整视频的速度，或快或慢。

⓭ **"按场景分割"按钮**：在视频轨中选择相应的视频素材后，单击该按钮，在弹出的对话框中可以对视频文件按场景分割为多段单独的视频文件。

◀ 1.3.4 ‖ 导览面板 ▶

在导览面板上有一排播放控制按钮和功能按钮，用于预览和编辑项目中使用的素材，如图1-70所示。使用修整栏和滑轨可以对素材进行编辑，将鼠标指针移至导览面板中相应的按钮图标上时，会出现提示信息，显示该按钮的名称。

在导览面板中，各按钮含义如下。

❶ **"播放"按钮**：单击该按钮，播放会声会影的项目、视频或音频素材。按住【Shift】键的同时单击该按钮，可以仅播放在修整栏上选取的区间(在开始标记和结束标记之间)。在回放时，单击该按钮，可以停止播放视频。

❷ **"起始"按钮**：单击该按钮，可以将时间线移至视频的起始位置。

③ "上一帧"按钮◀：单击该按钮，可以将时间线移至视频的上一帧位置，在预览窗口中显示上一帧视频的画面效果。

④ "下一帧"按钮▶：单击该按钮，可以将时间线移至视频的下一帧位置，在预览窗口中显示下一帧视频的画面效果。

⑤ "结束"按钮▶▮：单击该按钮，可以将时间线移至视频的结束位置，在预览窗口中显示相应的结束帧画面效果。

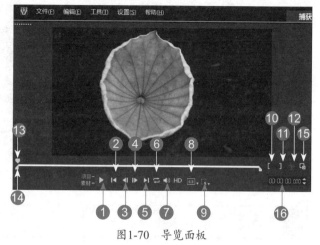

图1-70 导览面板

⑥ "重复"按钮▱：单击该按钮，可以使视频重复播放。

⑦ "系统音量"按钮◀)：单击该按钮，或拖动弹出的滑动条，可以调整素材的音频音量，同时也会调整扬声器的音量。

⑧ "更改项目宽高比"下三角按钮▱：单击右下角的下三角按钮，在弹出的列表框中提供了5种更改项目比例的选项，选择相应的选项图标，在预览窗口中可以将项目更改为相应的播放比例。

⑨ "变形工具"下三角按钮▱：单击该按钮，在弹出的列表框中提供了两种变形方式，选择不同的选项图标，即可对素材进行裁剪变形。

⑩ "开始标记"按钮▮：单击该按钮，可以标记素材的起始点。

⑪ "结束标记"按钮▮：单击该按钮，可以标记素材的结束点。

⑫ "根据滑轨位置分割素材"按钮▱：将鼠标指针定位到需要分割的位置，单击该按钮，即可将所选的素材剪切为两段。

⑬ "滑轨"▱：单击并拖动该按钮，可以浏览素材，其停顿的位置显示在当前预览窗口的内容中。

⑭ "修整标记"按钮▲：单击该按钮，可以修整、编辑和剪辑视频素材。

⑮ "扩大"按钮▱：单击该按钮，可以在较大的窗口中预览项目或素材。

⑯ "时间码"数值框▱▱▱▱▱▱▱▱：通过指定确切的时间，可以直接调到项目或所选素材的特定位置。

> **专家指点**
>
> 在导览面板中，提供了两种变形方式，一种是"比例模式"，选择"比例模式"，在预览窗口中可以通过拖曳素材四周的控制柄，使素材大小等比例变形；另一种是"裁剪模式"，选择"裁剪模式"，在预览窗口中可以通过拖曳素材四周的控制柄，裁剪掉不需要的素材画面。

◀ 1.3.5 预览窗口 ▶

　　在会声会影2020中，预览窗口位于操作界面的左上角，是导览面板的上半部分，如图1-71所示。在预览窗口中，用户可以查看正在编辑的项目或者预览视频、转场、滤镜以及字幕等素材的效果。

图1-71　预览窗口

1.3.6 ‖ 素材库

素材库用于保存和管理各种多媒体素材，素材库中的素材种类主要包括视频、照片、音乐、模板、转场、字幕、滤镜以及覆叠效果等。如图1-72所示为"声音"素材库、"模板"素材库、"转场"素材库、"覆叠"素材库、"滤镜"素材库以及"路径"素材库。

"声音"素材库

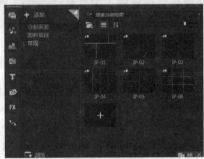

"模板"素材库

"转场"素材库

"覆叠"素材库

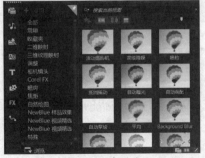

"滤镜"素材库

"路径"素材库

图1-72　各素材库面板

1.3.7 ║ 时间轴面板

时间轴面板位于整个操作界面的最下方,用于显示项目中包含的所有素材、标题和效果,它是整个项目编辑的关键窗口,如图1-73所示。在时间轴面板中允许用户微调效果,并以精确到帧的精度来修改和编辑视频,还可以根据素材在每条轨道上的位置准确地显示故事中事件发生的时间和位置。

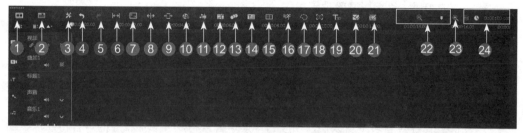

图1-73　会声会影2020的时间轴

在时间轴面板上方的工具栏中,各工具按钮含义如下。

①	**"故事板视图"按钮**:单击该按钮,可以切换至故事板视图。

②	**"时间轴视图"按钮**:单击该按钮,可以切换至时间轴视图。

③	**"自定义工具栏"按钮**:单击该按钮,可以打开工具栏面板,在该面板中用户可以管理时间轴工具栏中的相应工具。

④	**"撤销"按钮**:单击该按钮,可以撤销前一步的操作。

⑤	**"重复"按钮**:单击该按钮,可以重复前一步的操作。

⑥	**"内滑"按钮**:单击该按钮,可以调整剪辑素材的开始和结束时间。

⑦	**"延伸"按钮**:单击该按钮,调整素材的速度。

⑧	**"卷动"按钮**:单击该按钮,调整两个素材之间的编辑点。

⑨	**"外滑"按钮**:单击该按钮,调整相邻素材的开始和结束帧。

⑩	**"录制/捕获选项"按钮**:单击该按钮,弹出"录制/捕获选项"对话框,在其中可以进行定格动画、屏幕捕获以及快照等操作。

⑪	**"混音器"按钮**:单击该按钮,可以进入混音器视图。

⑫	**"自动音乐"按钮**:单击该按钮,可以打开"自动音乐"选项面板,在该面板中可以设置相应选项以自动播放音乐。

⑬	**"运动追踪"按钮**:单击该按钮,可以制作视频的运动追踪效果。

⑭	**"字幕编辑器"按钮**:单击该按钮,可以在视频画面中创建字幕效果。

⑮	**"多相机编辑器"按钮**:单击该按钮,可以在播放视频素材的同时进行动态剪辑、合成操作。

⑯	**"重新映射时间"按钮**:单击该按钮,可以重新调整视频的播放速度、播放方向。

⑰	**"遮罩创建器"按钮**:单击该按钮,可以创建视频的遮罩效果。

⑱	**"摇动和缩放"按钮**:单击该按钮,可以创建视频的摇动和缩放效果。

⑲	**"3D标题编辑器"按钮**:单击该按钮,可以制作3D标题字幕效果。

⑳	**"分屏模板创建器"按钮**:单击该按钮,可以创建多屏同框、兼容分屏效果。

㉑	**"绘图创建器"按钮**:在绘图创建器中,用户可以使用画笔工具绘制各种不同的图形对象。

㉒	**"放大/缩小"滑块**:向左拖曳滑块,可以缩小项目显示;向右拖曳滑块,可以放大项目显示。

㉓ "将项目调到时间轴窗口大小"按钮▣：单击该按钮，可以将项目文件调整到时间轴窗口大小。

㉔ "项目区间"显示框⏱ 0:00:00:00：该显示框中的数值，显示了当前项目的区间大小。

在时间轴面板的左侧，默认情况下包含5条轨道，分别为视频轨、覆叠轨、标题轨、声音轨以及音乐轨，各轨道相关功能如下。

- 视频轨▣：在视频轨中可以插入视频素材与图像素材，还可以对视频素材与图像素材进行相应的编辑、修剪以及管理等操作。
- 覆叠轨▣：在覆叠轨中可以制作相应的覆叠特效。覆叠功能是会声会影提供的一种视频编辑技巧。简单地说，"覆叠"就是画面的叠加，在屏幕上同时显示多个画面效果。
- 标题轨▣：在标题轨中可以创建多个标题字幕效果与单个标题字幕效果。字幕是以各种字体、样式、动画等形式出现在屏幕上的中外文字的总称，字幕设计与书写是视频编辑的艺术手段之一。
- 声音轨▣：在声音轨中可以插入相应的背景声音素材，并添加相应的声音特效。在编辑影片的过程中，除了画面以外，声音效果是影片的另一个非常重要的因素。
- 音乐轨▣：在音乐轨中也可以插入相应的音乐素材，这是除声音轨以外，另一个添加音乐素材的轨道。

1.4 了解视频/音频的基本常识

会声会影是一款专为个人及家庭等非专业用户设计的视频编辑软件，现在已升级到2020版，新版本的会声会影2020功能更全面，设计更具人性化，操作也更加简单方便。本节主要介绍视频/音频的基本常识，包括视频技术常用术语、视频编辑常用术语、视频常用格式及音频常用格式等。

◀ 1.4.1 ‖ 4个视频技术术语 ▶

在会声会影2020中，常用的视频技术主要包括NTSC、PAL和DV等，下面简单介绍这几种常用的视频技术。

1. NTSC

NTSC(national television standards committee)是国家电视标准委员会定义的一个标准，它的标准是每秒30帧，每帧525条扫描线，这个标准包括在电视上显示的颜色范围限制。

2. PAL

PAL(phase alternation line)是一个被用于欧洲、非洲和南美洲国家的电视标准。

3. DV

DV是新一代的数字录影带的规格，体积更小，录制时间更长。使用6.35带宽的录影带，以数字信号来录制影音，录影时间为60分钟，有LP模式可延长拍摄时间至带长的1.5倍，全名为digital video，简称为DV。目前市面上有两种规格的DV，一种是标准的DV带；一种是缩小的Mini DV带，一般家用的摄像机使用的都是Mini DV带。

4. D8

D8为Sony公司的新一代机种，与Hi8和V8同样使用8mm带宽的录影带，但是它以数字信号来录制影音，录影时间缩短为原来带长的一半，全名为Digital8，简称D8，水平解析度为500条。

1.4.2 ▏7个视频编辑术语

在会声会影2020中，了解视频编辑的常用术语很重要，如帧和场、分辨率、电视制式、渲染及复合视频信号等，下面进行简单介绍。

1．帧和场

帧是视频技术常用的最小单位，一帧是由两次扫描获得的一幅完整图像的模拟信号。视频信号的每次扫描称为场。

视频信号扫描的过程是从图像左上角开始，水平向右到达图像右边后迅速返回左边，并另起一行重新扫描。这种从一行到另一行的返回过程称为水平消隐。每一帧扫描结束后，扫描点从图像的右下角返回左上角，再开始新一帧的扫描。从右下角返回左上角的时间间隔称为垂直消隐。一般行频表示每秒扫描多少行，场频表示每秒扫描多少场，帧频表示每秒扫描多少帧。

2．分辨率

分辨率即帧的大小(frame size)，表示单位区域内垂直和水平的像素数值，一般单位区域中像素数值越大，图像显示越清晰，分辨率也就越高。不同电视制式的不同分辨率，用途也会有所不同，如表1-1所示。

表 1-1　不同电视制式分辨率和用途

制　　式	分辨率	用　　途
NTSC	352×240	VCD
	720×480、704×480	DVD
	480×480	SVCD
	720×480	DV
	640×480、704×480	AVI视频格式
PAL	352×288	VCD
	720×576、704×576	DVD
	480×576	SVCD
	720×576	DV
	640×576、704×576	AVI视频格式

3．电视制式

电视信号的标准称为电视制式。目前各国的电视制式各不相同，制式的区分主要在于其帧频(场频)、分辨率、信号带宽及载频、色彩空间转换的不同等。电视制式主要有NTSC制式、PAL制式和SECAM制式3种。

4．渲染

渲染是为要输出的文件应用了转场及其他特效后，将源文件信息组合成单个文件的过程。

5．复合视频信号

复合视频信号包括亮度和色度的单路模拟信号，即从全电视信号中分离出伴音后的视频信号，这时的色度信号还是间插在亮度信号的高端。这种信号一般可通过电缆输入或输出至视频播放设备上。由于该视频信号不包含伴音，与视频输入端口、输出端口配套使用时，还需设置音频输入端口和输出端口，以便同步传输伴音，因此复合式视频端口也称AV端口。

6．编码解码器

编码解码器的主要作用是对视频信号进行压缩和解压缩。一般分辨率为640×480像素的视频信息，以每秒30帧的速度播放，在无压缩的情况下每秒传输的容量高达27MB。因此，只有对视频信息进行压缩处理，才能在有限的空间中存储更多的视频信息，这个对视频压缩解压的硬件就是"编码解码器"。

7．"数字/模拟"转换器

"数字/模拟"转换器是一种将数字信号转换成模拟信号的装置，转换器的位数越高，信号失真越小，图像也更清晰。

◀ 1.4.3 ‖ 8种视频常用格式

数字视频是用于压缩图像和记录声音数据及回放过程的标准，同时包含DV格式的设备和数字视频压缩技术本身，下面介绍几种常用的视频格式。

1．MPEG格式

MPEG(moving picture experts group)类型的视频文件是由MPEG编码技术压缩而成的视频文件，被广泛应用于VCD/DVD及HDTV的视频编辑与处理中。MPEG包括MPEG-1、MPEG-2和MPEG-4(注意：没有MPEG-3，一般所说的MP3是MPEG Layer 3)。

- MPEG-1：MPEG-1是用户接触得最多的，因为被广泛应用在VCD的制作及下载一些视频片段的网络上，一般的VCD都是应用MPEG-1格式压缩的(注意：VCD 2.0并不是说VCD是用MPEG-2压缩的)。使用MPEG-1的压缩算法，可以把一部120分钟长的电影压缩到1.2GB左右。
- MPEG-2：MPEG-2主要应用在制作DVD方面，同时在一些高清晰电视广播(HDTV)和一些高要求的视频编辑处理上也有广泛应用。使用MPEG-2的压缩算法压缩一部120分钟长的电影，可以将其压缩到4～8GB。
- MPEG-4：MPEG-4是一种新的压缩算法，使用这种算法的ASF格式可以把一部120分钟长的电影压缩到300MB左右，可以在网上观看。其他的DIVX格式也可以压缩到600MB左右，但其图像质量比ASF要好很多。

2．AVI格式

AVI(audio video interleaved)格式在Windows 3.1时代就出现了，它的好处是兼容性好，图像质量高，调用方便，但文件通常偏大。

3．nAVI格式

nAVI(newAVI)是一个名为ShadowRealm的组织发展起来的一种新的视频格式。它是由Microsoft ASF压缩算法修改而来的(并不是想象中的AVI)。视频格式追求的是压缩率和图像质量，所以nAVI为了达到这个目标，改善了原来ASF格式的不足，让nAVI可以拥有更高的帧率(frame rate)。当然，这是以牺牲ASF的视频流特性作为代价的。概括来说，nAVI就是一种去掉视频流特性的改良ASF格式，再简单点就是非网络版本的ASF。

4．RM格式

RM是由Real公司创建的一种压缩格式，在制作时所选择的压缩率可以左右RM文件的存储空间，一些在线影视网站下载视频时会优先选择RM格式，因为它具备文件小、画质清晰的特点，在减少存储空间和提升画面质量方面有一定的优势。

5．ASF格式

ASF(advanced streaming format)是Microsoft公司为了和现在的Real Player竞争而发展起来的一种可以直接在网上观看视频节目的文件压缩格式。由于它使用了MPEG-4的压缩算法，所以压缩率和图像质量都很不错。因为ASF是以一个可以在网上即时观赏的视频流格式存在的，它的图像质量比VCD差一些，但比同是视频流格式的RMA格式要好。

6．WMV格式

随着网络化的迅猛发展，用于互联网实时传播的WMV视频格式逐渐流行起来，其主要优点包括可扩充的媒体类型、本地或网络回放、可伸缩的媒体类型、多语言支持、扩展性等。

7．MOV格式

MOV格式是Apple(苹果)公司创立的一种视频格式，在很长一段时间内，它都只是在苹果公司的Mac机上存在，后来发展到支持Windows平台。

8．DIVX格式

DIVX由Microsoft MPEG-4修改而来，同时它也是为打破ASF的种种协定而发展起来的。而使用这种编码技术压缩一部DVD只需要2张CD-ROM，这样就意味着不需要买DVD-ROM也可以得到和它差不多的视频质量了，而这一切只需要有CD-ROM。

◀ 1.4.4 ‖ 11种音频常用格式 ▶

数字音频是用来表示声音强弱的数据序列，由模拟声音经抽样、量化和编码后得到。简单地说，数字音频的编码方式就是数字音频格式，不同的数字音频设备对应着不同的音频文件格式。下面介绍几种常用的数字音频格式。

1．MP3格式

MP3全称为MPEG Layer 3，它在1992年合并至MPEG规范中。MP3能够以高音质、低采样对数字音频文件进行压缩。换句话说，MP3音频文件(主要是大型文件，比如WAV文件)能够在音质丢失很小的情况下(人耳根本无法察觉这种音质损失)把文件压缩到更小的程度。

2．MP3 Pro格式

MP3 Pro是由瑞典Coding科技公司开发的，其中包含两大技术：一是来自Coding科技公司所特有的解码技术，二是由MP3专利持有者——法国Thomson多媒体公司和德国Fraunhofer集成电路协会共同研究的一项译码技术。MP3 Pro可以在基本不改变文件大小的情况下改善原先的MP3音质，它能够在使用较低的比特率压缩音频文件的情况下，最大限度地保持压缩前的音质。

MP3 Pro格式与MP3是兼容的，所以它的文件类型也是MP3。MP3 Pro播放器可以支持播放MP3 Pro或者MP3编码的文件；普通的MP3播放器也可以支持播放MP3 Pro编码的文件，但只能播放出MP3的音质。虽然MP3 Pro是一项优秀的技术，但是由于技术专利费用的问题及其他技术提供商(如Microsoft)的竞争，MP3 Pro并没有得到广泛应用。

3．WAV格式

WAV格式是Microsoft(微软)公司开发的一种声音文件格式，又称为波形声音文件，是最早的数字音频格式，受Windows平台及其应用程序广泛支持。WAV格式支持许多压缩算法，支持多种音频位数、采样频率和声道，采用44.1kHz的采样频率，16位量化位数，因此WAV的音质与CD相差无几，但WAV格式对存储空间需求太大，不便于交流和传播。

4．MP4格式

MP4格式采用的是美国电话电报公司(AT&T)研发的以"知觉编码"为关键技术的A2B音乐压缩技术，由美国网络技术公司(GMO)及RIAA联合公布的一种新型音乐格式。MP4在文件中采用了保护版权的编码技术，只有特定的用户才可以播放，有效地保护了音频版权的合法性。

5．WMA格式

WMA格式是Microsoft公司在互联网音频、视频领域的力作，该格式可以通过减少数据流量但保持音质的方法来达到更高的压缩。其压缩率一般可以达到1:18。另外，WMA格式还可以通过DRM(digital rights management)方案防止复制，或者限制播放时间和播放次数，以及限制播放机器，从而有力地防止盗版。

6．VQF格式

VQF格式是由Yamaha和NTT共同开发的一种音频压缩技术，它的压缩率可以达到1:18(与WMA格式相同)。压缩的音频文件体积比MP3格式小30%～50%，更便于网络传播，同时音质极佳，几乎接近CD音质(16位44.1kHz立体声)。唯一遗憾的是，VQF未公开技术标准，所以至今没能流行开来。

7．MIDI格式

MIDI又称为乐器数字接口，是数字音乐电子合成乐器的统一国际标准。它定义了计算机音乐程序、数字合成器及其他电子设备交换音乐信号的方式，规定了不同厂家的电子乐器与计算机连接的电缆和硬件及设备间数据传输的协议，可以模拟多种乐器的声音。

MIDI文件就是MIDI格式的文件，在MIDI文件中存储的是一些指令，把这些指令发送给声卡，声卡就可以按照指令将声音合成出来。

8．DVD Audio格式

DVD Audio格式是最新一代的数字音频格式，它与DVD Video尺寸、容量相同，为音乐格式的DVD光盘。

9．Real Audio格式

Real Audio是由Real Networks公司推出的一种文件格式，主要适用于网络上的在线播放。该格式最大的特点就是可以实时传输音频信息，例如在网速比较慢的情况下，仍然可以较为流畅地传送数据。

10．AU格式

AU格式是UNIX系统下一种常用的音频格式，起源于Sun公司的Solaris系统。这种格式本身也支持多种压缩方式，但文件结构的灵活性不如WAV格式。这种格式的最大问题是它本身所依附的平台不是面向广大消费者的，因此知道这种格式的用户并不多。但是这种格式出现了很多年，所以许多播放器和音频编辑软件都提供了读/写支持。目前可能唯一使用AU格式来保存音频文件的就是Java平台了。

11．AIFF格式

AIFF格式是苹果电脑上标准的音频格式，属于QuickTime技术的一部分。这种格式的特点就是格式本身与数据的意义无关，因此受到了Microsoft公司的青睐，并据此制作出WAV格式。

AIFF虽然是一种很优秀的文件格式，但由于它是苹果电脑上的格式，因此在PC平台上并没有流行。不过，由于苹果电脑多用于多媒体制作和出版行业，因此几乎所有的音频编辑软件和播放软件都或多或少地支持AIFF格式。由于AIFF格式的包容特性，因此它也同时支持许多压缩技术。

1.5 掌握两大后期编辑类型

　　传统的后期编辑应用的是A/B ROLL方式，它要用到两台放映机(A和B)、一台录像机和一台转换机(Switcher)。A和B放映机中的录像带上存储了已经采集好的视频片段，这些片段的每一帧都有时间码。如果现在把A带上的a视频片段与B带上的b视频片段连接在一起，就必须先设定好a片段要从哪一帧开始，到哪一帧结束，即确定好"开始"点和"结束"点。同样，由于b片段也要设定好相应的"开始"和"结束"点，当将两个视频片段连接在一起时，就可以使用转换机来设定转换效果，当然也可以通过它来制作更多特效。视频后期编辑的两种类型包括线性编辑和非线性编辑，下面进行简单介绍。

◀ 1.5.1 ▌线性编辑 ▶

　　线性编辑是利用电子手段，按照播出节目的需求对原始素材进行顺序剪辑处理，最终形成新的连续画面。其优点是技术比较成熟，操作相对比较简单。线性编辑可以直接、直观地对素材录像带进行操作，因此操作起来较为简单。

　　线性编辑系统所需的设备也为编辑过程带来了众多的不便，全套的设备不仅需要投入较多的资金，而且设备的连线多，故障发生也频繁，维修起来更是比较复杂。这种线性编辑技术的编辑过程只能按时间顺序进行编辑，无法删除、缩短或加长中间某一段的视频。

◀ 1.5.2 ▌非线性编辑 ▶

　　随着计算机软硬件的发展，非线性编辑借助计算机软件数字化的编辑，几乎将所有的工作都在计算机中完成。这不仅降低了众多外部设备和故障的发生频率，更是突破了单一事件顺序编辑的限制。

　　非线性编辑的实现主要靠软硬件的支持，两者的组合称为"非线性编辑系统"。一个完整的非线性编辑系统主要由计算机、视频卡(或IEEE1394卡)、声卡、高速硬盘、专用特效卡及外围设备构成。

　　相比线性编辑，非线性编辑的优点与特点主要集中在素材的预览、编辑点定位、素材调整的优化、素材组接、素材复制、特效功能、声音编辑及视频合成等方面。

　　非线性编辑是针对线性编辑而言的，它具有以下3个特点。

- 需要强大的硬件，价格十分昂贵。
- 依靠专业视频卡实现实时编辑，目前大多数电视台均采用这种系统。
- 非实时编辑，影像合成需要通过渲染来生成，花费的时间较长。

　　会声会影的非线性编辑，主要是借助计算机来进行数字化制作，几乎所有的工作都在计算机里完成，不再需要那么多的外部设备，对素材的调用可以瞬间实现，不用反复去寻找，突破单一的时间顺序编辑限制，可以按各种顺序排列，具有快捷简便、随机的特性。

第2章

会声会影2020基本操作

学习提示

　　会声会影2020是Corel公司推出的一款视频编辑软件，也是世界上第一款面向非专业用户的视频编辑软件，它凭着简单方便的操作、丰富的效果和强大的功能，成为家庭DV用户的首选编辑软件。在开始学习这款软件之前，读者应该积累一定的入门知识，这样有助于后面的学习。本章主要介绍会声会影2020的启动、退出以及基本操作等知识。

🗑 CLEAR　　⬆ SUBMIT

本章重点导航

- ■ 实战精通6——启动会声会影2020
- ■ 实战精通7——退出会声会影2020
- ■ 实战精通8——沙漠戈壁
- ■ 实战精通9——木桌爱情
- ■ 实战精通10——美食美味

- ■ 实战精通11——甜点小吃
- ■ 实战精通12——江中美景
- ■ 实战精通13——可爱动物
- ■ 实战精通14——依山傍水
- ■ 实战精通15——创建库项目

🗑 CLEAR　　⬆ SUBMIT

2.1 启动和退出会声会影2020

用户在学习会声会影2020之前，需要掌握软件的启动与退出方法，这样才有助于更进一步地学习该软件。本节主要介绍如何启动与退出会声会影2020。

2.1.1 ▌ 启动会声会影2020

使用会声会影2020制作影片之前，首先需要启动会声会影2020应用程序。下面介绍启动会声会影2020的操作方法。

素材文件	无
效果文件	无
视频文件	视频\第2章\2.1.1　启动会声会影2020.mp4

扫码看视频

🔍 实战精通6——启动会声会影2020 ▶

步骤 01 在桌面上的"会声会影2020"快捷方式图标上单击鼠标右键，在弹出的快捷菜单中选择"打开"命令，如图2-1所示。

步骤 02 执行操作后，进入会声会影2020启动界面，如图2-2所示。

图2-1　选择"打开"命令

图2-2　进入启动界面

步骤 03 稍等片刻，弹出软件界面，进入会声会影2020工作界面，如图2-3所示。

图2-3　进入会声会影2020工作界面

专家指点

除了运用上述方法可以启动会声会影2020外，还可以单击操作系统桌面左下角的"开始"按钮，在弹出的菜单中单击会声会影2020应用程序图标，即可启动软件。

此外，用户还可以在启动会声会影2020程序软件后，将其锁定在任务栏中，这样即使是在打开了其他程序的情况下，也可以快速启动会声会影2020。

2.1.2 退出会声会影2020

当用户运用会声会影2020编辑完视频后，为了节约系统内存空间，提高系统运行速度，此时可以退出会声会影2020应用程序。下面介绍退出会声会影2020的操作方法。

	素材文件	无
	效果文件	无
扫码看视频	视频文件	视频\第2章\2.1.2 退出会声会影2020.mp4

实战精通7——退出会声会影2020

步骤 01 进入会声会影编辑器，单击菜单栏中的"文件"|"退出"命令，如图2-4所示。

步骤 02 执行上述操作后，即可退出会声会影2020，返回桌面，如图2-5所示。

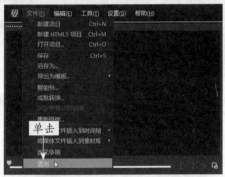

图2-4 单击"退出"命令

图2-5 退出会声会影2020

除了运用上述方法可以退出会声会影2020外，还可以通过以下两种方式退出会声会影2020。

- 单击工作界面右上角的"关闭"按钮，关闭工作界面。
- 在菜单栏的空白位置单击鼠标右键，在弹出的快捷菜单中选择"关闭"命令，即可关闭工作界面，退出会声会影2020。

2.2 掌握项目的基本操作

项目，就是进行视频编辑等操作的文件。使用会声会影对视频进行编辑时，会涉及一些项目的基础操作，如新建项目、打开项目、保存项目和关闭项目等。下面主要介绍会声会影2020中项目的基本操作方法。

2.2.1 新建项目文件

会声会影2020的项目文件是VSP格式的文件，它用来存放制作影片所需要的必要信息，包括视频素材、图像素材、声音文件、背景音乐，以及字幕和特效等。但是，项目文件本身并不是影片，用户可以在最后的分享步骤中，经过渲染输出，将项目文件中的所有素材连接在一起，生成最终的影片。在运行会声会影编辑器时，程序会自动打开一个新项目，并让用户开始制作视频作品。如果是第一次使用会声会影编辑器，那么新项目将使用会声会影的初始默认设置。否则，新项目将使用上次使用的项目设置。项目设置可以决定在预览项目时视频项目的渲染方式。

扫码看视频	素材文件	素材\第2章\BG-B04.jpg
	效果文件	效果\第2章\沙漠戈壁.VSP
	视频文件	视频\第2章\2.2.1　新建项目文件.mp4

实战精通8——沙漠戈壁

步骤 01 进入会声会影编辑器，单击菜单栏中的"文件"|"新建项目"命令，如图2-6所示。

步骤 02 执行上述操作后，即可新建一个项目文件，单击"显示照片"按钮，如图2-7所示，显示软件自带的照片素材。

图2-6　单击"新建项目"命令

图2-7　单击"显示照片"按钮

专家指点

当用户正在编辑的文件没有进行保存操作时，在新建项目的过程中，会弹出提示信息框，提示用户是否保存当前文档。单击"是"按钮，即可保存项目文件；单击"否"按钮，将不保存项目文件；单击"取消"按钮，将取消项目文件的新建操作。

步骤 03 在照片素材库中，选择相应的照片素材，按住鼠标左键并拖曳至视频轨中，如图2-8所示。

步骤 04 在预览窗口中，即可预览素材效果，如图2-9所示。

图2-8　拖曳至视频轨中

图2-9　预览素材效果

2.2.2 ‖ 打开项目文件

在会声会影2020中打开项目文件后，可以编辑影片中的视频素材、图像素材、声音文件、背景音乐以及文字和特效等内容，然后再根据需要重新渲染并生成新的影片。

扫码看视频	素材文件	素材\第2章\木桌爱情.VSP
	效果文件	无
	视频文件	视频\第2章\2.2.2　打开项目文件.mp4

实战精通9——木桌爱情

步骤 01 进入会声会影编辑器，单击菜单栏中的"文件"|"打开项目"命令，如图2-10所示。

步骤 02 弹出"打开"对话框，在其中选择需要打开的项目文件，如图2-11所示。

图2-10　单击"打开项目"命令

图2-11　选择需要打开的项目文件

步骤 03 单击"打开"按钮，即可打开项目文件，单击导览面板中的"播放"按钮，预览项目效果，如图2-12所示。

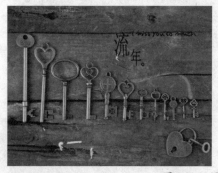

图2-12　预览项目效果

2.2.3 ‖ 保存项目文件

在会声会影2020中编辑影片后，保存项目文件也就是保存了视频素材，包括图像素材、声音文件、背景音乐、标题字幕及特效等信息。下面介绍保存项目文件的操作方法。

	素材文件	素材\第2章\美食美味.VSP
	效果文件	效果\第2章\美食美味.VSP
扫码看视频	视频文件	视频\第2章\2.2.3 保存项目文件.mp4

实战精通10——美食美味

步骤 01 进入会声会影编辑器，单击菜单栏中的"文件"|"打开项目"命令，弹出"打开"对话框，在其中选择需要打开的项目文件，单击"打开"按钮，打开项目文件，如图2-13所示。

步骤 02 在预览窗口中预览打开的项目效果，如图2-14所示。

图2-13 打开项目文件

图2-14 预览项目效果

步骤 03 单击菜单栏中的"文件"|"另存为"命令，如图2-15所示。

步骤 04 弹出"另存为"对话框，在其中设置文件的保存位置及文件名称，单击"保存"按钮，即可保存项目文件，如图2-16所示。

图2-15 单击"另存为"命令

图2-16 单击"保存"按钮

2.2.4 保存为压缩文件

在会声会影2020中，用户可以将编辑的项目文件保存为压缩文件，还可以对压缩文件进行加密处理。下面介绍保存为压缩文件的操作方法。

扫码看视频

素材文件	素材\第2章\甜点小吃.VSP
效果文件	效果\第2章\甜点小吃.zip
视频文件	视频\第2章\2.2.4　保存为压缩文件.mp4

实战精通11——甜点小吃

步骤 01 进入会声会影编辑器，打开一个项目文件，如图2-17所示。

步骤 02 在预览窗口中可以预览打开的项目效果，如图2-18所示。

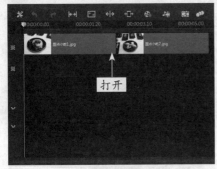

图2-17　打开项目文件

图2-18　预览项目效果

步骤 03 单击菜单栏中的"文件"|"智能包"命令，如图2-19所示。

步骤 04 弹出提示信息框，单击Yes按钮，如图2-20所示。

图2-19　单击"智能包"命令

图2-20　单击Yes按钮

步骤 05 弹出"智能包"对话框，选中"压缩文件"单选按钮，如图2-21所示。

步骤 06 更改文件夹路径后，单击"确定"按钮，弹出"压缩项目包"对话框，在其中选中"加密添加文件"复选框，如图2-22所示。

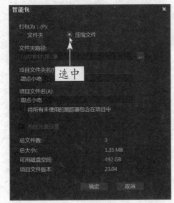

图2-21　选中"压缩文件"单选按钮

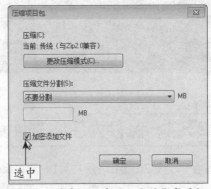

图2-22　选中"加密添加文件"复选框

步骤 07 单击"确定"按钮，弹出"加密"对话框，在"请输入密码"文本框中输入密码 (123456789)，在"重新输入密码"文本框中再次输入密码(123456789)，如图2-23所示。

步骤 08 单击"确定"按钮，开始压缩文件，弹出提示信息框，提示成功压缩，单击"确定"按钮，即可完成文件的压缩，如图2-24所示。

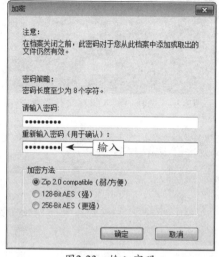

图2-23　输入密码

图2-24　弹出提示信息框

2.3 掌握素材库应用技巧

在会声会影2020中，用户可以根据需要对素材库进行相应操作，包括加载视频素材、重命名素材文件、删除素材文件以及创建库项目等。下面介绍应用素材库的基本操作方法。

◀ 2.3.1 ‖ 加载视频素材 ▶

在会声会影2020中，用户可以在"视频"素材库中加载需要的视频素材。下面介绍加载视频素材的操作方法。

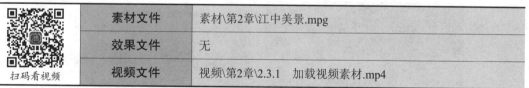

素材文件	素材\第2章\江中美景.mpg
效果文件	无
视频文件	视频\第2章\2.3.1　加载视频素材.mp4

扫码看视频

🔍 **实战精通12——江中美景** ▶

步骤 01 进入会声会影编辑器，在"媒体"素材库中单击"显示视频"按钮▦，显示程序默认的视频素材，如图2-25所示。

步骤 02 在下方的空白位置单击鼠标右键，在弹出的快捷菜单中选择"插入媒体文件"命令，如图2-26所示。

图2-25 显示程序默认的视频素材

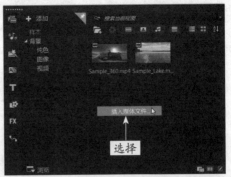

图2-26 选择"插入媒体文件"命令

在会声会影2020中，用户还可以通过以下3种方法将视频导入素材库中。

- 在"媒体"素材库中，单击"导入媒体文件"按钮。
- 单击菜单栏中的"文件"|"将媒体文件插入到素材库"|"插入视频"命令。
- 在打开会声会影2020的状态下，直接在目标文件夹中选中需要插入的视频文件，将其拖曳至素材库中。

步骤 03 弹出"选择媒体文件"对话框，在其中选择需要加载的视频素材，如图2-27所示。

步骤 04 单击"打开"按钮，即可将视频素材导入"媒体"素材库中，如图2-28所示。

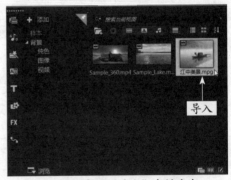

图2-27 选择需要加载的视频素材

图2-28 导入"媒体"素材库中

步骤 05 单击导览面板中的"播放"按钮，即可预览加载的视频效果，如图2-29所示。

图2-29 预览视频效果

2.3.2 ‖ 重命名素材文件

在会声会影2020中，用户可以根据需要在"媒体"素材库中重命名素材文件。下面介绍重命名素材文件的操作方法。

	素材文件	素材\第2章\素材1.jpg
	效果文件	无
扫码看视频	视频文件	视频\第2章\2.3.2　重命名素材文件.mp4

实战精通13——可爱动物

步骤 01 进入会声会影编辑器，在"媒体"素材库中，单击"显示照片"按钮，如图2-30所示。执行操作后，即可显示程序默认的照片素材。

步骤 02 在"照片"素材库中，选择需要重命名的素材，如图2-31所示。然后在该素材名称处单击鼠标左键，素材的名称呈可编辑状态。

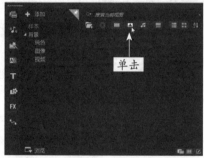

图2-30　单击"显示照片"按钮

图2-31　选择需要重命名的素材

步骤 03 删除素材本身的名称，输入新的名称"可爱动物"，如图2-32所示。

步骤 04 执行上述操作后，按【Enter】键确认，即可重命名素材文件，如图2-33所示。

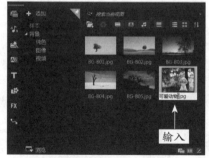

图2-32　输入名称

图2-33　重命名素材文件

2.3.3 ‖ 删除素材文件

　　在会声会影2020中，当素材库中的素材过多或某些素材不再需要时，用户便可将此类素材删除，以提高工作效率。下面介绍删除素材文件的操作方法。

	素材文件	素材\第2章\依山傍水.jpg
	效果文件	无
扫码看视频	视频文件	视频\第2章\2.3.3　删除素材文件.mp4

🔍 **实战精通14——依山傍水** ▶

🔍 **步骤 01** 进入会声会影编辑器，在"照片"素材库中添加需要的照片素材，如图2-34所示。

🔍 **步骤 02** 在预览窗口中可预览添加的素材效果，如图2-35所示。

图2-34 添加需要的照片素材

图2-35 预览素材效果

🔍 **步骤 03** 在素材库中选择需要删除的素材文件，单击鼠标右键，在弹出的快捷菜单中选择"删除"命令，如图2-36所示。

🔍 **步骤 04** 弹出提示信息框，提示用户是否确认操作，如图2-37所示，单击"是"按钮，即可删除素材库中选择的素材文件。

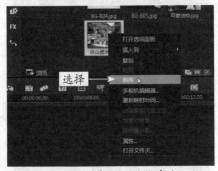
图2-36 选择"删除"命令

图2-37 弹出提示信息框

专家指点

在会声会影2020中，用户还可以直接选中需要删除的素材文件，按【Delete】键，即可将其删除。

◀ 2.3.4 ║ 创建库项目 ▶

在会声会影2020中，为了减少显示空间，单击库导航面板右上角的"固定"按钮◢，可以将库导航面板隐藏起来，将鼠标指针向左移动，即可重新显示库导航面板。用户可以根据需要在"媒体"素材库中创建库项目，方便影片的操作。下面介绍创建库项目的操作方法。

扫码看视频	素材文件	无
	效果文件	无
	视频文件	视频\第2章\2.3.4　创建库项目.mp4

实战精通15——创建库项目

步骤 01 进入会声会影编辑器，在"媒体"素材库中，向左移动鼠标指针至"媒体"按钮上，显示左侧的库导航面板，单击右上角的"固定"按钮，固定库导航面板，如图2-38所示。

步骤 02 在面板中单击"添加"按钮，如图2-39所示。

图2-38　显示库导航面板　　　　　　　　　　图2-39　单击"添加"按钮

步骤 03 执行上述操作后，即可创建一个"文件夹"库项目，如图2-40所示。

步骤 04 删除项目本身的名称，输入新的名称"公司年会文件"，按【Enter】键确认，即可完成库项目的创建，如图2-41所示。

图2-40　创建库项目　　　　　　　　　　　　图2-41　输入名称

2.3.5 为素材库中的素材排序

在会声会影2020中，用户有时需要对"媒体"素材库中的素材进行排序，方便对素材的操作。下面介绍为素材库中的素材排序的操作方法。

扫码看视频	素材文件	素材\第2章\岩洞奇景.jpg
	效果文件	无
	视频文件	视频\第2章\2.3.5　为素材库中的素材排序.mp4

实战精通16——岩洞奇景

步骤 01 进入会声会影编辑器，在"照片"素材库中添加一张照片素材，如图2-42所示。

步骤 02 在预览窗口中可预览添加的素材图像效果，如图2-43所示。

图2-42　添加素材图像

图2-43　预览图像效果

🔍步骤 **03** 在"照片"素材库中，单击"对素材库中的素材排序"按钮🄲，在弹出的菜单中选择"按日期排序"命令，如图2-44所示。

🔍步骤 **04** 执行上述操作后，图像素材即可按照日期进行排序，如图2-45所示。

图2-44　选择"按日期排序"命令

图2-45　按照日期进行排序

◀ 2.3.6 ‖ 设置素材显示方式 ▶

在会声会影2020中，用户可以根据需要对"媒体"素材库中的素材设置视图的显示方式，方便对素材的预览。下面介绍设置素材库中视图显示方式的操作方法。

素材文件	素材\第2章\水尽鹅飞.jpg
效果文件	无
视频文件	视频\第2章\2.3.6　设置素材显示方式.mp4

扫码看视频

🔍 实战精通17——水尽鹅飞 ▶

🔍步骤 **01** 进入会声会影编辑器，在"照片"素材库中添加"水尽鹅飞"素材图像文件，如图2-46所示。

🔍步骤 **02** 在预览窗口中可预览添加的素材图像效果，如图2-47所示。

🔍步骤 **03** 在"照片"素材库中单击"列表视图"按钮🄴，如图2-48所示。

步骤 04 图像素材即可以列表视图的方式进行排序，并显示素材的名称、类型以及拍摄日期，如图2-49所示。

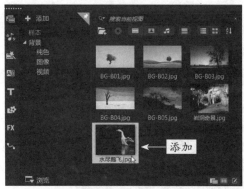

图2-46 添加素材图像

图2-47 预览图像效果

图2-48 单击"列表视图"按钮

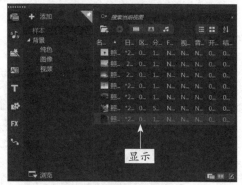

图2-49 以列表视图方式显示

2.4 掌握3大视图模式

　　会声会影2020提供了3种可选择的视频编辑视图模式，分别为故事板视图、时间轴视图和混音器视图。每一种视图都有其特有的优势，不同的视图模式都可以应用于不同项目文件的编辑操作。本节主要介绍在会声会影2020中切换编辑视图模式的操作方法。

◀ 2.4.1 ‖ 故事板视图 ▶

　　故事板视图是一种简单明了的编辑模式，用户只需从素材库中直接将素材用鼠标拖曳至视频轨中即可。在该视图模式中，每一张缩略图代表了一张图片、一段视频或一种转场效果，图片下方的数字表示该素材区间。在该视图模式中编辑视频时，用户只需选择相应的视频文件，在预览窗口中进行编辑，从而轻松实现对视频的编辑操作，用户还可以在故事板视图中用鼠标拖曳缩略图顺序。

扫码看视频

素材文件	无
效果文件	无
视频文件	视频\第2章\2.4.1 故事板视图.mp4

实战精通18——掌握故事板视图

步骤 01 进入会声会影编辑器，默认情况下系统的视图模式为"时间轴视图"，如图2-50所示。

图2-50 "时间轴视图"模式

步骤 02 单击视图面板左上方的"故事板视图"按钮，即可将视图模式切换至"故事板视图"，如图2-51所示。

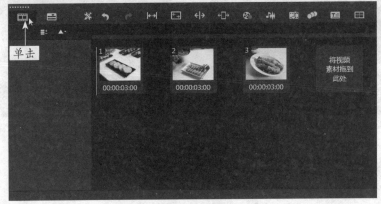

图2-51 "故事板视图"模式

专家指点

在故事板视图中，无法显示覆叠轨中的素材，也无法显示标题轨中的字幕素材。故事板视图只能显示视频轨中的素材画面，以及素材的区间长度，如果用户为素材添加了转场效果，还可以显示添加的转场特效。

2.4.2 时间轴视图

时间轴视图是会声会影2020中最常用的编辑模式，相对比较复杂，但是其功能强大。在时间轴编辑模式下，用户不仅可以对标题、字幕、音频等素材进行编辑，而且还可在以"帧"为单位的精度下对素材进行精确编辑，这是用户精确编辑视频的最佳形式。

素材文件	素材\第2章\命运之夜.VSP	
效果文件	无	
视频文件	视频\第2章\2.4.2 时间轴视图.mp4	

扫码看视频

实战精通19——命运之夜

步骤 01 进入会声会影编辑器，单击菜单栏中的"文件"|"打开项目"命令，打开一个项目文件，如图2-52所示。

步骤 02 单击故事板上方的"时间轴视图"按钮，即可将视图模式切换至"时间轴视图"模式，如图2-53所示。

图2-52　打开项目文件　　　　　　　图2-53　切换至"时间轴视图"模式

步骤 03 在预览窗口中，可以预览时间轴视图中的素材画面效果，如图2-54所示。

图2-54　预览效果

2.4.3 混音器视图

在会声会影2020中，混音器视图可以用来调整项目中声音轨和音乐轨中素材的音量大小，以及调整素材中特定点位置的音量，在该视图中用户还可以为音频素材设置淡入淡出、长回音、放大以及嘶声降低等特效。

	素材文件	素材\第2章\桥的彼端.VSP
扫码看视频	效果文件	无
	视频文件	视频\第2章\2.4.3　混音器视图.mp4

实战精通20——桥的彼端

步骤 01 进入会声会影编辑器，单击菜单栏中的"文件"|"打开项目"命令，打开一个项目

文件，如图2-55所示。

步骤 02 单击时间轴上方的"混音器"按钮，即可将视图模式切换至"混音器视图"模式，如图2-56所示。

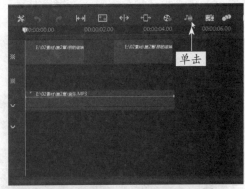

图2-55　打开一个项目文件　　　　　图2-56　切换至"混音器视图"模式

步骤 03 在预览窗口中，可以预览混音器视图中的素材画面效果，如图2-57所示。

图2-57　预览素材画面

当用户切换至"混音器视图"模式后，会自动展开"环绕混音"选项面板，如图2-58所示。

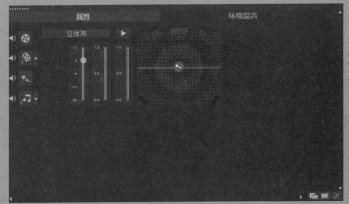

图2-58　"环绕混音"选项面板

在会声会影2020工作界面中，如果用户再次单击"混音器"按钮，就可以返回至故事板视图或时间轴视图中。

第3章

应用会声会影模板

学习提示

在会声会影2020中，提供了多种类型的主题模板，如图像模板、即时项目模板、基本形状模板、动画覆叠模板、图形模板和影音快手模板等，运用这些主题模板可以将大量的生活和旅游照片制作成动态影片。本章主要介绍应用会声会影模板的方法，希望读者熟练掌握本章的内容。

🗑 CLEAR　　⬆ SUBMIT

蜻蜓点水

本章重点导航

- 实战精通21——树木风景
- 实战精通22——娇俏可爱
- 实战精通23——应用即时项目模板
- 实战精通24——应用常规模板
- 实战精通25——夕阳西下

- 实战精通26——蜻蜓点水
- 实战精通27——圆形建筑
- 实战精通28——应用影音快手模板
- 实战精通29——添加影音素材
- 实战精通30——输出影音文件

🗑 CLEAR　　⬆ SUBMIT

3.1 应用素材库中的模板

在会声会影2020中提供了多种类型的模板，如图像模板、视频模板、即时项目模板以及常规模板等，用户可以根据需要进行相应选择。本节主要介绍在会声会影2020中图像模板、分割画面模板、即时项目模板和常规模板的操作方法。

◀ 3.1.1 ‖ 应用图像模板

在会声会影2020中，用户可以使用"照片"素材库中的树木模板制作优美的风景效果。下面介绍应用树木模板的操作方法。

素材文件	素材\第3章\BG-B03.jpg	
效果文件	效果\第3章\树木风景.VSP	
视频文件	视频\第3章\3.1.1　应用图像模板.mp4	

扫码看视频

实战精通21——树木风景 ▶

步骤 01 进入会声会影编辑器，单击"显示照片"按钮🔳，如图3-1所示。

步骤 02 在"照片"素材库中，选择树木图像模板，如图3-2所示。

图3-1　单击"显示照片"按钮

图3-2　选择树木图像模板

步骤 03 在树木图像模板上，按住鼠标左键并拖曳至时间轴面板中的适当位置后，释放鼠标左键，即可应用树木图像模板，如图3-3所示。

步骤 04 在预览窗口中，可以预览添加的树木模板效果，如图3-4所示。

图3-3　应用树木图像模板

图3-4　预览树木模板效果

专家指点　在会声会影2020中，单击工作界面上方的"显示照片"按钮，显示素材库中的照片素材，会声会影2020向用户提供了一些图像素材，用户可根据实际情况，进行相应的添加与编辑操作。

3.1.2 应用分割画面模板

在会声会影2020中，打开"分割画面"模板素材库，在其中任意选择一个模板，替换素材，并为覆叠轨中的素材添加摇动和缩放效果，即可制作分屏特效。下面介绍使用模板制作分屏特效的操作方法。

素材文件	素材\第3章\娇俏可爱1.jpg、娇俏可爱2.jpg、娇俏可爱3.jpg
效果文件	效果\第3章\娇俏可爱.VSP
视频文件	视频\第3章\3.1.2 应用分割画面模板.mp4

扫码看视频

实战精通22——娇俏可爱

步骤 01　单击"模板"按钮，在"分割画面"素材库中选择IP-05模板，如图3-5所示。

步骤 02　按住鼠标左键并将其拖曳至时间轴面板中的合适位置添加模板，如图3-6所示。

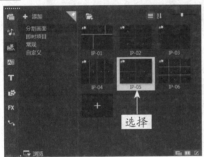
图3-5　选择IP-05模板

图3-6　添加模板

步骤 03　选择"叠加1"中的素材文件，单击鼠标右键，在弹出的快捷菜单中选择"替换素材"|"照片"命令，如图3-7所示。

步骤 04　在弹出的"替换/重新链接素材"对话框中，选择相应照片素材，单击"打开"按钮，如图3-8所示。

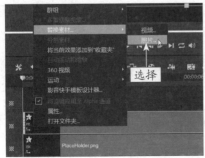
图3-7　选择"照片"命令

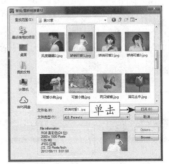
图3-8　单击"打开"按钮

步骤 05 执行操作后，即可替换"叠加1"轨道中的素材，如图3-9所示。

步骤 06 继续用同样的方法，替换另外两条覆叠轨道中的素材，如图3-10所示。

图3-9 替换"叠加1"轨道中的素材　　　图3-10 替换另外两条覆叠轨道中的素材

步骤 07 单击"播放"按钮▶，即可预览制作的动态分屏效果，如图3-11所示。

图3-11 预览制作的动态分屏效果

3.1.3 应用即时项目模板

会声会影2020提供了多种即时项目模板，每一个模板都提供了不一样的素材转场和标题效果。用户可根据需要选择不同的模板应用到视频中。下面介绍运用即时项目模板的操作方法。

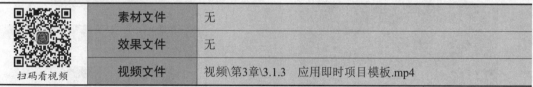

素材文件	无
效果文件	无
视频文件	视频\第3章\3.1.3　应用即时项目模板.mp4

扫码看视频

实战精通23——应用即时项目模板

步骤 01 进入会声会影编辑器，单击"模板"按钮▦，在库导航面板中选择"即时项目"选项，如图3-12所示。

步骤 02　打开模板素材库，在其中选择即时项目模板T-03.VSP，如图3-13所示。

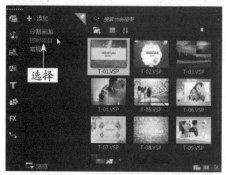

图3-12　选择"即时项目"选项　　　　　　　图3-13　选择相应的即时项目模板

步骤 03　按住鼠标左键并将其拖曳至视频轨中的开始位置后释放鼠标，即可添加即时项目模板，如图3-14所示。

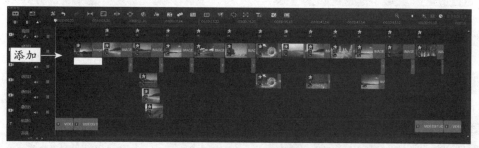

图3-14　添加即时项目模板

步骤 04　执行上述操作后，单击导览面板中的"播放"按钮▶，即可预览制作的视频片头效果，如图3-15所示。

图3-15　预览视频片头效果

3.1.4　应用常规模板

会声会影2020提供了多种常规模板，每一个模板都提供了不一样的素材转场和标题效果。用户可根据需要选择不同的模板应用到视频中。下面介绍应用常规模板的具体操作方法。

扫码看视频

素材文件	无
效果文件	无
视频文件	视频\第3章\3.1.4　应用常规模板.mp4

实战精通24——应用常规模板

步骤 01 进入会声会影编辑器，单击"模板"按钮，在库导航面板中选择"常规"选项，如图3-16所示。

步骤 02 打开模板素材库，在其中选择常规模板V-02.VSP，如图3-17所示。

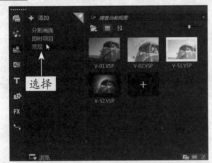
图3-16 选择"常规"选项

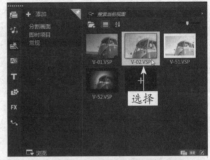
图3-17 选择相应的常规模板

步骤 03 按住鼠标左键并拖曳至视频轨中的开始位置后释放鼠标，即可添加常规模板，如图3-18所示。

图3-18 添加常规模板

步骤 04 执行上述操作后，单击导览面板中的"播放"按钮，即可预览制作的常规模板效果，如图3-19所示。

图3-19 预览常规模板效果

3.2 应用其他模板文件

在会声会影2020中，提供了其他模板，如基本形状模板、动画覆叠模板和图形模板等。本节主要介绍在影片模板中进行相应的编辑操作与装饰处理的方法。

3.2.1 ‖ 应用基本形状模板

在会声会影2020中编辑影片时，为素材添加基本形状模板，可以制作出绚丽多彩的视频作品，起到装饰视频画面的作用。下面介绍为素材添加基本形状装饰的操作方法。

	素材文件	素材\第3章\夕阳西下.jpg
扫码看视频	效果文件	效果\第3章\夕阳西下.VSP
	视频文件	视频\第3章\3.2.1　应用基本形状模板.mp4

实战精通25——夕阳西下

步骤 01 进入会声会影编辑器，在时间轴面板中插入一幅素材图像，在预览窗口中可以查看素材效果，如图3-20所示。

步骤 02 单击"覆叠"按钮 ，在库导航面板中选择"基本形状"选项，如图3-21所示。

图3-20　查看素材效果

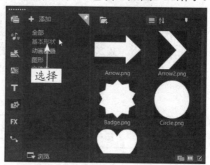

图3-21　选择"基本形状"选项

步骤 03 打开"基本形状"素材库，其中显示了多种类型的形状模板，选择Arrow2.png形状模板，如图3-22所示。

步骤 04 按住鼠标左键并将其拖曳至覆叠轨中的适当位置，并在预览窗口中调整形状的大小和位置，如图3-23所示。

图3-22　选择相应的形状模板

图3-23　调整形状的大小和位置

步骤 05 双击覆叠轨中的形状素材，如图3-24所示。

步骤 06 展开"编辑"选项面板，设置"基本动作"为"从左边进入"和"从右边退出"，如图3-25所示。

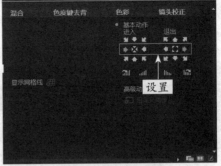

图3-24 双击覆叠轨中的形状素材   图3-25 设置"基本动作"

步骤 07 执行上述操作后,在预览窗口中查看项目效果,如图3-26所示。

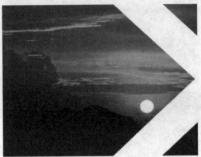

图3-26 查看项目效果

3.2.2 应用动画覆叠模板

在会声会影2020中,提供了多种样式的动画覆叠模板,用户可根据需要进行相应的选择,将其添加至覆叠轨或视频轨中,使制作的影片效果更加漂亮。下面介绍运用动画覆叠模板制作视频画面的操作方法。

素材文件	素材\第3章\蜻蜓点水.VSP
效果文件	效果\第3章\蜻蜓点水.VSP
视频文件	视频\第3章\3.2.2 应用动画覆叠模板.mp4

扫码看视频

实战精通26——蜻蜓点水

步骤 01 进入会声会影编辑器,打开一个项目文件,在预览窗口中可以预览项目效果,如图3-27所示。

步骤 02 单击"覆叠"按钮,在库导航面板中选择"动画覆叠"选项,如图3-28所示。

步骤 03 打开"动画覆叠"素材库,其中显示了多种类型的动画模板,选择一个动画模板,如图3-29所示。

步骤 04 在选择的动画模板上,按住鼠标左键并将其拖曳至覆叠轨中的适当位置,添加动画模板素材,如图3-30所示。

步骤 05 单击导览面板中的"播放"按钮,预览添加动画覆叠后的视频画面效果,如图3-31所示。

图3-27　预览项目效果

图3-28　选择"动画覆叠"选项

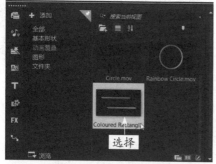

图3-29　选择动画模板

图3-30　添加动画模板素材

图3-31　预览添加动画覆叠后的视频画面效果

专家指点

在会声会影2020的"动画覆叠"素材库中，为图像添加动画覆叠素材后，在覆叠轨中双击动画素材，在弹出的"编辑"选项面板中，还可以根据需要调整动画素材的区间，并在预览窗口中调整素材的大小和位置。

◀ 3.2.3 ▏应用图形模板 ▶

会声会影提供了多种类型的图形模板，用户可以根据需要将图形模板应用到所编辑的视频中，使视频画面更加美观。下面介绍在素材中添加画中画图形模板的操作方法。

扫码看视频

	素材文件	素材\第3章\圆形建筑.VSP、OB-14.png
	效果文件	效果\第3章\圆形建筑.VSP
	视频文件	视频\第3章\3.2.3　应用图形模板.mp4

🔍 **实战精通27——圆形建筑** ▶

🔍 **步骤 01** 进入会声会影编辑器，在时间轴面板中插入一幅素材图像，如图3-32所示。

🔍 **步骤 02** 单击"覆叠"按钮🖼，在库导航面板中选择"图形"选项，如图3-33所示。

图3-32 插入一幅素材图像

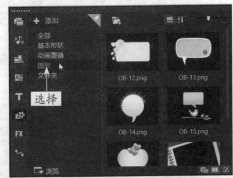
图3-33 选择"图形"选项

🔍 **步骤 03** 打开"图形"素材库，其中显示了多种类型的图形模板，在列表框中选择OB-14形状模板，如图3-34所示。

🔍 **步骤 04** 按住鼠标左键并拖曳至覆叠轨中的适当位置，释放鼠标左键即可添加图形模板，如图3-35所示。

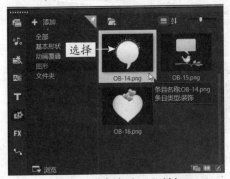
图3-34 选择相应形状模板

图3-35 添加图形模板

🔍 **步骤 05** 在预览窗口中，可以预览对象模板的效果，拖曳图形对象四周的控制柄，调整图形素材的大小和位置，如图3-36所示。

🔍 **步骤 06** 单击导览面板中的"播放"按钮▶，即可预览运用图形模板制作的视频效果，如图3-37所示。

图3-36 调整图形素材的大小和位置

图3-37 预览视频效果

> 在会声会影2020的"图形"素材库中，提供了多种图形素材供用户选择和使用。用户需要注意的是，图形素材添加至覆叠轨中后，如果发现其大小和位置与视频背景不符合时，可以通过拖曳的方式调整覆叠素材的大小和位置等属性。

3.3 应用影音快手制作视频

影音快手模板功能非常适合新手，可以让新手快速、方便地制作视频画面，还可以制作非常专业的影视短片效果。本节主要介绍运用影音快手模板套用素材制作视频画面的方法。

3.3.1 应用影音快手模板

在会声会影2020中，用户可以通过菜单栏中的"影音快手"命令快速启动"影音快手"程序，启动程序后，用户首先需要选择影音模板。下面介绍具体的操作方法。

素材文件	无
效果文件	无
视频文件	视频\第3章\3.3.1　应用影音快手模板.mp4

扫码看视频

实战精通28——应用影音快手模板

步骤 01 在会声会影2020中，单击菜单栏中的"工具"|"影音快手"命令，如图3-38所示。

步骤 02 执行操作后，即可进入影音快手工作界面，如图3-39所示。

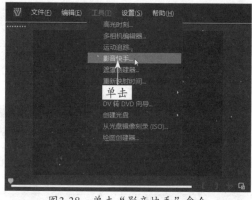

图3-38　单击"影音快手"命令

图3-39　进入影音快手工作界面

步骤 03 在右侧的"所有主题"列表框中，选择一种视频主题样式，如图3-40所示。

步骤 04 在左侧的预览窗口下方，单击"播放"按钮 ，如图3-41所示。

图3-40 选择一种视频主题样式

图3-41 单击"播放"按钮

步骤 05 开始播放主题模板画面，预览模板效果，如图3-42所示。

图3-42 预览模板效果

专家指点

在"影音快手"界面中播放影片模板时，如果用户希望暂停某个视频画面，此时可以单击预览窗口下方的"暂停"按钮，暂停视频画面。

3.3.2 添加影音素材

当用户选择好影音模板后，接下来就可以在模板中添加需要的影视素材，使制作的视频画面更加符合用户的需求。

扫码看视频

素材文件	素材\第3章\桃花绽放(1).jpg～桃花绽放(5).jpg
效果文件	无
视频文件	视频\第3章\3.3.2 添加影音素材.mp4

实战精通29——添加影音素材

步骤 01 完成上一节中第一步的模板选择后，接下来单击第二步中的"添加媒体"按钮，如图3-43所示。

步骤 02 执行以上操作后，即可打开相应面板，单击右侧的"添加媒体"按钮⊕，如图3-44所示。

图3-43　单击"添加媒体"按钮　　　　　　　图3-44　单击右侧的"添加媒体"按钮

步骤 03 执行操作后，弹出"添加媒体"对话框，在其中选择需要添加的媒体文件，单击"打开"按钮，如图3-45所示。

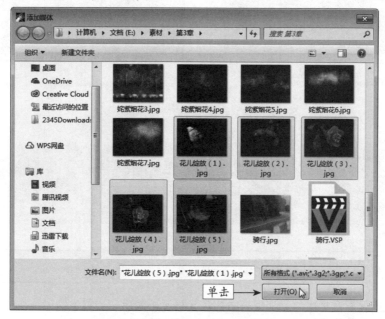

图3-45　单击"打开"按钮

步骤 04 将媒体文件添加到"Corel影音快手"界面中，在右侧显示了新增的媒体文件，如图3-46所示。

图3-46　显示新增的媒体文件

🔍**步骤 05** 在左侧预览窗口下方，单击"播放"按钮◉，预览更换素材后的影片模板效果，如
图3-47所示。

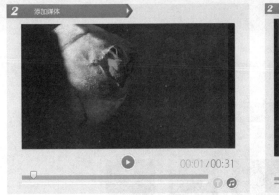 

图3-47　预览更换素材后的影片模板效果

专家指点
在影音快手中，用户除了可以采用单击"添加媒体"按钮的方法添加媒体文件
外，还可以直接在源文件夹内选中需要添加的媒体文件，直接拖曳至影音快手
的素材库中。

◀ 3.3.3 ‖ 输出影音文件 ▶

当用户选择好影音模板并添加相应的视频素材后，最后一步即为输出制作的影音文件，使
其可以在任意播放器中进行播放，并永久珍藏。下面介绍输出影音文件的操作方法。

素材文件	无
效果文件	效果\第3章\桃花视频.mpg
视频文件	视频\第3章\3.3.3　输出影音文件.mp4

扫码看视频

🔍 **实战精通30——输出影音文件** ▶

🔍 **步骤 01** 当用户对第二步操作完成后，最后在下方单击第三步中的"保存和共享"按钮，如图3-48所示。

图3-48　单击"保存和共享"按钮

🔍 **步骤 02** 执行操作后，打开相应面板，在右侧单击MPEG-2按钮，是指导出为MPEG-2视频格式，如图3-49所示。

图3-49　单击MPEG-2按钮

🔍 **步骤 03** 单击"文件位置"右侧的"浏览"按钮📁，弹出"另存为"对话框，在其中设置视频文件的输出位置与文件名称，单击"保存"按钮，如图3-50所示。

🔍 **步骤 04** 完成视频输出属性的设置，返回影音快手界面，在左侧单击"保存电影"按钮，如图3-51所示。

图3-50 设置保存选项

图3-51 单击"保存电影"按钮

步骤 05 执行操作后，开始渲染输出视频文件，并显示输出进度，如图3-52所示。

步骤 06 待视频输出完成后，将弹出提示信息框，提示用户影片已经输出成功，单击"确定"按钮，即可完成操作，如图3-53所示。

图3-52 显示输出进度

图3-53 单击"确定"按钮

视频剪辑篇

第4章

捕获与添加媒体素材

学习提示

　　在通常情况下，视频编辑的第一步是捕获视频素材。所谓捕获视频素材就是从摄像机、电视等视频源获取视频数据，然后通过视频捕获卡或者通过USB接收，最后将视频信号保存至计算机的硬盘中，然后在会声会影编辑器中添加保存的媒体素材。本章主要介绍捕获与添加图像和视频素材的方法。

🗑 CLEAR　　⬆ SUBMIT

本章重点导航

- 实战精通31——设置捕获参数
- 实战精通32——捕获静态图像
- 实战精通33——将DV中的视频
　　　　　　复制到计算机
- 实战精通34——长沙机场
- 实战精通35——从安卓手机中捕获视频
- 实战精通36——从苹果手机中捕获视频

- 实战精通37——从平板电脑
　　　　　　中捕获视频
- 实战精通38——呆萌羊驼
- 实战精通39——零凌古镇
- 实战精通40——渔船特效
- 实战精通41——大好河山

🗑 CLEAR　　⬆ SUBMIT

4.1 捕获视频素材

会声会影2020的捕获功能比较强大。用户在捕获DV视频时，可以将其中的一帧图像捕获成静态图像。本节主要介绍捕获视频素材的操作方法。

◀ 4.1.1 ‖ 设置捕获参数 ▶

在捕获图像前，首先需要对捕获参数进行设置。用户只需在菜单栏中进行相应操作，即可快速完成参数的设置。下面介绍捕获参数设置的操作方法。

	素材文件	无
	效果文件	无
扫码看视频	视频文件	视频\第4章\4.1.1　设置捕获参数.mp4

🔍 **实战精通31——设置捕获参数**

🔍 **步骤 01** 进入会声会影编辑器，单击菜单栏中的"设置"|"参数选择"命令，弹出"参数选择"对话框，切换至"捕获"选项卡，如图4-1所示。

🔍 **步骤 02** 在对话框中单击"捕获格式"右侧的下三角按钮，在弹出的列表框中选择JPEG选项，如图4-2所示。设置完成后，单击"确定"按钮，即可完成捕获参数的设置。

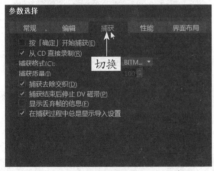

图4-1　切换至"捕获"选项卡

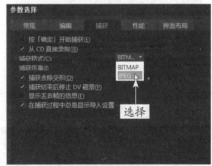

图4-2　选择JPEG选项

捕获的图像长宽取决于原始视频，如PAL DV视频是720×576像素。图像格式可以是BITMAP或JPEG，默认选项为BITMAP，它的图像质量要比JPEG好，但是文件较大。在"参数选择"对话框中选中"捕获去除交织"复选框，捕获图像时将使用固定的分辨率，而非采用交织型图像的渐进式图像分辨率，这样捕获后的图像就不会产生锯齿。

◀ 4.1.2 ‖ 捕获静态图像 ▶

在DV视频中捕获静态图像画面的方法很简单，下面进行简单介绍。

🔍 **实战精通32——捕获静态图像** ▶

🔍 **步骤 01** 进入会声会影编辑器，切换至"捕获"步骤面板，单击选项面板中的"捕获视频"按钮，如图4-3所示。

🔍 **步骤 02** 进入下一个"捕获"选项面板，在导览面板中通过单击"播放"和"暂停"按钮，寻找需要抓拍快照的DV视频起始位置，如图4-4所示。

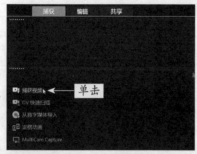 

图4-3 单击"捕获视频"按钮　　　　　图4-4 进入下一个"捕获"选项面板

🔍 **步骤 03** 在"捕获"选项面板中，单击"抓拍快照"按钮，如图4-5所示。

🔍 **步骤 04** 执行操作后，即可抓拍DV视频中的静态画面，在素材库中显示了抓拍的快照缩略图，如图4-6所示。

图4-5 单击"抓拍快照"按钮　　　　　图4-6 抓拍DV视频中的静态画面

🔍 **步骤 05** 切换至"编辑"步骤面板，在故事板中显示了抓拍的静态图像，完成捕获静态图像画面的操作，如图4-7所示。

图4-7 完成捕获静态图像画面

专家指点

在捕获图像画面前，用户需要先将外部拍摄器连接在计算机上，否则无法在会声会影中执行捕获。

◀ **4.1.3 ‖ 将DV中的视频复制到计算机** ▶

用户先用数据线连接DV与计算机，可以将拍摄好的视频文件复制到计算机的文件夹中。下面介绍将DV中的视频复制到计算机中的操作方法。

🔍 **实战精通33——将DV中的视频复制到计算机** ➡️

🔍**步骤 01** 用户使用数据线连接DV摄像机与计算机，计算机中会弹出一个对话框，如图4-8所示。

🔍**步骤 02** 在弹出的对话框中，单击"浏览文件"按钮，如图4-9所示。

图4-8　弹出对话框

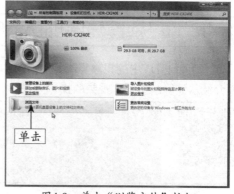

图4-9　单击"浏览文件"按钮

🔍**步骤 03** 单击"浏览文件"按钮后，会弹出一个详细信息对话框，如图4-10所示。

🔍**步骤 04** 依次打开DV移动磁盘中的相应文件夹，选择DV中拍摄的视频文件，如图4-11所示。

图4-10　弹出详细信息对话框

图4-11　预览DV中的视频

🔍**步骤 05** 在第3个视频文件上单击鼠标右键，在弹出的快捷菜单中选择"复制"命令，如图4-12所示。将复制的文件进行粘贴即可。

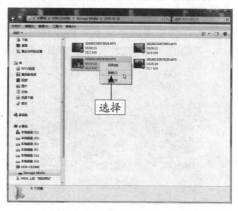

图4-12　选择"复制"命令

4.2 从各种设备捕获视频

在会声会影2020中，用户除了可以从DV摄像机中捕获视频素材以外，还可以从其他设备中捕获视频素材，如安卓手机、苹果手机等。本节主要介绍从其他设备中捕获视频素材的操作方法。

◀ 4.2.1 ‖ 从计算机中插入视频 ▶

用户可以将DV中的视频复制到计算机中，当然也可以将计算机中的视频插入会声会影中。下面介绍从计算机中插入视频的操作方法。

	素材文件	素材\第4章\长沙机场.mp4
扫码看视频	效果文件	效果\第4章\长沙机场.VSP
	视频文件	视频\第4章\4.2.1　从计算机中插入视频.mp4

🔍 **实战精通34——长沙机场** ▶

🔍**步骤 01** 进入会声会影编辑器，单击菜单栏中的"文件"|"将媒体文件插入到时间轴"|"插入视频"命令，如图4-13所示。

🔍**步骤 02** 执行"插入视频"命令后，会弹出"打开视频文件"对话框，选择需要打开的视频文件，如图4-14所示。单击"打开"按钮，即可插入视频。

图4-13　单击"插入视频"命令

图4-14　弹出对话框

🔍**步骤 03** 在预览窗口中单击"播放"按钮，即可预览效果，如图4-15所示。

图4-15　预览效果

4.2.2 ‖ 从安卓手机中捕获视频

Android(安卓)是一个基于Linux内核的操作系统，是Google公司发布的手机类操作系统。下面介绍从安卓手机中捕获视频素材的操作方法。

实战精通35——从安卓手机中捕获视频

步骤 01 在Windows 7的操作系统中，打开"计算机"窗口，在安卓手机的内存磁盘上单击鼠标右键，在弹出的快捷菜单中选择"打开"命令，如图4-16所示。

步骤 02 依次打开手机移动磁盘中的相应文件夹，选择安卓手机拍摄的视频文件，如图4-17所示。

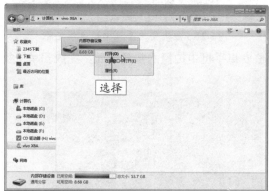

图4-16　选择"打开"命令

图4-17　选择安卓手机拍摄的视频文件

专家指点

根据智能手机的类型和品牌不同，拍摄的视频格式也会不相同，但大多数拍摄的视频格式会声会影都支持，都可以导入会声会影编辑器中应用。

步骤 03 在视频文件上单击鼠标右键，在弹出的快捷菜单中选择"复制"命令，复制视频文件，如图4-18所示。

步骤 04 进入"计算机"中的相应盘符，在合适位置上单击鼠标右键，在弹出的快捷菜单中选择"粘贴"命令，如图4-19所示。

图4-18　选择"复制"命令

图4-19　选择"粘贴"命令

步骤 05 执行操作后，即可粘贴复制的视频文件，如图4-20所示。

步骤 06 将选择的视频文件拖曳至会声会影编辑器的视频轨中，即可应用安卓手机中的视频文件，如图4-21所示。

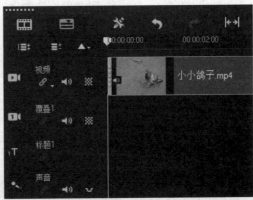

图4-20 粘贴复制的视频文件　　　　　图4-21 应用安卓手机中的视频文件

步骤 07 在导览面板中单击"播放"按钮，预览安卓手机中拍摄的视频画面，完成安卓手机中视频的捕获操作，如图4-22所示。

图4-22 预览安卓手机中拍摄的视频画面

4.2.3 从苹果手机中捕获视频

iPhone、iPod Touch和iPad均使用由苹果公司研发的iOS操作系统(前身称为iPhone OS)，它是由Apple Darwin的核心发展出来的变体，负责在用户界面上提供平滑顺畅的动画效果。下面介绍从苹果手机中捕获视频的操作方法。

实战精通36——从苹果手机中捕获视频

步骤 01 打开"计算机"窗口，在Apple iPhone移动设备上单击鼠标右键，在弹出的快捷菜单中选择"打开"命令，如图4-23所示。

步骤 02 打开苹果移动设备，在其中选择苹果手机的内存文件夹，单击鼠标右键，在弹出的快捷菜单中选择"打开"命令，如图4-24所示。

步骤 03 依次打开相应的文件夹，选择苹果手机拍摄的视频文件，单击鼠标右键，在弹出的快捷菜单中选择"复制"命令，复制视频文件，如图4-25所示。

步骤 04 进入"计算机"中的相应盘符，在合适位置上单击鼠标右键，在弹出的快捷菜单中选择"粘贴"命令，如图4-26所示。

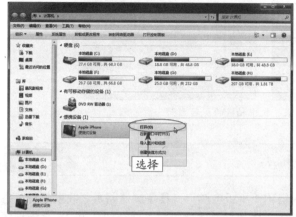

图4-23 选择"打开"命令　　　　　　　　　图4-24 选择"打开"命令

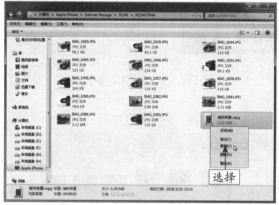

图4-25 选择"复制"命令　　　　　　　　　图4-26 选择"粘贴"命令

步骤 05 执行操作后，即可粘贴复制的视频文件，如图4-27所示。

步骤 06 将选择的视频文件拖曳至会声会影编辑器的视频轨中，即可应用苹果手机中的视频文件，如图4-28所示。

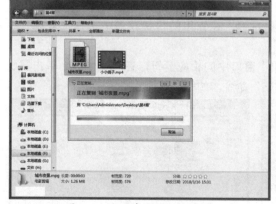

图4-27 粘贴复制的视频文件　　　　　　　图4-28 应用苹果手机中的视频文件

步骤 07 在导览面板中单击"播放"按钮，预览苹果手机中拍摄的视频画面，完成苹果手机中视频的捕获操作，如图4-29所示。

图4-29　预览苹果手机中拍摄的视频画面

4.2.4 ‖从iPad中捕获视频

iPad在欧美国家叫作网络阅读器，国内俗称"平板电脑"，具备浏览网页、收发邮件、播放视频文件、播放音频文件、一些简单游戏等基本的多媒体功能。下面介绍从iPad中采集视频的操作方法。

实战精通37——从平板电脑中捕获视频

步骤 01　用数据线将iPad与计算机连接，打开"计算机"窗口，在"便携设备"一栏中显示了用户的iPad设备，如图4-30所示。

步骤 02　在iPad设备上双击鼠标左键，依次打开相应的文件夹，如图4-31所示。

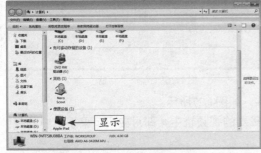

图4-30　显示了用户的iPad设备　　　　图4-31　依次打开相应文件夹

步骤 03　在其中选择相应视频文件，单击鼠标右键，在弹出的快捷菜单中选择"复制"命令，如图4-32所示。

步骤 04　复制需要的视频文件，进入"计算机"窗口中的相应盘符，在合适位置上单击鼠标右键，在弹出的快捷菜单中选择"粘贴"命令，如图4-33所示。

图4-32　选择"复制"命令　　　　图4-33　选择"粘贴"命令

步骤 05　执行操作后，即可粘贴复制的视频文件，如图4-34所示。

步骤 06　将选择的视频文件拖曳至会声会影编辑器的视频轨中，即可应用iPad中的视频文件，如图4-35所示。

图4-34　粘贴复制的视频文件

图4-35　应用iPad中的视频文件

步骤 07　在导览面板中单击"播放"按钮，预览iPad中拍摄的视频画面，完成iPad中视频的捕获操作，如图4-36所示。

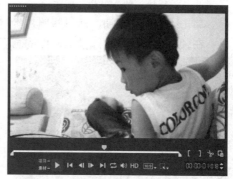

图4-36　预览iPad中拍摄的视频画面

4.3　添加媒体素材的技巧

除了可以从移动设备中捕获素材以外，还可以在会声会影2020的"编辑"步骤面板中添加各种不同类型的素材。本节主要介绍导入图像素材、视频素材、音频素材的操作方法。

◀ 4.3.1 ▶ 添加图像媒体素材

在会声会影中，用户能够将图像素材导入所编辑的项目中，并对单独的图像素材进行整合，制作成一个个内容丰富的电子相册。

扫码看视频	素材文件	素材\第4章\呆萌羊驼.jpg
	效果文件	效果\第4章\呆萌羊驼.VSP
	视频文件	视频\第4章\4.3.1　添加图像媒体素材.mp4

🔍 **步骤 01** 进入会声会影编辑器,在时间轴面板中单击鼠标右键,在弹出的快捷菜单中选择"插入照片"命令,如图4-37所示。

🔍 **步骤 02** 弹出相应对话框,选择需要打开的照片素材,如图4-38所示。

图4-37 选择"插入照片"命令 　　　　　图4-38 选择需要打开的照片素材

🔍 **步骤 03** 单击"打开"按钮,即可将照片素材导入视频轨中,如图4-39所示。

🔍 **步骤 04** 在预览窗口中,可以预览制作的画面效果,如图4-40所示。

图4-39 导入视频轨中 　　　　　图4-40 预览画面效果

4.3.2 添加视频媒体素材

在会声会影中,用户能够将视频素材导入所编辑的项目中,并对视频素材进行整合。

扫码看视频	素材文件	素材\第4章\零凌古镇.mpg
	效果文件	效果\第4章\零凌古镇.VSP
	视频文件	视频\第4章\4.3.2　添加视频媒体素材.mp4

🔍 **步骤 01** 进入会声会影编辑器,在时间轴面板中单击鼠标右键,在弹出的快捷菜单中选择"插入视频"命令,如图4-41所示。

步骤 02 弹出"打开视频文件"对话框，选择需要打开的视频文件，如图4-42所示。

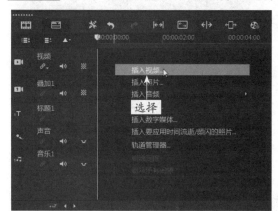

图4-41　选择"插入视频"命令

图4-42　选择需要打开的视频文件

步骤 03 单击"打开"按钮，即可将视频素材导入视频轨中，如图4-43所示。

步骤 04 单击导览面板中的"播放"按钮，预览视频效果，如图4-44所示。

图4-43　导入视频素材

图4-44　预览视频效果

4.3.3 ‖ 添加音频媒体素材

在会声会影中，用户可以应用相应的MP3音频素材至视频中，丰富视频内容。下面介绍导入MP3音频素材的操作方法。

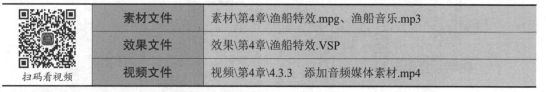

素材文件	素材\第4章\渔船特效.mpg、渔船音乐.mp3
效果文件	效果\第4章\渔船特效.VSP
视频文件	视频\第4章\4.3.3　添加音频媒体素材.mp4

扫码看视频

实战精通40——渔船特效 ▶

步骤 01 进入会声会影编辑器，在时间轴面板中插入一段视频素材，如图4-45所示。

步骤 02 在时间轴面板的空白处单击鼠标右键，在弹出的快捷菜单中选择"插入音频"|"到声音轨"命令，如图4-46所示。

图4-45 插入视频素材

图4-46 选择"到声音轨"命令

专家指点

用户在快捷菜单中选择"插入音频"|"到音乐轨#1"命令，即可将音频素材导入至音乐轨中。

🔍 **步骤 03** 弹出"打开音频文件"对话框，选择需要打开的音频素材，如图4-47所示。

🔍 **步骤 04** 单击"打开"按钮，即可将音频素材导入声音轨中，如图4-48所示。

图4-47 选择需要打开的音频素材

图4-48 导入音频素材

🔍 **步骤 05** 单击导览面板中的"播放"按钮，即可预览视频效果并试听音乐，如图4-49所示。

图4-49 预览视频效果并试听音乐

4.4 管理时间轴轨道的方法

在会声会影2020的时间轴面板中有直接插入与删除轨道的功能。用户可以直接在会声会影界面的轨道面板中单击鼠标右键，在弹出的快捷菜单中选择相应的命令，直接对轨道进行添加或删除操作。在以前的会声会影版本中，用户只能在轨道管理器中进行操作。本节介绍管理时间轴轨道的方法。

4.4.1 在时间轴中插入轨道

在会声会影2020的时间轴面板中，将鼠标指针移至覆叠轨图标上单击鼠标右键，在弹出的快捷菜单中选择"插入轨上方"命令，如图4-50所示。执行操作后，即可在选择的覆叠轨上方直接新增一条覆叠轨道，如图4-51所示。

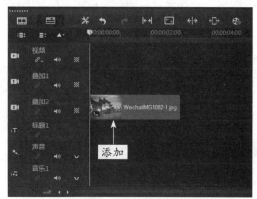

图4-50 选择"插入轨上方"命令　　　　图4-51 新增一条覆叠轨道

4.4.2 在时间轴中删除轨道

在会声会影2020的时间轴面板中，将鼠标指针移至需要删除的覆叠轨图标上单击鼠标右键，在弹出的快捷菜单中选择"删除轨"命令，如图4-52所示。执行操作后，即可将选择的覆叠轨道删除，如图4-53所示。

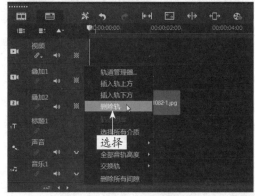

图4-52 选择"删除轨"命令　　　　图4-53 删除覆叠轨

4.4.3 在时间轴中交换轨道

在会声会影2020中，用户可以对覆叠轨中的素材进行轨道交换操作，调整轨道中素材的叠放顺序。下面介绍在时间轴中交换轨道的操作方法。

扫码看视频	素材文件	素材\第4章\大好河山.VSP
	效果文件	效果\第4章\大好河山.VSP
	视频文件	视频\第4章\4.4.3　在时间轴中交换轨道.mp4

实战精通41——大好河山

步骤 01 进入会声会影编辑器，打开一个项目文件，如图4-54所示。

步骤 02 在预览窗口中，可以预览打开的视频效果，如图4-55所示。

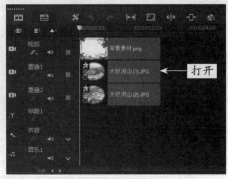

图4-54　打开一个项目文件

图4-55　预览打开的视频效果

步骤 03 在覆叠轨图标上单击鼠标右键，在弹出的快捷菜单中选择"交换轨"|"覆叠轨#2"命令，如图4-56所示。

步骤 04 执行操作后，即可交换覆叠轨道中素材的叠放顺序，如图4-57所示。

图4-56　选择"覆叠轨#2"命令

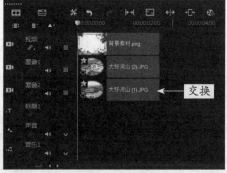

图4-57　交换轨道叠放顺序

步骤 05 在预览窗口中，可以预览交换轨道顺序后的视频效果，如图4-58所示。

图4-58　预览交换轨道顺序后的视频效果

第5章

编辑与调整媒体素材

学习提示

　　在会声会影2020中，用户可以对素材进行相应的编辑，使制作的影片更加生动、美观。本章主要介绍修整素材、添加摇动和缩放、制作抖音热门卡点视频、调整图像的色彩、使用运动追踪以及使用360视频编辑功能等内容。通过本章的学习，用户可以熟练编辑各种媒体素材。

🗑 CLEAR　　⬆ SUBMIT

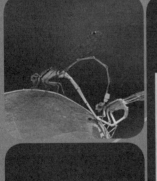

本章重点导航

- 实战精通42——相亲相爱
- 实战精通43——林荫美景
- 实战精通44——湖边美景
- 实战精通45——向日葵
- 实战精通46——云彩路灯

- 实战精通47——甜品小食
- 实战精通48——姹紫嫣红
- 实战精通49——蝴蝶采蜜
- 实战精通50——海岛风景
- 实战精通51——豆蔻年华

🗑 CLEAR　　⬆ SUBMIT

5.1 掌握修整图像素材的技巧

在会声会影2020中添加媒体素材后，有时需要对其进行编辑，以满足用户的需要，如设置素材的显示方式、调整素材声音等。本节主要介绍多种修整图像素材的技巧。

5.1.1 设置素材显示方式

在修整素材前，用户可以根据自己的需要将时间轴面板中的缩略图设置不同的显示模式，如仅略图显示模式、仅文件名显示模式以及缩略图和文件名显示模式。

扫码看视频	素材文件	素材\第5章\相亲相爱.jpg
	效果文件	效果\第5章\相亲相爱.VSP
	视频文件	视频\第5章\5.1.1　设置素材显示方式.mp4

实战精通42——相亲相爱

步骤 01 进入会声会影编辑器，在视频轨中插入所需的图像素材，如图5-1所示。

步骤 02 单击菜单栏中的"设置"|"参数选择"命令，如图5-2所示。

图5-1　插入图像素材

图5-2　单击"参数选择"命令

步骤 03 弹出"参数选择"对话框，单击"素材显示模式"右侧的下三角按钮，弹出列表框，选择"仅略图"选项，如图5-3所示。

步骤 04 单击"确定"按钮，在时间轴面板中即可显示图像的缩略图，如图5-4所示。

图5-3　选择"仅略图"选项

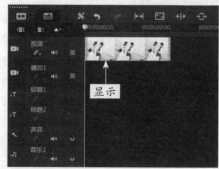

图5-4　显示图像的缩略图

◀ 5.1.2 ‖ 调整素材的显示秩序 ▶

在会声会影2020中进行编辑操作时，用户可根据需要调整素材的显示秩序。下面介绍调整素材显示秩序的操作方法。

	素材文件	素材\第5章\林荫美景1.jpg、林荫美景2.jpg
	效果文件	效果\第5章\林荫美景.VSP
扫码看视频	视频文件	视频\第5章\5.1.2　调整素材的显示秩序.mp4

○ 实战精通43——林荫美景 ▶

○步骤 01 进入会声会影编辑器，在故事板中插入两幅素材图像，如图5-5所示。

图5-5　插入两幅素材图像

○步骤 02 在故事板中选择需要移动的素材图像，如图5-6所示。

○步骤 03 按住鼠标左键并将其拖曳至第一幅素材的前面，拖曳的位置将会显示一条竖线，表示素材将要放置的位置，释放鼠标左键，即可调整素材秩序，如图5-7所示。

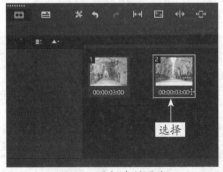

图5-6　选择素材图像　　　　　　　　　　图5-7　调整素材秩序

专家指点

在会声会影2020中，用户不仅可以在故事板中调整素材的秩序，还可以在时间轴面板的视频轨中调整素材的秩序，调整的方法与故事板中的操作是一样的。

◀ 5.1.3 ‖ 调整素材屏幕尺寸　　★进阶★ ▶

现在很多人都喜欢在闲暇时间用手机观看短视频。在会声会影2020中，用户可以使用导览面板中的编辑快捷工具，直接在预览窗口中对项目素材进行尺寸调整，将屏幕尺寸调整为手机竖屏模式，这样操作更加方便快捷，不会因为尺寸问题影响视频清晰度，使用手机观看视频时，也不需要再调转手机横竖摆放，具体操作方法如下。

素材文件	素材\第5章\湖边美景.jpg	
效果文件	效果\第5章\湖边美景.VSP	
视频文件	视频\第5章\5.1.3　调整素材屏幕尺寸.mp4	

扫码看视频

实战精通44——湖边美景

步骤 01 进入会声会影编辑器，在视频轨中插入一张照片素材，在预览窗口中可以查看效果，如图5-8所示。

步骤 02 在导览面板中单击"更改项目宽高比"下三角按钮，在弹出的列表框中选择手机屏幕尺寸，如图5-9所示。

图5-8　插入一张照片素材

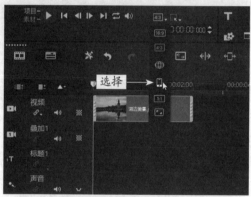

图5-9　选择手机屏幕尺寸图标

步骤 03 执行操作后，弹出项目属性更改信息提示框，单击"是"按钮，如图5-10所示。

步骤 04 此时可查看屏幕竖屏尺寸效果，如图5-11所示。

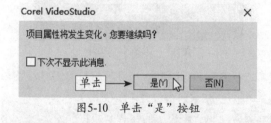

图5-10　单击"是"按钮

图5-11　查看屏幕竖屏尺寸效果

5.1.4 ‖ 调整视频素材声音

使用会声会影2020对视频素材进行编辑时，为了使视频与背景音乐互相协调，用户可以根据需要对视频素材的声音进行调整。下面介绍调整视频素材声音的操作方法。

	素材文件	素材\第5章\向日葵.mpg
	效果文件	效果\第5章\向日葵.VSP
扫码看视频	视频文件	视频\第5章\5.1.4　调整视频素材声音.mp4

实战精通45——向日葵

步骤 01 进入会声会影编辑器，在视频轨中插入所需的视频素材，如图5-12所示。

步骤 02 单击"显示选项面板"按钮，展开"编辑"选项面板，在"素材音量"数值框中输入30，如图5-13所示。

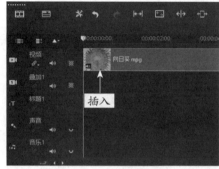

图5-12　插入视频素材

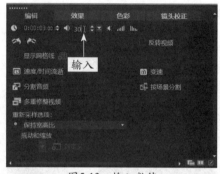

图5-13　输入数值

步骤 03 执行上述操作后，单击导览面板中的"播放"按钮，即可在预览窗口中预览视频效果并聆听音频效果，如图5-14所示。

图5-14　预览视频并聆听音频效果

5.1.5 分离视频与音频

在进行视频编辑时，有时需要将一段视频素材的视频部分和音频部分分离，然后替换其他的音频或者是对音频部分做进一步的调整。下面介绍分离视频与音频的操作方法。

	素材文件	素材\第5章\云彩路灯.mpg
	效果文件	效果\第5章\云彩路灯.VSP
扫码看视频	视频文件	视频\第5章\5.1.5　分离视频与音频.mp4

实战精通46——云彩路灯

步骤 01 进入会声会影编辑器，在视频轨中插入一段视频素材，如图5-15所示。

步骤 02 选择视频素材，单击鼠标右键，在弹出的快捷菜单中选择"音频"|"分离音频"命令，如图5-16所示。

图5-15　插入视频素材

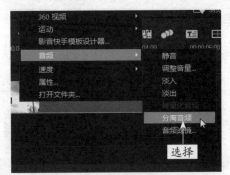

图5-16　选择"分离音频"命令

步骤 03 执行上述操作后，即可将视频与音频分离，如图5-17所示。

步骤 04 单击导览面板中的"播放"按钮，预览视频效果，如图5-18所示。

图5-17　将视频与音频分离

图5-18　预览视频效果

5.1.6 ‖ 调整视频素材区间

在会声会影2020中，用户可根据需要设置视频素材的区间大小，从而使视频素材的长度或长或短，使影片中的某些画面实现快动作或者慢动作效果。

	素材文件	素材\第5章\甜品小食.mpg
	效果文件	效果\第5章\甜品小食.VSP
扫码看视频	视频文件	视频\第5章\5.1.6　调整视频素材区间.mp4

实战精通47——甜品小食

步骤 01 进入会声会影编辑器，插入一段视频素材，如图5-19所示。

步骤 02 在"编辑"选项面板中单击"速度/时间流逝"按钮，如图5-20所示。

步骤 03 弹出"速度/时间流逝"对话框，在"新素材区间"数值框中输入0:0:3:0，设置素材的区间长度，如图5-21所示。

步骤 04 单击"确定"按钮，即可调整视频素材的区间长度，在视频轨中可以查看视频素材的效果，如图5-22所示。

图5-19 插入视频素材

图5-20 单击"速度/时间流逝"按钮

在"速度/时间流逝"对话框中，用户不仅可以在"新素材区间"数值框中通过输入数值的方式更改素材的时间长度，还可以单击右侧的上下微调按钮来调整时间参数。另外，在"速度"数值框中输入相应参数或拖曳下方的速度滑块，也可以调整视频的区间长度，使视频以慢速度或快速度的方式进行播放。

图5-21 设置素材的区间长度

图5-22 查看视频素材效果

步骤 05 执行上述操作后，单击导览面板中的"播放"按钮，预览调整区间后的视频效果，如图5-23所示。

图5-23 预览视频效果

5.1.7 组合多个视频片段

在会声会影2020中，用户可以将需要编辑的多个素材进行组合操作，然后可以对组合的素材进行批量编辑，这样可以提高视频剪辑的效率。下面介绍组合多个视频片段的操作方法。

扫码看视频	素材文件	素材\第5章\姹紫嫣红.VSP
	效果文件	效果\第5章\姹紫嫣红.VSP
	视频文件	视频\第5章\5.1.7 组合多个视频片段.mp4

实战精通48——姹紫嫣红

步骤 01 进入会声会影编辑器，打开一个项目文件，如图5-24所示。

步骤 02 同时选择视频轨中的两个素材，在素材上单击鼠标右键，在弹出的快捷菜单中选择"群组"|"分组"命令，如图5-25所示。

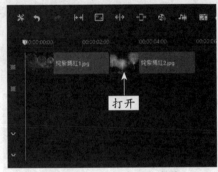
图5-24　打开一个项目文件

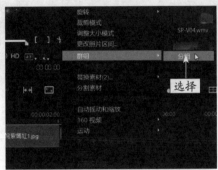
图5-25　选择"分组"命令

步骤 03 执行操作后，即可对素材进行组合操作，在"调整"滤镜素材库中，选择"视频摇动和缩放"滤镜效果，如图5-26所示。

步骤 04 按住鼠标左键并将其拖曳至被组合的素材上，此时被组合的多个素材将同时应用相同的滤镜，批量添加滤镜特效，素材缩略图的左上角显示了滤镜图标，如图5-27所示。

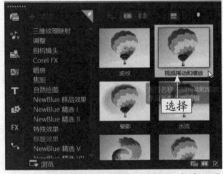
图5-26　选择"视频摇动和缩放"滤镜效果

图5-27　左上角显示了滤镜图标

步骤 05 在导览面板中单击"播放"按钮，预览组合编辑后的视频效果，如图5-28所示。

图5-28　预览组合编辑后的视频效果

5.1.8 ║ 取消组合视频片段

当用户对素材批量编辑完成后，可以将组合的素材进行取消组合操作，以还原单个视频文件的属性。在需要取消组合的素材上单击鼠标右键，在弹出的快捷菜单中选择"群组"|"取消分组"命令，如图5-29所示，即可取消组合。选择单个视频文件的效果如图5-30所示。

图5-29　选择"取消分组"命令

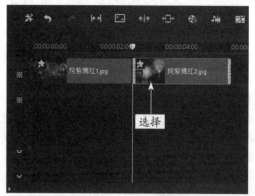

图5-30　选择单个视频文件

5.2　掌握添加摇动和缩放的技巧

在会声会影2020中，用户可以根据需要为图像素材添加摇动和缩放效果，使静态图像或放大、或缩小、或平移变为动态图像。本节主要介绍添加默认摇动和缩放、自定义摇动和缩放的方法。

5.2.1 ║ 使用默认摇动和缩放

会声会影2020提供了多款摇动和缩放预设样式，用户可以使用默认的摇动和缩放效果，让静止的图像动起来，使制作的影片更加生动。下面介绍运用默认摇动和缩放的操作方法。

	素材文件	素材\第5章\蝴蝶采蜜.jpg
	效果文件	效果\第5章\蝴蝶采蜜.VSP
扫码看视频	视频文件	视频\第5章\5.2.1　使用默认摇动和缩放.mp4

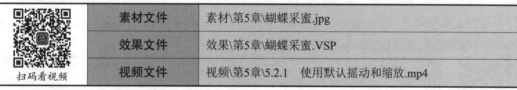

실战精通49——蝴蝶采蜜

🔍**步骤 01** 进入会声会影编辑器，在视频轨中插入一幅图像素材，如图5-31所示。

🔍**步骤 02** 单击"选项"按钮，打开选项面板，在其中选中"摇动和缩放"单选按钮，单击该单选按钮下方的下三角按钮，在弹出的列表框中选择所需的样式，如图5-32所示，即可应用摇动和缩放效果。

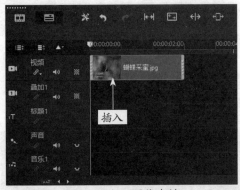

图5-31　插入图像素材

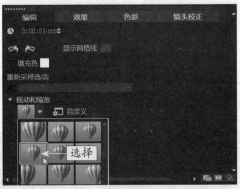

图5-32　选择所需的样式

专家指点

在会声会影2020中，摇动和缩放效果只能应用于图像素材，应用摇动和缩放效果可以使图像效果更加丰富。

在选项面板中选中"摇动和缩放"单选按钮后，单击下方的下三角按钮，在弹出的列表框中可拖曳右侧的滚动条，选择需要的摇动和缩放预设样式。

步骤 03 执行上述操作后，单击导览面板中的"播放"按钮，预览默认的摇动和缩放效果，如图5-33所示。

图5-33　预览默认的摇动和缩放效果

5.2.2 自定义摇动和缩放

在会声会影2020中，为图像添加摇动和缩放效果后，用户还可以根据需要自定义摇动和缩放效果。下面介绍自定义摇动和缩放的操作方法。

素材文件	素材\第5章\海岛风景.jpg
效果文件	效果\第5章\海岛风景.VSP
视频文件	视频\第5章\5.2.2　自定义摇动和缩放.mp4

扫码看视频

实战精通50——海岛风景

步骤 01 进入会声会影编辑器，在视频轨中插入一幅图像素材，如图5-34所示。

步骤 02 双击视频轨上的图像素材，展开"编辑"选项面板，设置"照片区间"为

0:00:05:000，如图5-35所示。

图5-34　插入图像素材

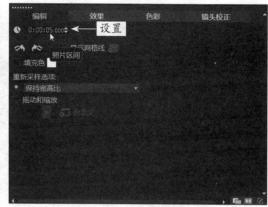

图5-35　设置照片区间

步骤 03 选中"摇动和缩放"单选按钮，单击"自定义"按钮，如图5-36所示。

步骤 04 弹出"摇动和缩放"对话框，在其中设置"编辑模式"为"动画"、"垂直"为500、"水平"为416、"缩放率"为120，如图5-37所示。

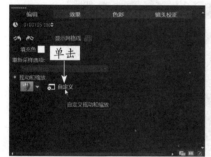

图5-36　单击"自定义"按钮

图5-37　设置相应参数

> 在会声会影2020的时间轴工具栏中，也可以单击"摇动和缩放"工具按钮，打开"摇动和缩放"对话框进行自定义设置。

步骤 05 将滑块拖曳到3秒的位置，单击"添加关键帧"按钮，添加一个关键帧，设置"垂直"为298、"水平"为736、"缩放率"为190，如图5-38所示，在"位置"选项组中单击右侧上方的按钮。

图5-38　设置相应参数

步骤 06 在3秒的关键帧上单击鼠标右键，在弹出的快捷菜单中选择"复制"命令，如图5-39所示。

图5-39 选择"复制"命令

步骤 07 选中最后一个关键帧，单击鼠标右键，在弹出的快捷菜单中选择"粘贴"命令，如图5-40所示，粘贴复制的关键帧。

图5-40 选择"粘贴"命令

步骤 08 设置"垂直"为500、"水平"为228、"缩放率"为220，在"位置"选项组中单击第2行第1个方块按钮，单击"确定"按钮，如图5-41所示，即可完成设置。

图5-41 设置相应参数

步骤 09 执行上述操作后，单击导览面板中的"播放"按钮，即可预览自定义的摇动和缩放效果，如图5-42所示。

图5-42 预览自定义的摇动和缩放效果

5.3 制作抖音热门卡点视频

在会声会影编辑器中，通过设置素材区间时长，可以制作出抖音热门卡点短视频效果，用户可以挑选一些旅游风景照、人像照、艺术照、日常生活照或者视频，在会声会影编辑器中制作。本节主要介绍的是制作静态卡点视频和动态卡点视频的操作方法。

5.3.1 制作静态卡点视频 ★进阶★

适合做抖音卡点短视频的背景音乐，首选比较热门的*Because of You*，这首歌全长3分46秒。用户可以在会声会影2020中将这首歌从第4秒剪到第30秒应用，对于短一点的视频，剪辑0~10秒左右就可以了。下面介绍制作静态卡点视频的技巧。

扫码看视频	素材文件	素材\第5章\"豆蔻年华"文件夹
	效果文件	效果\第5章\豆蔻年华.VSP
	视频文件	视频\第5章\5.3.1 制作静态卡点视频.mp4

🔍 **实战精通51——豆蔻年华** ▶

🔍步骤 **01** 进入会声会影编辑器，在视频轨中插入19张素材照片，在故事板中可以查看效果，如图5-43所示。

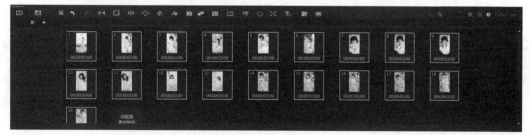

图5-43 插入素材照片

🔍步骤 **02** 切换至时间轴面板，当前所有照片素材为选中状态，在视频轨中的素材文件上单击鼠标右键，在弹出的快捷菜单中选择"更改照片区间"命令，如图5-44所示。

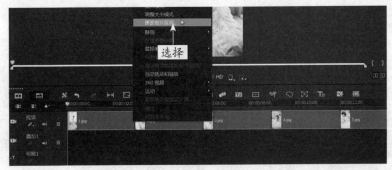

图5-44 选择"更改照片区间"命令

步骤 03 弹出"区间"对话框，在其中更改"区间"
参数为0:0:0:10，如图5-45所示。

步骤 04 单击"确定"按钮，即可完成操作，时间轴
面板如图5-46所示。

图5-45 更改"区间"参数

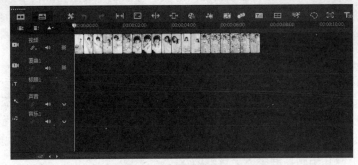

图5-46 时间轴面板效果

步骤 05 在导览面板中单击"播放"按钮，即可查看静态卡点视频效果，如图5-47所示。

图5-47 查看静态卡点视频效果

专家指点

制作完成后，用户可以将剪辑好的音频文件插入至音乐轨中，配上音乐可以使
视频更具有节奏感。

5.3.2 ‖ 制作动态卡点视频 ★进阶★

在会声会影2020中，用户还可以截取歌曲*Hold On(Radio Edit)*的第32.15～42.12秒，通过调

整素材区间、添加摇动和缩放效果，可以制作动态卡点视频，下面介绍具体操作。

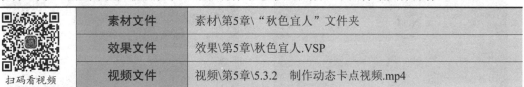

素材文件	素材\第5章\"秋色宜人"文件夹
效果文件	效果\第5章\秋色宜人.VSP
视频文件	视频\第5章\5.3.2　制作动态卡点视频.mp4

扫码看视频

实战精通52——秋色宜人

Q**步骤 01** 进入会声会影编辑器，在视频轨中插入9张素材照片，在故事板中可以查看效果，如图5-48所示。

Q**步骤 02** 切换至时间轴面板，在视频轨中选中1.jpg素材，如图5-49所示。

Q**步骤 03** 双击素材文件，展开"编辑"选项面板，设置"照片区间"参数为0:00:02:000，如图5-50所示。

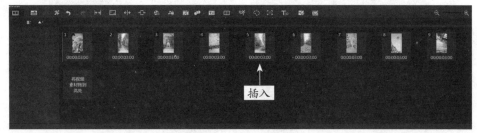

图5-48　插入素材照片

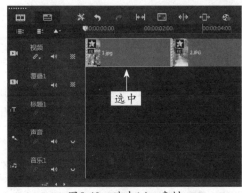

图5-49　选中1.jpg素材

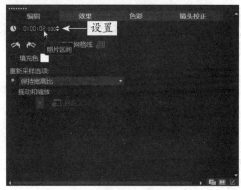

图5-50　设置"照片区间"参数

Q**步骤 04** 选中"摇动和缩放"单选按钮，单击"自定义"左侧的下三角按钮，在弹出的下拉列表框中选择第4行第1个预设样式，如图5-51所示。

Q**步骤 05** 使用同样的方法，设置2.jpg的"照片区间"为0:00:00:022，摇动样式为第2行第1个预设样式；设置3.jpg的"照片区间"为0:00:00:022，摇动样式为第1行第2个预设样式；设置4.jpg的"照片区间"为0:00:00:022，摇动样式为第2行第2个预设样式；设置5.jpg的"照片区间"为0:00:00:022，摇动样式为第1行第3个预设样式；设置6.jpg的"照片区间"为0:00:01:005，摇动样式为第3行第2个预设样式；设置7.jpg的"照片区间"为0:00:00:022，摇动样式为第1行第3个预设样式；设置8.jpg的"照片区间"为0:00:01:005，摇动样式为第2行第1个预设样式；设置9.jpg的"照片区间"为0:00:01:000，摇动样式为第2行第2个预设样式；设置完成后，在视频轨中调整素材文件至合适的位置，时间轴效果如图5-52所示。

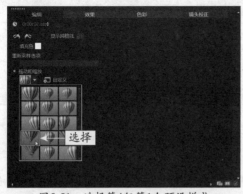
图5-51 选择第4行第1个预设样式

图5-52 调整素材文件至合适的位置

步骤 06 在导览面板中单击"播放"按钮，查看动态效果，如图5-53所示。

图5-53 查看动态效果

5.4 调整图像颜色的技巧

　　会声会影2020拥有多种强大的颜色调整功能，使用色调、饱和度、亮度以及对比度等功能可以轻松调整图像的色相、饱和度、对比度和亮度，修正有颜色失衡、曝光不足或过度等缺陷的图像，甚至能为黑白图像上色，制作出更多特殊的图像效果。

◀ 5.4.1 ‖ 调整图像基本色调 ★进阶★ ▶

　　在会声会影2020中，如果用户对照片的色调不太满意，可以重新调整照片的色调。下面介绍调整图像色调的操作方法。

	素材文件	素材\第5章\美丽花朵.jpg
扫码看视频	效果文件	效果\第5章\美丽花朵.VSP
	视频文件	视频\第5章\5.4.1　调整图像色调.mp4

🔍 **实战精通53——美丽花朵**

步骤 01 进入会声会影编辑器，在视频轨中插入所需的图像素材，在预览窗口中可以查看插入的素材图像效果，如图5-54所示。

步骤 02 双击视频轨中的图像素材，展开"色彩"选项面板，如图5-55所示。

图5-54　插入素材图像

图5-55　展开"色彩"选项面板

步骤 03 在"色彩"选项面板中，拖曳"色调"右侧的滑块，直至参数显示为-20，如图5-56所示。

步骤 04 执行上述操作后，即可在预览窗口中预览调整色调后的效果，如图5-57所示。

图5-56　拖曳滑块

图5-57　预览照片效果

5.4.2 ‖ 自动调整图像亮度　★进阶★

在会声会影2020的"色彩"|"自动色调"选项面板中，选中"自动调整色调"复选框，可以自动调整图像画面的明暗亮度。下面介绍自动调整图像亮度的操作方法。

素材文件	素材\第5章\多肉植物.jpg	
效果文件	效果\第5章\多肉植物.VSP	
扫码看视频	视频文件	视频\第5章\5.4.2　自动调整图像亮度.mp4

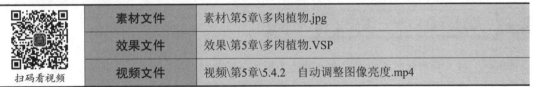

实战精通54——多肉植物

步骤 01 进入会声会影编辑器，在视频轨中插入所需的图像素材，在预览窗口中可以查看插入的素材图像效果，如图5-58所示。

步骤 02 双击视频轨中的图像素材，展开"色彩"选项面板，如图5-59所示。

步骤 03 在"色彩"选项面板中，单击"自动色调"标签，展开相应选项面板，选中"自动调整色调"复选框，如图5-60所示。

步骤 04 执行操作后即可自动调整图像亮度，在预览窗口中预览图像效果，如图5-61所示。

图5-58 插入素材图像

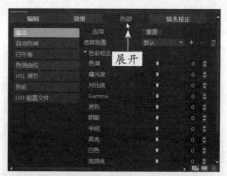

图5-59 展开"色彩"选项面板

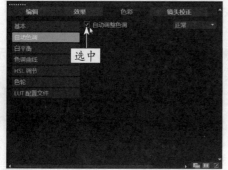

图5-60 选中"自动调整色调"复选框

图5-61 预览自动调整图像亮度后的效果

5.4.3 调整图像白平衡 ★进阶★

在会声会影2020中，用户可以根据需要调整图像素材的白平衡，制作出特殊的光照效果。下面介绍调整图像白平衡的操作方法。

扫码看视频	素材文件	素材\第5章\漂亮小花.jpg
	效果文件	效果\第5章\漂亮小花.VSP
	视频文件	视频\第5章\5.4.3 调整图像白平衡.mp4

实战精通55——漂亮小花

步骤 01 进入会声会影编辑器，在视频轨中插入一幅素材图像，如图5-62所示。

步骤 02 在预览窗口中，预览素材画面效果，如图5-63所示。

图5-62 插入素材图像

图5-63 预览素材画面效果

步骤 **03** 打开"色彩"|"白平衡"选项面板,在面板下方单击"钨光"按钮,如图5-64所示。

步骤 **04** 在预览窗口中可以预览添加钨光效果后的画面,如图5-65所示。

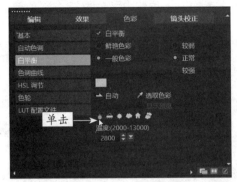

图5-64　单击"钨光"按钮

图5-65　预览最终画面效果

◀ 5.4.4 应用色调曲线调整　★进阶★ ▶

在会声会影2020中,打开"色彩"|"色调曲线"选项面板,其中显示了一个曲线编辑器,在编辑器中的横坐标轴表示图像的明暗亮度,最左边为暗(黑色),最右边为明(白色),纵坐标轴表示色调。编辑器中有一根对角曲线,在曲线上单击鼠标左键可以添加控制点,以此线为界限,往左上范围拖曳添加的控制点,可以提高图像的亮度;往右下范围拖曳控制点,可以降低图像的亮度。用户可以理解为左上为明,右下为暗。当用户需要删除控制点时,在控制点上单击鼠标右键,在弹出的快捷菜单中选择"删除控制点"命令即可。

在曲线编辑器的曲线上添加控制点,按住鼠标左键拖曳控制点,可以调整图像的色彩浓度和明暗对比度。下面介绍应用色调曲线调整画面明暗亮度的操作方法。

扫码看视频	素材文件	素材\第5章\蜻蜓嬉戏.jpg
	效果文件	效果\第5章\蜻蜓嬉戏.VSP
	视频文件	视频\第5章\5.4.4　应用色调曲线调整.mp4

🔍 实战精通56——蜻蜓嬉戏

步骤 **01** 进入会声会影编辑器,在视频轨中插入一幅素材图像,如图5-66所示。

步骤 **02** 在预览窗口中,预览素材画面效果,如图5-67所示。

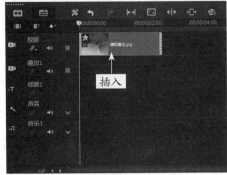

图5-66　插入素材图像

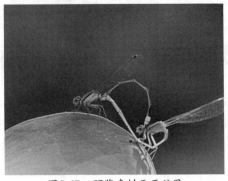

图5-67　预览素材画面效果

步骤 03 打开"色彩"|"色调曲线"选项面板，在编辑器的曲线上添加一个控制点并将其拖曳至合适位置，如图5-68所示。

步骤 04 使用同样的方法，在曲线的合适位置再次添加一个控制点并拖曳至合适位置，如图5-69所示。

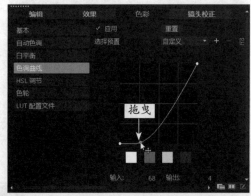

图5-68 添加控制点并拖曳至合适位置

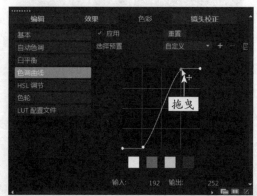

图5-69 再次添加一个控制点并拖曳

步骤 05 执行操作后，在预览窗口中查看应用色调曲线调整后的画面效果，如图5-70所示。

 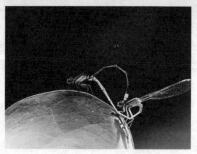

图5-70 查看应用色调曲线调整后的画面效果

5.4.5 用HSL调整饱和度 ★进阶★

在会声会影2020中，用户可以根据颜色应用"HSL调节"功能调整图像的色调、饱和度和明度。下面介绍应用"HSL调节"功能调整图像饱和度的操作方法。

扫码看视频	素材文件	素材\第5章\悠长栅栏.jpg
	效果文件	效果\第5章\悠长栅栏.VSP
	视频文件	视频\第5章\5.4.5 用HSL调整饱和度.mp4

实战精通57——悠长栅栏

步骤 01 进入会声会影编辑器，在视频轨中插入一幅素材图像，如图5-71所示。

步骤 02 在预览窗口中，预览素材画面效果，如图5-72所示。

步骤 03 打开"色彩"|"HSL调节"选项面板，单击HSL右侧的下三角按钮，在弹出的列表框中选择"饱和度"选项，如图5-73所示。

图5-71   插入素材图像

图5-72   预览素材画面效果

步骤 04   在下方面板中，拖曳"绿色"右侧的滑块至最右端，直至参数显示为100，如图5-73所示。

图5-73   选择"饱和度"选项

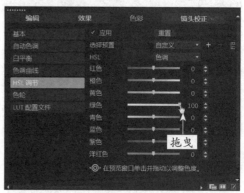

图5-74   拖曳"绿色"右侧的滑块至最右端

步骤 05   使用同样的方法，设置"青色"和"蓝色"参数为100，如图5-75所示。

步骤 06   在预览窗口中，预览添加HSL调节后的画面效果，如图5-76所示。

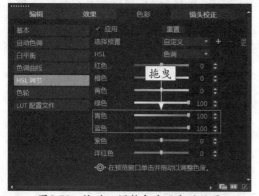

图5-75   拖动以调整色度至合适位置

图5-76   预览最终画面效果

5.4.6 ‖ 应用色轮调整图像   ★进阶★

在会声会影2020的"色轮"选项面板中，拖曳"色偏"色轮中心的白色圆圈，即可调整图像画面的色彩偏移效果。下面介绍应用"色轮"功能调整图像的操作方法。

扫码看视频

素材文件	素材\第5章\扁竹兰.jpg	
效果文件	效果\第5章\扁竹兰.VSP	
视频文件	视频\第5章\5.4.6　应用色轮调整图像.mp4	

实战精通58——扁竹兰

步骤 01 进入会声会影编辑器，在视频轨中插入一幅素材图像，如图5-77所示。

步骤 02 在预览窗口中，预览素材画面效果，如图5-78所示。

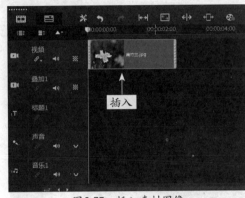

插入

图5-77　插入素材图像

图5-78　预览素材画面效果

步骤 03 打开"色彩"|"色轮"选项面板，在其中将"色偏"色轮中心的白色圆圈往蓝色方向拖曳，至合适位置释放鼠标左键，如图5-79所示。

步骤 04 在预览窗口中，可以预览添加色轮后的画面效果，如图5-80所示。

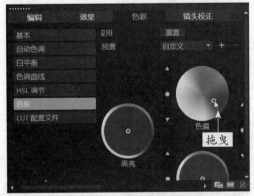

图5-79　拖曳至合适位置

图5-80　预览最终画面效果

5.4.7 ‖ 应用LUT配置文件　★进阶★

在会声会影2020的"LUT配置文件"选项面板中，提供了多款LUT胶片滤镜，可以帮助用户快速制作特殊的影视图像效果。下面介绍应用LUT胶片滤镜的操作方法。

素材文件	素材\第5章\美丽湖泊.jpg
效果文件	效果\第5章\美丽湖泊.VSP
视频文件	视频\第5章\5.4.7　应用LUT配置文件.mp4

扫码看视频

🔍 **实战精通59——美丽湖泊** ▶

🔍步骤 **01** 进入会声会影编辑器，在视频轨中插入一幅素材图像，如图5-81所示。

🔍步骤 **02** 在预览窗口中，预览素材画面效果，如图5-82所示。

图5-81　插入素材图像

图5-82　预览素材画面效果

🔍步骤 **03** 打开"色彩"|"LUT配置文件"选项面板，在其中选择一个LUT胶片滤镜，在选择的胶片滤镜的右上角会显示一个图标，表示已应用该胶片滤镜效果，如图5-83所示。

🔍步骤 **04** 在预览窗口中，查看应用LUT胶片滤镜后的画面效果，如图5-84所示。

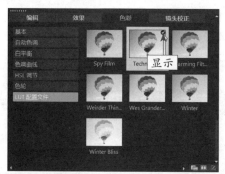

图5-83　显示一个图标

图5-84　查看最终的调色效果

5.5　使用运动追踪特技

在会声会影2020中，视频画面的"运动追踪"功能是软件的一个常用功能，该功能可以瞄准并跟踪屏幕上移动的物体，然后对视频画面进行相应的编辑操作。

◀ 5.5.1 ‖ 运动追踪画面 ▶

在会声会影2020的"运动追踪"对话框中，用户可以设置视频的动画属性和运动效果，以制作出视频中人物走动的红圈画面。下面介绍具体的操作方法。

	素材文件	素材\第5章\人物移动.mov、红圈.png
	效果文件	效果\第5章\人物移动.VSP
扫码看视频	视频文件	视频\第5章\5.5.1　运动追踪画面.mp4

实战精通60——人物移动

步骤 01 单击菜单栏中的"工具"|"运动追踪"命令，如图5-85所示。

步骤 02 弹出"打开视频文件"对话框，在其中选择相应的视频文件，单击"打开"按钮，弹出"运动追踪"对话框，将时间线移至0:00:01:000的位置，在下方单击"按区域设置跟踪器"按钮▣，如图5-86所示。

图5-85　单击"运动追踪"命令　　　　　图5-86　单击"按区域设置跟踪器"按钮

步骤 03 在预览窗口中，通过拖曳的方式调整青色方框的跟踪位置，移至人物位置，单击"运动追踪"按钮，即可开始播放视频文件，并显示运动追踪信息，待视频播放完成后，单击"隐藏跟踪路径"按钮，在上方窗格中即可显示运动追踪路径，路径线条以青色线表示，如图5-87所示。

步骤 04 单击对话框下方的"确定"按钮，返回会声会影编辑器，在视频轨和覆叠轨中显示了视频文件与运动追踪文件，如图5-88所示，完成视频运动追踪操作。

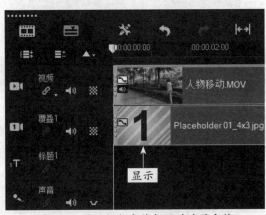

图5-87　显示运动追踪路径　　　　　图5-88　显示视频文件与运动追踪文件

步骤 05 将覆叠轨中的素材进行替换操作，替换为"红圈.png"素材，在"红圈.png"素材上单击鼠标右键，在弹出的快捷菜单中选择"运动"|"匹配动作"命令，如图5-89所示。

步骤 06 弹出"匹配动作"对话框，在下方的"偏移"选项区中设置X为3、Y为25；在"大小"选项区中设置X为39、Y为27。选择第2个关键帧，在下方的"偏移"选项区中设置X为0、Y为-2；在"大小"选项区中设置X为39、Y为27，如图5-90所示。

图5-89　选择"匹配动作"命令

图5-90　设置参数

步骤 07 设置完成后，单击"确定"按钮，即可在视频中用红圈跟踪人物运动路径。单击导览面板中的"播放"按钮，预览视频画面效果，如图5-91所示。

图5-91　预览视频画面效果

5.5.2 ┃ 添加路径特效

用户将软件自带的路径动画添加至视频画面上，可以制作出视频的效果，以增强视频的感染力。本节主要介绍为素材添加路径运动效果的操作方法。

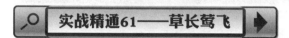　　扫码看视频	素材文件	素材\第5章\草长莺飞.VSP
	效果文件	效果\第5章\草长莺飞.VSP
	视频文件	视频\第5章\5.5.2　添加路径特效.mp4

实战精通61——草长莺飞 ▶

步骤 01 进入会声会影编辑器，打开一个项目文件，如图5-92所示。

步骤 02 在预览窗口中，预览视频画面效果，如图5-93所示。

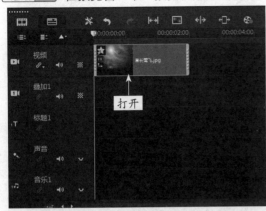

图5-92 打开一个项目文件   图5-93 预览视频画面效果

步骤 03 在素材库的左侧单击"路径"按钮 ，如图5-94所示。

步骤 04 进入"路径"素材库，在其中选择P05路径运动效果，如图5-95所示。

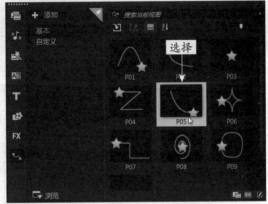

图5-94 单击"路径"按钮   图5-95 选择P05路径运动效果

步骤 05 将选择的路径运动效果拖曳至视频轨中的素材图像上，如图5-96所示。

步骤 06 释放鼠标左键，即可为素材添加路径运动效果，在预览窗口中可以预览素材效果，如图5-97所示。

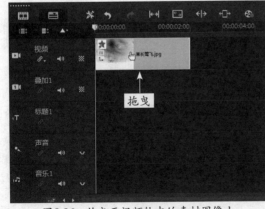

图5-96 拖曳至视频轨中的素材图像上   图5-97 预览素材效果

步骤 07 单击导览面板中的"播放"按钮，预览添加路径运动效果后的视频画面，如图5-98所示。

图5-98　预览添加路径运动效果后的视频画面

5.6 应用360视频编辑功能

在会声会影2020中，使用360视频编辑功能，用户可以对视频画面进行360度的编辑与查看。本节主要以360视频编辑功能中的"投影到球面全景"为例，介绍应用该功能的操作方法。

5.6.1 打开编辑窗口

应用"投影到球面全景"功能对视频进行360度编辑前，首先需要打开相应的编辑窗口，在该编辑窗口中对视频画面进行相关编辑操作。

素材文件	素材\第5章\风光全景.mpg
效果文件	无
视频文件	视频\第5章\5.6.1　打开编辑窗口.mp4

扫码看视频

🔍 **实战精通62——风光全景** ▶

🔍**步骤 01** 进入会声会影编辑器，在视频轨中插入一段视频素材，如图5-99所示。

🔍**步骤 02** 在预览窗口中，预览视频画面效果，如图5-100所示。

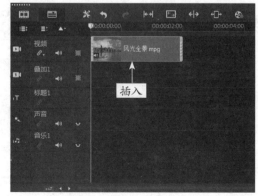

图5-99　插入一段视频素材　　　　图5-100　预览视频画面效果

步骤 03 在视频轨中的素材上单击鼠标右键，在弹出的快捷菜单中选择"360视频"|"360视频转换"|"投影到球面全景"命令，如图5-101所示。

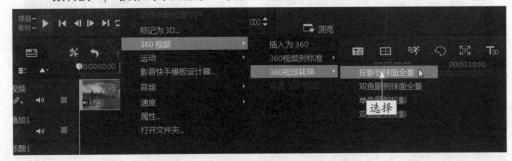

图5-101 选择"投影到球面全景"命令

步骤 04 执行操作后，即可打开"投影到球面全景"对话框，如图5-102所示。

图5-102 打开对话框

5.6.2 ‖ 添加关键帧编辑视频画面 ★进阶★

在"投影到球面全景"对话框中，用户可以通过添加画面关键帧制作视频的360度运动效果。下面介绍具体的操作方法。

扫码看视频	素材文件	无
	效果文件	效果\第5章\风光全景.VSP
	视频文件	视频\第5章\5.6.2 添加关键帧编辑视频画面.mp4

实战精通63——关键帧动画

步骤 01 在上一例的基础上，打开"投影到球面全景"对话框，选择第1个关键帧，在下方设置"缩放"为50、"旋转"为-100，如图5-103所示。

步骤 02 将时间线移至0:00:01:011的位置，在下方设置"缩放"为70、"旋转"为-50，在时间轴上即可自动添加两个关键帧，如图5-104所示。

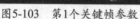

图5-103　第1个关键帧参数

图5-104　自动添加两个关键帧

步骤 03 将时间线移至0:00:02:005的位置，在下方设置"缩放"为80、"旋转"为0，在时间轴上再次添加两个关键帧，如图5-105所示。

步骤 04 将时间线移至最后一个关键帧的位置，在下方设置"缩放"为90、"旋转"为50，如图5-106所示。编辑完成后，单击对话框下方的"确定"按钮。

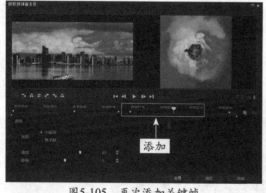

图5-105　再次添加关键帧

图5-106　设置参数

步骤 05 返回会声会影编辑器，单击"播放"按钮，预览制作的球面全景效果，如图5-107所示。

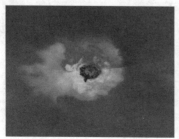
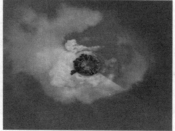

图5-107　预览制作的球面全景效果

第6章

剪辑与精修视频素材

学习提示

在会声会影2020中，可以对视频素材进行相应的剪辑，其中最常见的视频剪辑包括用黄色标记剪辑视频、通过修整栏剪辑视频以及通过时间轴剪辑视频。在剪辑视频时，还可以按场景分割视频、多重修整视频、使用多相机剪辑视频、重新映射视频时间等。本章主要介绍剪辑与精修视频素材的方法，希望读者熟练掌握本章内容。

🗑 CLEAR   ⬆ SUBMIT

本章重点导航

- 实战精通64——视频片头
- 实战精通65——荷花开放
- 实战精通66——蓝色视频
- 实战精通67——播放倒计时
- 实战精通68——城市夜景

- 实战精通69——五彩植物
- 实战精通70——萌宠来袭
- 实战精通71——草原风光
- 实战精通72——家常小菜
- 实战精通73——山中美景

🗑 CLEAR   ⬆ SUBMIT

6.1　掌握常用剪辑技巧

在会声会影2020中，可以对视频素材进行相应的剪辑，其中包括"黄色标记剪辑视频""修整栏剪辑视频""时间轴剪辑视频"和"按钮剪辑视频"4种常用的视频素材剪辑方法。下面主要介绍剪辑视频素材的具体操作方法。

6.1.1　黄色标记剪辑视频

在时间轴中选择需要剪辑的视频素材，在其两端会出现黄色标记，拖动标记即可修整视频素材。下面介绍用黄色标记剪辑视频的操作方法。

扫码看视频	素材文件	素材\第6章\视频片头.mpg
	效果文件	效果\第6章\视频片头.VSP
	视频文件	视频\第6章\6.1.1　黄色标记剪辑视频.mp4

实战精通64——视频片头

步骤 01 进入会声会影编辑器，在视频轨中插入所需的视频素材，如图6-1所示。

步骤 02 将鼠标指针移至时间轴面板中的视频素材的末端位置，按住鼠标左键并向左拖曳至00:00:03:000的位置，如图6-2所示。

图6-1　插入视频素材

图6-2　向左拖曳至合适位置

步骤 03 拖曳至合适位置后，释放鼠标左键，即可完成使用黄色标记剪辑视频的操作，单击导览面板中的"播放"按钮，即可预览剪辑后的视频素材效果，如图6-3所示。

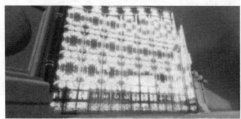

图6-3　预览视频效果

图6-3　预览视频效果(续)

6.1.2 ‖修整栏剪辑视频

在会声会影2020中，修整栏中两个修整标记之间的部分代表素材中被选取的部分，拖动标记即可对素材进行修整，且在预览窗口中将显示与标记对应的帧画面。下面介绍通过修整栏剪辑视频的操作方法。

	素材文件	素材\第6章\荷花开放.mpg
	效果文件	效果\第6章\荷花开放.VSP
扫码看视频	视频文件	视频\第6章\6.1.2　修整栏剪辑视频.mp4

实战精通65——荷花开放

步骤 01 进入会声会影编辑器，在视频轨中插入所需的视频素材，如图6-4所示。

步骤 02 移动鼠标指针至预览窗口右下方的修整标记上，当鼠标指针呈双向箭头时，按住鼠标左键的同时向左拖曳修整标记至00:00:04:000的位置，如图6-5所示。

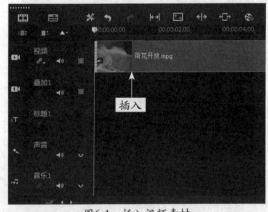

图6-4　插入视频素材　　　　　　图6-5　拖曳修整标记

> **专家指点**
>
> 使用修整栏剪辑视频时，如果拖曳尾部的修整标记，可以剪辑视频的片尾部分；如果拖曳开始位置的修整标记，可以剪辑视频的片头部分。无论用户执行何种剪辑操作，视频轨中的素材长度都将发生变化。

步骤 03 释放鼠标左键，单击导览面板中的"播放"按钮，即可预览剪辑后的视频效果，如图6-6所示。

图6-6　预览剪辑后的视频效果

◀ 6.1.3 ‖ 时间轴剪辑视频 ▶

在会声会影2020中，通过时间轴剪辑视频素材也是一种常用的方法，该方法主要通过"开始标记"按钮和"结束标记"按钮来实现对视频素材的剪辑操作。

	素材文件	素材\第6章\蓝色视频.mp4
	效果文件	效果\第6章\蓝色视频.VSP
扫码看视频	视频文件	视频\第6章\6.1.3　时间轴剪辑视频.mp4

🔍 实战精通66——蓝色视频 ▶

🔍**步骤 01** 进入会声会影编辑器，在视频轨中插入所需的视频素材，如图6-7所示。将鼠标指针移至时间轴上方的滑块上，此时鼠标指针呈双箭头形状。

🔍**步骤 02** 将时间线移至00:00:01:000的位置，在预览窗口的右下角单击"开始标记"按钮，如图6-8所示。

 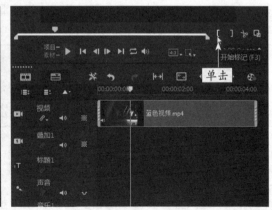

图6-7　插入视频素材　　　　　　　　　　图6-8　单击"开始标记"按钮

🔍**步骤 03** 在时间轴上方会显示一条橘红色线条，将鼠标指针移至时间轴上方的滑块上，按住鼠标左键并向右拖曳至00:00:03:000的位置，释放鼠标左键，如图6-9所示。

🔍**步骤 04** 在预览窗口的右上角单击"结束标记"按钮，确定视频的终点位置，此时选定的区域将以橘红色线条显示，如图6-10所示。

图6-9　向右拖曳

图6-10　单击"结束标记"按钮

步骤 05　单击导览面板中的"播放"按钮，即可在预览窗口中预览剪辑后的视频效果，如图6-11所示。

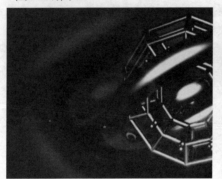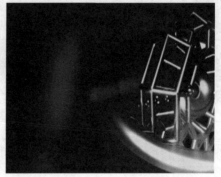

图6-11　预览剪辑后的视频效果

6.1.4 ┃按钮剪辑视频

在会声会影2020中，用户可以通过"根据滑轨位置分割素材"按钮直接对视频素材进行编辑。下面介绍通过按钮剪辑视频的操作方法。

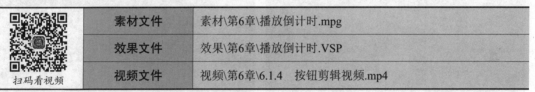

	素材文件	素材\第6章\播放倒计时.mpg
扫码看视频	效果文件	效果\第6章\播放倒计时.VSP
	视频文件	视频\第6章\6.1.4　按钮剪辑视频.mp4

实战精通67——播放倒计时

步骤 01　进入会声会影编辑器，在视频轨中插入一段视频素材，在视频轨中将时间线移至00:00:02:00的位置，如图6-12所示。

步骤 02　在导览面板中单击"根据滑轨位置分割素材"按钮，如图6-13所示。

步骤 03　执行操作后，即可将视频素材分割为两段，如图6-14所示。

步骤 04　在时间轴面板的视频轨中再次将时间线移至00:00:04:000的位置，在导览面板中单击"根据滑轨位置分割素材"按钮，再次对视频素材进行分割操作，如图6-15所示。

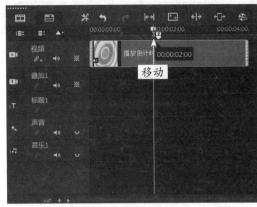

图6-12　移动时间线位置

图6-13　单击相应按钮

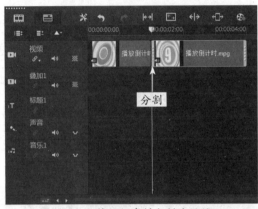

图6-14　将视频素材分割为两段

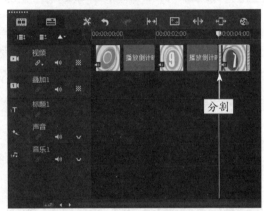

图6-15　对视频素材进行分割操作

步骤 05 在导览面板中单击"播放"按钮，预览剪辑后的视频效果，如图6-16所示。

图6-16　预览剪辑后的视频效果

6.2 掌握特殊剪辑技巧

　　在会声会影2020中，还可以使用一些特殊的视频剪辑方法对视频进行剪辑，如使用变速按钮剪辑视频素材、使用区间剪辑视频素材等。本节主要介绍3种特殊的视频剪辑技巧。

6.2.1 ‖ 使用变速按钮剪辑视频素材

在会声会影2020中，使用"变速"按钮可以调整整段视频的播放速度，或者调整视频片段中某一小节的播放速度。下面介绍使用"变速"按钮剪辑视频素材的操作方法。

	素材文件	素材\第6章\城市夜景.mpg
	效果文件	效果\第6章\城市夜景.VSP
扫码看视频	视频文件	视频\第6章\6.2.1 使用变速按钮剪辑视频素材.mp4

实战精通68——城市夜景

步骤 01 进入会声会影编辑器，在视频轨中插入所需的视频素材，如图6-17所示。

步骤 02 单击"显示选项面板"按钮，打开视频"编辑"选项面板，在其中单击"变速"按钮，如图6-18所示。

图6-17 插入视频素材　　　　　　　　图6-18 单击"变速"按钮

步骤 03 弹出"变速"对话框，在其中设置"速度"为400，如图6-19所示。

步骤 04 单击"确定"按钮，即可在时间轴面板中显示使用变速功能剪辑后的视频素材，如图6-20所示。

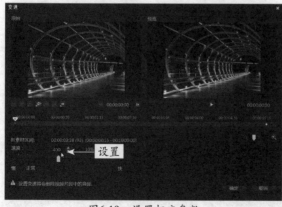

图6-19 设置相应参数　　　　　　　　图6-20 显示视频素材

步骤 05 执行上述操作后，单击导览面板中的"播放"按钮，即可预览剪辑后的视频效果，如图6-21所示。

图6-21　预览剪辑后的视频效果

专家指点

在视频轨中插入所需的视频素材，在视频素材上单击鼠标右键，在弹出的快捷菜单中选择"速度"|"变速"命令，也可以快速弹出"变速"对话框。

◀ 6.2.2 ‖ 使用区间剪辑视频素材 ▶

在会声会影2020中，使用区间剪辑视频素材可以精确控制片段的播放时间，但它只能从视频的尾部进行剪辑，若对整个影片的播放时间有严格的限制，可使用区间修整的方式来剪辑各个视频素材片段。下面介绍使用区间剪辑视频素材的操作方法。

	素材文件	素材\第6章\五彩植物.mpg
	效果文件	效果\第6章\五彩植物.VSP
扫码看视频	视频文件	视频\第6章\6.2.2　使用区间剪辑视频素材.mp4

⌕ 实战精通69——五彩植物 ▶

⌕ **步骤 01** 进入会声会影编辑器，在视频轨中插入一段视频素材，如图6-22所示。

⌕ **步骤 02** 在"编辑"选项面板的"视频区间"数值框中输入0:00:03:000，如图6-23所示。设置完成后，按【Enter】键确认，即可剪辑视频素材。

图6-22　插入视频素材

图6-23　输入区间数值

步骤 03 执行上述操作后，单击导览面板中的"播放"按钮，即可预览剪辑后的视频效果，如图6-24所示。

图6-24 预览剪辑后的视频效果

专家指点

在"编辑"选项面板中设置视频区间时，单击"视频区间"数值框右侧的微调按钮，也可以设置区间大小。

6.2.3 ‖ 按场景分割视频文件

在会声会影2020中，使用按场景分割功能，可以将在不同场景下拍摄的视频内容分割成视频片段。下面介绍按场景分割视频文件的操作方法。

扫码看视频

素材文件	素材\第6章\萌宠来袭.mpg
效果文件	效果\第6章\萌宠来袭.VSP
视频文件	视频\第6章\6.2.3　按场景分割视频文件.mp4

实战精通70——萌宠来袭

步骤 01 进入会声会影编辑器，在视频轨中插入一段视频素材，如图6-25所示。

步骤 02 展开"编辑"选项面板，在其中单击"按场景分割"按钮，如图6-26所示。

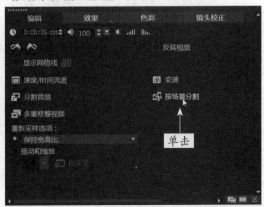

图6-25　插入视频素材　　　　图6-26　单击"按场景分割"按钮

步骤 03 弹出"场景"对话框，单击左下角的"扫描"按钮，稍等片刻，扫描出场景，如图6-27所示。

步骤 04 执行上述操作后，单击"确定"按钮，即可在视频轨中显示按照场景分割的视频素材，如图6-28所示。

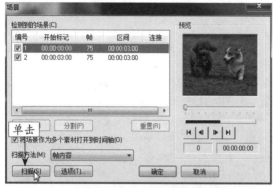

图6-27　单击"扫描"按钮

图6-28　按场景分割视频

步骤 05 单击导览面板中的"播放"按钮，即可预览分割后的视频效果，如图6-29所示。

图6-29　预览分割后的视频效果

> 在时间轴面板中选择视频素材，单击鼠标右键，在弹出的快捷菜单中选择"按场景分割"命令，可以弹出"场景"对话框，进行场景分割。另外，单击菜单栏中的"编辑"|"按场景分割"命令，也可以弹出"场景"对话框。

6.3 掌握多重修整视频技巧

在会声会影2020中，多重修整视频是将视频分割成多个片段的另一种方法，它可以让用户完整地控制要提取的素材，更方便地管理项目。本节主要介绍多重修整视频的操作方法。

6.3.1 打开"多重修整视频"对话框

多重修整视频之前，首先需要打开"多重修整视频"对话框，其方法很简单，只需在选项面板中单击相应的按钮即可。

扫码看视频

素材文件	素材\第6章\草原风光.mpg
效果文件	无
视频文件	视频\第6章\6.3.1　打开"多重修整视频"对话框.mp4

实战精通71——草原风光

步骤 01 进入会声会影编辑器，在视频轨中插入所需的视频素材，如图6-30所示。

步骤 02 在预览窗口中可以预览添加的视频效果，如图6-31所示。

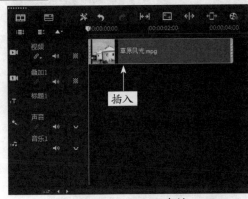
图6-30　插入视频素材

图6-31　预览视频效果

步骤 03 展开"编辑"选项面板，在其中单击"多重修整视频"按钮，如图6-32所示。

步骤 04 执行上述操作后，即可弹出"多重修整视频"对话框，如图6-33所示。

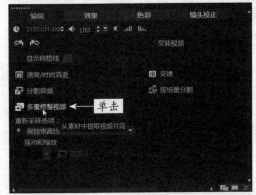
图6-32　单击"多重修整视频"按钮

图6-33　弹出"多重修整视频"对话框

专家指点

在视频轨中的素材文件上单击鼠标右键，在弹出的快捷菜单中选择"多重修整视频"命令，也可以弹出"多重修整视频"对话框。

6.3.2 快速搜索视频间隔

在会声会影编辑器中打开"多重修整视频"对话框后，用户可以对视频进行快速搜索间隔的操作，该操作可以快速在两个场景之间进行切换。下面介绍快速搜索间隔的操作方法。

	素材文件	素材\第6章\家常小菜.mpg
	效果文件	无
扫码看视频	视频文件	视频\第6章\6.3.2　快速搜索视频间隔.mp4

🔍 **实战精通72——家常小菜** ▶

🔍**步骤 01** 进入会声会影编辑器，在视频轨中插入一段视频素材，单击导览面板中的"播放"
　　　　按钮，预览插入的视频效果，如图6-34所示。

图6-34　预览视频效果

🔍**步骤 02** 选择插入的视频素材，单击鼠标右键，在弹出的快捷菜单中选择"多重修整视频"
　　　　命令，如图6-35所示。

🔍**步骤 03** 执行上述操作后，即可弹出"多重修整视频"对话框，如图6-36所示。

图6-35　选择"多重修整视频"命令　　　　图6-36　弹出"多重修整视频"对话框

🔍**步骤 04** 单击对话框中的"向前搜索"按钮▶▶，如图6-37所示。

🔍**步骤 05** 执行上述操作后，即可快速跳转至下一个场景中，如图6-38所示。

　　在"多重修整视频"对话框中，单击"快速搜索间隔"数值框右侧的向上微调
按钮，数值框中的数值将变大；单击向下微调按钮，数值框中的数值将变小。

图6-37　单击"向前搜索"按钮　　　　　图6-38　跳转至下一个场景

6.3.3 反转选取视频画面

在"多重修整视频"对话框中，单击"反转选取"按钮，可以选择"多重修整视频"对话框中用户未选中的视频片段。下面介绍反转选取视频的操作方法。

素材文件	素材\第6章\山中美景.mpg	
效果文件	效果\第6章\山中美景.VSP	
视频文件	视频\第6章\6.3.3　反转选取视频画面.mp4	

扫码看视频

实战精通73——山中美景

步骤 01 进入会声会影编辑器，在视频轨中插入一段视频素材，单击导览面板中的"播放"按钮，预览插入的视频效果，如图6-39所示。

图6-39　预览视频效果

步骤 02 单击"编辑"选项面板中的"多重修整视频"按钮，弹出"多重修整视频"对话框，如图6-40所示。

步骤 03 拖曳滑块至0:00:02:00的位置，单击"设置开始标记"按钮 **[** ，标记提取素材的起始位置，如图6-41所示。

步骤 04 拖曳滑块至0:00:06:00的位置，单击"设置结束标记"按钮 **]** ，标记提取素材的结束位置，如图6-42所示。

图6-40 弹出"多重修整视频"对话框

图6-41 单击"设置开始标记"按钮

步骤 05 单击左上角的"反转选取"按钮，即可反转选取视频，如图6-43所示。

图6-42 单击"设置结束标记"按钮

图6-43 单击"反转选取"按钮

6.3.4 播放修整的视频

在会声会影2020中，用户通过"多重修整视频"对话框对视频进行修整后，可以播放修整后的视频。下面介绍播放修整的视频的操作方法。

素材文件	素材\第6章\美丽大方.mpg
效果文件	效果\第6章\美丽大方.VSP
视频文件	视频\第6章\6.3.4　播放修整的视频.mp4

扫码看视频

实战精通74——美丽大方

步骤 01 进入会声会影编辑器，在视频轨中插入一段视频素材，如图6-44所示。

步骤 02 单击"编辑"选项面板中的"多重修整视频"按钮，弹出"多重修整视频"对话框，将滑块拖曳至0:00:01:00的位置，单击"设置开始标记"按钮，如图6-45所示。

步骤 03 单击预览窗口下方的"播放"按钮，播放视频素材，至0:00:05:00的位置单击"暂停"按钮，如图6-46所示。

步骤 04 单击"设置结束标记"按钮，确定视频的终点位置，此时选定的区间即可显示在对话框下方的列表框中，完成标记修整片段起点和终点的操作，如图6-47所示。

图6-44　插入视频素材文件

图6-45　单击相应按钮

图6-46　单击"暂停"按钮

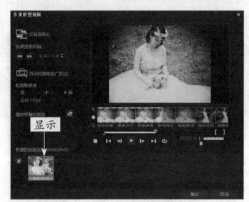

图6-47　查看剪辑后的效果

步骤 05 单击"确定"按钮，返回会声会影编辑器，单击导览面板中的"播放"按钮，预览剪辑后的视频效果，如图6-48所示。

图6-48　预览视频效果

6.3.5 删除所选素材

在"多重修整视频"对话框中，用户不再需要使用提取的片段时，可以对不需要的片段进行删除操作。下面介绍删除所选素材的操作方法。

扫码看视频	素材文件	素材\第6章\烟花绽放.mpg
	效果文件	效果\第6章\烟花绽放.VSP
	视频文件	视频\第6章\6.3.5　删除所选素材.mp4

🔍 **实战精通75——烟花绽放** ▶

🔍**步骤 01** 进入会声会影编辑器，在视频轨中插入一段视频素材，在"多重修整视频"对话框中，将滑块拖曳至0:00:01:00的位置，单击"设置开始标记"按钮，如图6-49所示，确定视频的起始点。

🔍**步骤 02** 使用同样的方法，将滑块拖曳至0:00:03:00的位置，如图6-50所示。

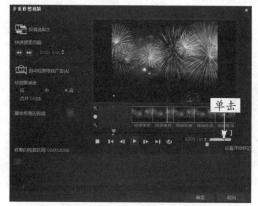

图6-49　单击"设置开始标记"按钮　　　　　　图6-50　拖曳滑块

🔍**步骤 03** 单击"设置结束标记"按钮，确定视频的终点位置，此时选定的区间即可显示在对话框下方的列表框中，完成标记修整片段起点和终点的操作，如图6-51所示。

🔍**步骤 04** 单击"删除所选素材"按钮，即可删除所选素材片段，如图6-52所示。

图6-51　显示区间　　　　　　　　　图6-52　单击"删除所选素材"按钮

◀ 6.3.6 ‖ 转到特定时间码 ▶

在会声会影2020中，用户可以精确地调整所编辑素材的时间码。下面介绍在"多重修整视频"对话框中转到特定时间码的操作方法。

	素材文件	素材\第6章\撒网捕鱼.mpg
	效果文件	效果\第6章\撒网捕鱼.VSP
扫码看视频	视频文件	视频\第6章\6.3.6　转到特定时间码.mp4

实战精通76——撒网捕鱼

步骤 01 进入会声会影编辑器，在视频轨中插入一段视频素材，如图6-53所示。

步骤 02 在视频素材上单击鼠标右键，在弹出的快捷菜单中选择"多重修整视频"命令，如图6-54所示。

图6-53 插入视频素材　　　　　　　图6-54 选择"多重修整视频"命令

步骤 03 执行操作后，弹出"多重修整视频"对话框，单击右下角的"设置开始标记"按钮，标记视频的起始位置，如图6-55所示。

步骤 04 在"转到特定时间码"文本框中输入0:00:03:00，即可将时间线定位到视频中第3秒的位置，如图6-56所示。

图6-55 标记视频的起始位置　　　　　　　图6-56 定位时间线

步骤 05 单击"设置结束标记"按钮，选定的区间将显示在对话框下方的列表框中，如图6-57所示。

步骤 06 在"转到特定时间码"文本框中输入0:00:05:00，即可将时间线定位到视频中第5秒的位置，单击"设置开始标记"按钮，标记第二段视频的起始位置，如图6-58所示。

专家指点

在"多重修整视频"对话框中，当用户标记一段素材片段后，按【Delete】键，也可快速地删除所选素材片段。

图6-57　显示区间　　　　　　　　　　　　图6-58　标记第二段视频的起始位置

步骤 07 在"转到特定时间码"文本框中输入0:00:07:00，即可将时间线定位到视频中第7秒的位置，如图6-59所示。

步骤 08 单击"设置结束标记"按钮，标记第二段视频的结束位置，选定的区间将显示在对话框下方的列表框中，如图6-60所示。

图6-59　定位时间线　　　　　　　　　　　图6-60　显示区间

步骤 09 单击"确定"按钮，返回会声会影编辑器，在视频轨中显示了刚刚剪辑的两个视频片段，如图6-61所示。

步骤 10 切换至故事板视图，在其中可以查看剪辑的视频区间参数，如图6-62所示。

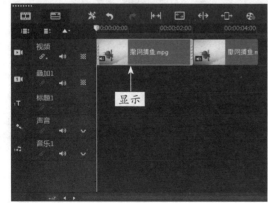

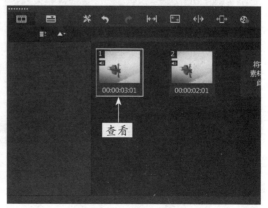

图6-61　显示两个视频片段　　　　　　　　图6-62　查看视频区间参数

步骤 11 在导览面板中单击"播放"按钮，预览剪辑后的视频画面效果，如图6-63所示。

图6-63　预览视频画面效果

6.4　掌握多相机剪辑视频技巧

在会声会影2020中，用户可以通过从不同相机、不同角度捕获的事件镜头创建外观专业的视频。通过简单的多视图工作区，可以在播放视频的同时进行动态编辑。只需单击一下，即可从一个视频切换到另一个，与播音室从一个相机切换到另一个来捕获不同场景角度或元素的方法相同。

◀ 6.4.1 ‖ 打开"来源管理器"窗口 ▶

在会声会影2020中，当用户使用多相机编辑器剪辑视频前，首先需要打开"来源管理器"窗口。下面介绍打开该窗口的方法。

在"编辑"面板的菜单栏中，单击"工具"|"多相机编辑器"命令，如图6-64所示；或者在时间轴面板的上方单击"多相机编辑器"按钮，如图6-65所示。

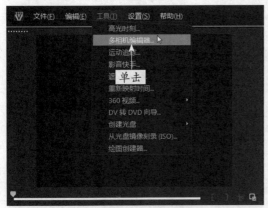

图6-64　单击"多相机编辑器"命令　　　　图6-65　单击"多相机编辑器"按钮

执行操作后，即可打开"来源管理器"窗口，如图6-66所示。

图6-66　打开"来源管理器"窗口

6.4.2 ▮ 用"多相机编辑器"剪辑视频画面

　　在会声会影2020中，使用"多相机编辑器"功能可以更加快速地进行视频的剪辑，可以对大量的素材进行选择、搜索、剪辑点确定、时间线对位等基本操作。下面介绍具体的操作步骤。

扫码看视频

素材文件	素材\第6章\蜜蜂采蜜1.mov、蜜蜂采蜜2.mov
效果文件	效果\第6章\蜜蜂采蜜.VSP
视频文件	视频\第6章\6.4.2　用"多相机编辑器"剪辑视频画面.mp4

🔍 **实战精通77——蜜蜂采蜜**

🔍**步骤 01**　进入"来源管理器"窗口，在右上方的"相机1"轨道右侧空白处单击鼠标右键，在弹出的快捷菜单中选择"插入视频"命令，如图6-67所示。

🔍**步骤 02**　在弹出的对话框中选择需要添加的视频，单击"打开"按钮，如图6-68所示。

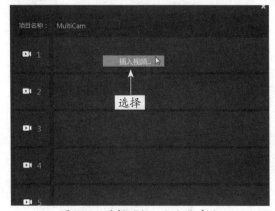

图6-67　选择"插入视频"命令

图6-68　单击"打开"按钮

🔍**步骤 03**　执行上述操作后，即可添加视频至"相机1"轨道中，如图6-69所示。

步骤 04 使用同样的方法，在"相机2"轨道中添加一段视频，如图6-70所示。

图6-69 添加视频至"相机1"轨道　　　　图6-70 添加视频至"相机2"轨道

步骤 05 添加两段视频文件后，单击窗口最下方的"确定"按钮，如图6-71所示。

步骤 06 执行操作后，打开"多相机编辑器"窗口，如图6-72所示。

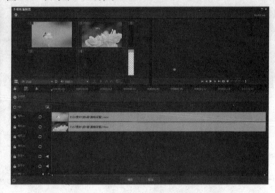

图6-71 单击"确定"按钮　　　　图6-72 打开"多相机编辑器"窗口

步骤 07 选择"多相机"轨道，单击第1个相机窗口，如图6-73所示，即可在"多相机"轨道上添加"相机1"轨道的视频画面。

步骤 08 拖动时间轴上方的滑块到00:00:01:20的位置，单击左上方的预览框2，如图6-74所示，此时在"多相机"轨道上的时间轴位置即时添加"相机2"轨道的视频画面，对视频进行剪辑合并操作。

图6-73 单击第1个相机窗口　　　　图6-74 单击左上方的预览框2

步骤 09 使用同样的方法，在00:00:02:09的位置再次添加"相机1"轨道的视频画面，如图6-75所示。

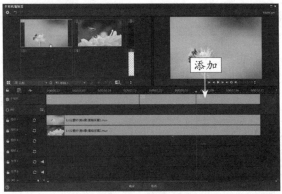

图6-75 再次添加"相机1"轨道的视频画面

🔍步骤 10 多相机视频画面剪辑完成后，单击"确定"按钮，返回会声会影编辑器，在"视频"素材库中显示了刚制作的多相机视频文件，如图6-76所示。

🔍步骤 11 将制作完成的多相机视频文件拖曳至视频轨中的开始位置，在视频轨中即时看到剪辑的3段合成视频，如图6-77所示。

图6-76 显示了刚制作的多相机视频文件

图6-77 看到剪辑的3段合成视频

🔍步骤 12 在导览面板中单击"播放"按钮，预览剪辑的视频画面，最终的效果如图6-78所示。

图6-78 预览剪辑后的视频效果

6.5 应用重新映射时间精修视频

在会声会影2020中，"重新映射时间"功能非常实用，可以帮助用户更加精准地修整视频的播放速度，制作出视频的快动作或慢动作特效。本节主要介绍应用重新映射时间精修视频的操作方法。

◀ 6.5.1 ‖ 打开"时间重新映射"对话框 ▶

在会声会影2020中,当用户使用"重新映射时间"功能精修视频素材前,首先需要打开"时间重新映射"对话框,下面介绍打开该对话框的方法。

	素材文件	素材\第6章\喜庆贺寿.mpg
扫码看视频	效果文件	无
	视频文件	视频\第6章\6.5.1　打开"时间重新映射"对话框.mp4

🔍 **实战精通78——喜庆贺寿** ▶

🔍**步骤 01** 进入会声会影编辑器,在视频轨中插入一段视频素材,如图6-79所示。
🔍**步骤 02** 单击菜单栏中的"工具"|"重新映射时间"命令,如图6-80所示。

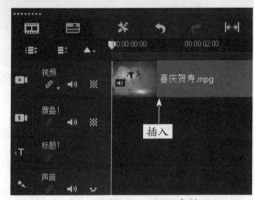

图6-79　插入一段视频素材 　　　　　　图6-80　单击"重新映射时间"命令

🔍**步骤 03** 弹出"时间重新映射"对话框,如图6-81所示,在其中可以编辑视频画面。

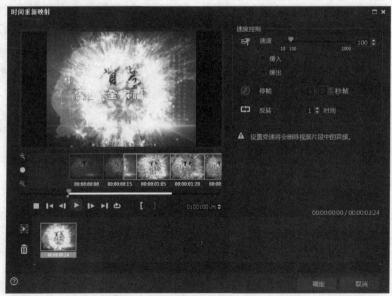

图6-81　弹出"时间重新映射"对话框

6.5.2 ‖ 使用"重新映射时间"精修视频画面

下面介绍使用"重新映射时间"功能精修视频画面的具体操作方法。

素材文件	无
效果文件	效果\第6章\喜庆贺寿.VSP
视频文件	视频\第6章\6.5.2　使用"重新映射时间"精修视频画面.mp4

扫码看视频

实战精通79——精修视频

步骤 01 通过"重新映射时间"命令打开"时间重新映射"对话框,将时间线移至0:00:00:06的位置,如图6-82所示。

步骤 02 在对话框右侧单击"停帧"按钮 ⊘,如图6-83所示,设置"停帧"的时间为3秒,表示在该处静态停帧3秒的时间,此时窗口下方显示了一幅停帧的静态图像。

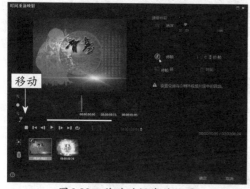

图6-82　移动时间线的位置

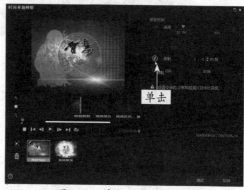

图6-83　单击"停帧"按钮

步骤 03 在预览窗口下方将时间线移至0:00:01:05的位置,在对话框右上方设置"速度"为50,表示以慢动作的形式播放视频,如图6-84所示。

步骤 04 在预览窗口下方向右拖曳时间线滑块,将时间线移至0:00:03:07的位置,如图6-85所示。

图6-84　设置"速度"为50

图6-85　移动时间线的位置

步骤 05 再次单击"停帧"按钮,如图6-86所示。设置"停帧"的时间为3秒,在时间线位置再次添加一幅停帧的静态图像。

图6-86 再次单击"停帧"按钮

步骤 06 视频编辑完成后，单击对话框下方的"确定"按钮，返回会声会影编辑器，在视频轨中可以查看精修完成的视频文件，如图6-87所示。

图6-87 查看精修完成的视频文件

步骤 07 在导览面板中单击"播放"按钮，预览精修的视频画面，效果如图6-88所示。

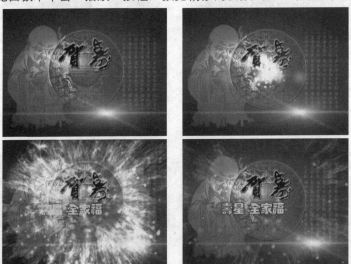

图6-88 预览精修的视频画面

专家指点

通过"重新映射时间"功能剪辑视频后，在时间轴面板的视频轨中会自动生成一个VSP的文件，在生成的文件上单击鼠标右键，在弹出的快捷菜单中选择"打开文件夹"命令，即可打开VSP文件生成后所在的文件夹位置。

精彩特效篇

第7章

制作视频滤镜特效

学习提示

在会声会影2020中，为用户提供了多种滤镜，对视频素材进行编辑时，可以将它应用到视频素材上，通过视频滤镜不仅可以掩饰视频素材的瑕疵，还可以令视频产生绚丽的视觉效果，使制作出来的视频更具表现力。本章主要介绍制作视频滤镜特效的方法。

🗑 CLEAR   ⬆ SUBMIT

本章重点导航

- 实战精通80——美丽天使
- 实战精通81——滑翔降落
- 实战精通82——西府海棠
- 实战精通83——根深叶茂
- 实战精通84——梅花一现

- 实战精通85——窈窕淑女
- 实战精通86——鱼群如云
- 实战精通87——深夜都市
- 实战精通88——鲜花盛开
- 实战精通89——乡村生活

🗑 CLEAR   ⬆ SUBMIT

7.1 添加与删除视频滤镜

视频滤镜可以说是会声会影的一大亮点，越来越多的滤镜特效出现在各种影视节目中，它可以使视频画面更加生动、绚丽多彩，从而创作出非常神奇的、变幻莫测的媲美好莱坞大片的视觉效果。本节主要介绍4种编辑视频滤镜的操作方法。

◀ 7.1.1 ‖ 添加单个视频滤镜 ▶

视频滤镜是指可以应用到素材上的效果，它可以改变素材的外观和样式。用户可以通过运用这些视频滤镜，对素材进行美化，制作出精美的视频作品。下面介绍添加单个视频滤镜的操作方法。

素材文件	素材\第7章\美丽天使.jpg	
效果文件	效果\第7章\美丽天使.VSP	
视频文件	视频\第7章\7.1.1　添加单个视频滤镜.mp4	

扫码看视频

🔍 **实战精通80——美丽天使** ▶

🔍 **步骤 01** 进入会声会影编辑器，在故事板中插入一幅素材图像，如图7-1所示。

🔍 **步骤 02** 在预览窗口中可以预览素材的画面效果，如图7-2所示。

图7-1　插入一幅素材图像

图7-2　预览素材的画面效果

🔍 **步骤 03** 在素材库的左侧单击"滤镜"按钮，如图7-3所示。

🔍 **步骤 04** 展开"滤镜"素材库，选择"相机镜头"选项，如图7-4所示。

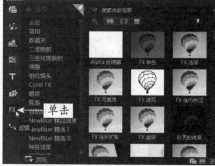

图7-3　单击"滤镜"按钮

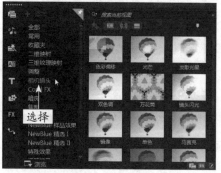

图7-4　选择"相机镜头"选项

步骤 05 打开"相机镜头"滤镜组，选择"光芒"滤镜效果，如图7-5所示。

步骤 06 在选择的滤镜效果上，按住鼠标左键并将其拖曳至故事板中的图像素材上，此时鼠标指针右下角将显示一个加号，释放鼠标左键，即可添加视频滤镜效果，如图7-6所示。

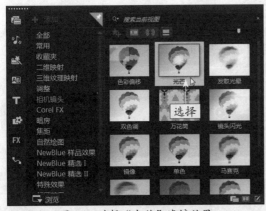

图7-5 选择"光芒"滤镜效果

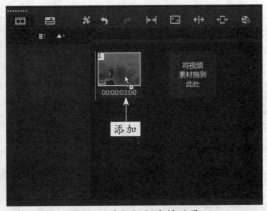

图7-6 添加视频滤镜效果

步骤 07 打开"效果"选项面板，单击"自定义滤镜"左侧的下三角按钮，在弹出的列表框中选择第1行第2个滤镜样式，即可完成光芒照射滤镜效果的制作。在导览面板中单击"播放"按钮，预览添加的视频滤镜效果，如图7-7所示。

图7-7 预览视频滤镜效果

7.1.2 ‖ 添加多个视频滤镜

在会声会影2020中，当用户为一个图像素材添加多个视频滤镜效果时，所产生的效果是多个视频滤镜效果的叠加。会声会影2020允许用户最多只能在同一个素材上添加5个视频滤镜效果。下面介绍添加多个视频滤镜的操作方法。

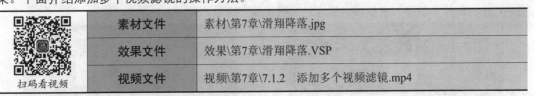

素材文件	素材\第7章\滑翔降落.jpg
效果文件	效果\第7章\滑翔降落.VSP
视频文件	视频\第7章\7.1.2 添加多个视频滤镜.mp4

扫码看视频

🔍 **实战精通81——滑翔降落** ▶

步骤 01 进入会声会影编辑器，在故事板中插入一幅素材图像，如图7-8所示。

步骤 02 在预览窗口中可以预览插入的素材图像效果，如图7-9所示。

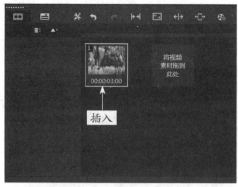

图7-8　插入一幅素材图像

图7-9　预览图像效果

步骤 03　单击"滤镜"按钮FX，展开"相机镜头"滤镜组，在其中选择"镜头闪光"滤镜效果，如图7-10所示。

步骤 04　按住鼠标左键并将其拖曳至故事板中的图像素材上，释放鼠标左键，即可在"效果"选项面板中查看已添加的视频滤镜效果，如图7-11所示。

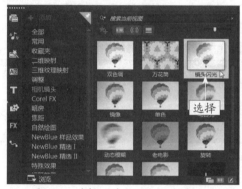

图7-10　选择"镜头闪光"滤镜效果

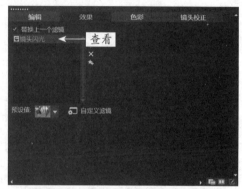

图7-11　查看已添加的视频滤镜效果

步骤 05　取消选中"替换上一个滤镜"复选框，使用相同的方法为图像素材再次添加"色彩平衡"滤镜效果，在"效果"选项面板中查看滤镜效果，如图7-12所示。

步骤 06　执行操作后，在故事板中可以查看添加多个视频滤镜的效果，如图7-13所示。

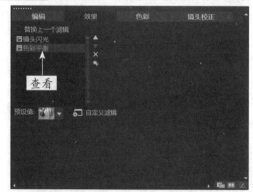

图7-12　查看滤镜效果

图7-13　查看添加多个视频滤镜的效果

专家指点

会声会影2020中提供了多种视频滤镜特效，使用这些视频滤镜特效，可以制作出各种变幻莫测的神奇的视觉效果，从而使视频作品更加能够吸引人们的眼球。

步骤 07 单击导览面板中的"播放"按钮,即可在预览窗口中预览多个视频滤镜效果,如图7-14所示。

图7-14 预览多个视频滤镜效果

7.1.3 替换视频滤镜

在会声会影2020中,当用户为素材添加视频滤镜后,如果发现某个视频滤镜未达到预期的效果,此时可将该视频滤镜效果进行替换操作。下面介绍替换视频滤镜的操作方法。

素材文件	素材\第7章\西府海棠.VSP	
效果文件	效果\第7章\西府海棠.VSP	
视频文件	视频\第7章\7.1.3 替换视频滤镜.mp4	

扫码看视频

实战精通82——西府海棠

步骤 01 进入会声会影编辑器,打开一个项目文件,单击"播放"按钮,预览视频画面效果,如图7-15所示。

步骤 02 展开"效果"选项面板,在面板中选中"替换上一个滤镜"复选框,如图7-16所示。

图7-15 预览视频画面效果　　　　　　图7-16 选中"替换上一个滤镜"复选框

步骤 03 单击"滤镜"按钮FX,切换至"相机镜头"滤镜组,在其中选择"单色"滤镜效果,如图7-17所示。

步骤 04 按住鼠标左键并将其拖曳至故事板中的图像素材上方,释放鼠标左键,即可替换上一个视频滤镜,在"效果"选项面板中可以查看替换后的视频滤镜,如图7-18所示。

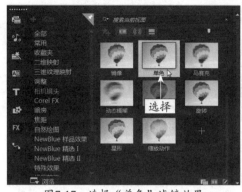

图7-17　选择"单色"滤镜效果

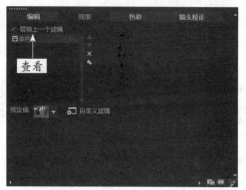

图7-18　查看替换后的视频滤镜

在会声会影2020中替换视频滤镜效果时，一定要确认"效果"选项面板中的"替换上一个滤镜"复选框是否处于选中状态，如果该复选框没有选中的话，那么系统并不会将新添加的视频滤镜效果替换之前添加的滤镜效果，而是同时使用两个滤镜效果。

为素材应用滤镜后，如果不再需要该滤镜效果，可以在"效果"选项面板中选择该滤镜，单击"删除"按钮，即可将其删除。

步骤 05　单击导览面板中的"播放"按钮▶，即可在预览窗口中预览替换滤镜后的视频效果，如图7-19所示。

图7-19　预览替换滤镜后的视频效果

7.1.4 删除视频滤镜

在会声会影2020中，如果用户对某个滤镜效果不满意，此时可以将该视频滤镜删除。用户可以在"效果"选项面板中删除一个视频滤镜或多个视频滤镜。下面介绍删除视频滤镜的操作方法。

扫码看视频

素材文件	素材\第7章\根深叶茂.VSP
效果文件	效果\第7章\根深叶茂.VSP
视频文件	视频\第7章\7.1.4　删除视频滤镜.mp4

🔍 实战精通83——根深叶茂

步骤 01　进入会声会影编辑器，打开一个项目文件，单击"播放"按钮，预览视频画面效果，如图7-20所示。

图7-20　预览视频画面效果

在会声会影2020中，为素材应用多个滤镜效果后，可以在"效果"选项面板中单击"上移滤镜"按钮或"下移滤镜"按钮，移动变换滤镜效果。

🔍步骤 02 在故事板中使用鼠标左键双击需要删除视频滤镜的素材文件，如图7-21所示。

🔍步骤 03 展开"效果"选项面板，在滤镜列表框中选择"气泡"视频滤镜，单击滤镜列表框右侧的"删除滤镜"按钮✕，如图7-22所示。

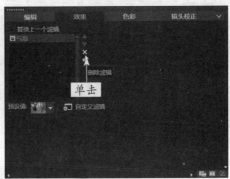

图7-21　双击素材文件　　　　　　　　　图7-22　单击"删除滤镜"按钮

🔍步骤 04 执行操作后，即可删除选择的滤镜效果，如图7-23所示。

🔍步骤 05 在预览窗口中可以预览删除视频滤镜后的视频画面效果，如图7-24所示。

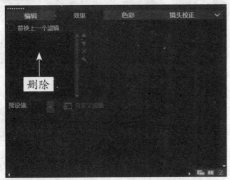

图7-23　删除选择的滤镜效果　　　　　　图7-24　预览视频画面效果

在会声会影2020的"效果"选项面板中，单击滤镜名称前面的🔲按钮，可以查看素材没有应用滤镜前的初始效果。

7.2　设置视频滤镜的属性

在会声会影2020中，为素材图像添加需要的视频滤镜后，用户还可以为视频滤镜指定滤镜预设样式或者自定义视频滤镜效果，可以让影片更加完善。本节主要介绍设置视频滤镜的操作方法。

7.2.1 ║ 指定滤镜预设样式

　　在会声会影2020中，每一个视频滤镜都会提供多个预设的滤镜样式，用户可根据需要进行相应的选择。下面介绍指定滤镜预设样式的操作方法。

	素材文件	素材\第7章\梅花一现.VSP
扫码看视频	效果文件	效果\第7章\梅花一现.VSP
	视频文件	视频\第7章\7.2.1　指定滤镜预设样式.mp4

 实战精通84——梅花一现

步骤 01 进入会声会影编辑器，打开一个项目文件，如图7-25所示。

步骤 02 单击导览面板中的"播放"按钮▶，预览打开的项目效果，如图7-26所示。

> **专家指点**
> 所谓预设样式，是指会声会影2020通过对滤镜效果的某些参数进行调整后，形成一种固定的效果，并嵌套在系统中。用户可以通过直接选择这些预设样式，从而快速地对滤镜效果进行设置。选择不同的预设样式，所产生的画面效果也会不同。

图7-25　打开项目文件

图7-26　预览项目效果

步骤 03 在"效果"选项面板中，单击"自定义滤镜"左侧的下三角按钮，在弹出的列表框中选择第4行第1个滤镜预设样式，如图7-27所示。

步骤 04 执行上述操作后，即可为素材图像指定滤镜预设样式，单击导览面板中的"播放"按钮，预览视频滤镜预设样式，如图7-28所示。

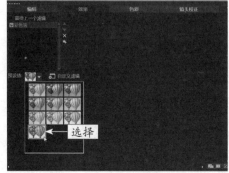

图7-27　选择滤镜预设样式

图7-28　预览视频滤镜预设样式

7.2.2 自定义视频滤镜

在会声会影2020中，对视频滤镜效果进行自定义操作，可以制作出更加精美的画面效果。下面介绍自定义视频滤镜的操作方法。

扫码看视频

素材文件	素材\第7章\窈窕淑女.jpg
效果文件	效果\第7章\窈窕淑女.VSP
视频文件	视频\第7章\7.2.2 自定义视频滤镜.mp4

实战精通85——窈窕淑女

步骤 01 进入会声会影编辑器，在故事板中插入一幅素材图像，如图7-29所示。

步骤 02 在预览窗口中可以预览插入的素材图像效果，如图7-30所示。

图7-29 插入一幅素材图像

图7-30 预览图像效果

步骤 03 在"NewBlue精选II"素材库中选择"晕影"滤镜，如图7-31所示。

步骤 04 按住鼠标左键并将其拖曳至故事板中的素材图像上方，在"效果"选项面板中单击"自定义滤镜"按钮，如图7-32所示。

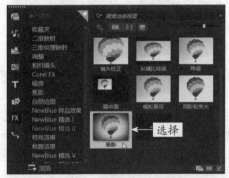

图7-31 选择"晕影"滤镜

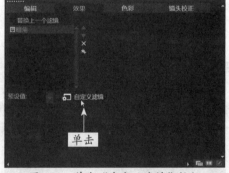

图7-32 单击"自定义滤镜"按钮

步骤 05 弹出"NewBlue暗角"对话框，拖曳时间轴上的滑块到结尾位置，如图7-33所示。

步骤 06 选择下方的"婚礼"选项，如图7-34所示。

在自定义视频滤镜的操作过程中，由于每一种视频滤镜的参数均会有所不同，因此相应的自定义对话框也会有很大的差别，但对这些属性的调节方法大同小异。

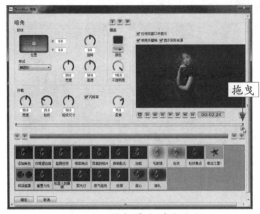
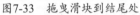

图7-33　拖曳滑块到结尾处

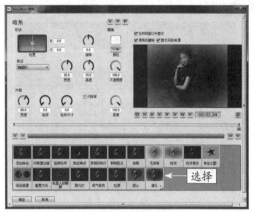

图7-34　选择"婚礼"选项

步骤 07 设置完成后，单击"确定"按钮，即可自定义视频滤镜效果，单击导览面板中的"播放"按钮，预览自定义的滤镜效果，如图7-35所示。

图7-35　预览自定义滤镜效果

7.3　调整视频画面的颜色

　　在会声会影2020中，用户可以根据需要为图像添加视频滤镜，调整视频自动曝光、亮度和对比度、色彩平衡和消除视频偏色。本节主要介绍各种调整视频的方法。

◀ 7.3.1 ▌调整视频自动曝光 ▶

　　"自动曝光"滤镜只有一种滤镜预设样式，主要是通过调整图像的光线来达到曝光的效果，适合在光线比较暗的素材上使用。下面介绍使用"自动曝光"滤镜的操作方法。

扫码看视频

素材文件	素材\第7章\鱼群如云.jpg
效果文件	效果\第7章\鱼群如云.VSP
视频文件	视频\第7章\7.3.1　调整视频自动曝光.mp4

🔍 **实战精通86——鱼群如云**

步骤 01 进入会声会影编辑器，在故事板中插入一幅素材图像，如图7-36所示。

步骤 **02** 在预览窗口中可以预览插入的素材图像效果，如图7-37所示。

图7-36 插入一幅素材图像

图7-37 预览素材图像效果

步骤 **03** 在"滤镜"素材库中展开"暗房"滤镜组，选择"自动曝光"滤镜效果，如图7-38所示。

步骤 **04** 按住鼠标左键并将其拖曳至故事板中的图像素材上方，添加"自动曝光"滤镜。单击导览面板中的"播放"按钮，预览"自动曝光"滤镜效果，如图7-39所示。

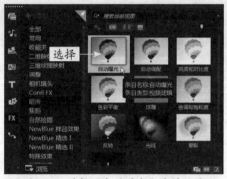

图7-38 选择"自动曝光"滤镜效果

图7-39 预览"自动曝光"滤镜效果

> **专家指点**
>
> 在会声会影2020中，"暗房"滤镜组中的"自动曝光"滤镜效果主要是运用从胶片到相片的一个转变过程为影片带来由暗到亮的转变效果。

◀ 7.3.2 ‖ 调整视频亮度和对比度 ★进阶★ ▶

在会声会影2020中，如果图像的亮度和对比度不足或过度，可通过"亮度和对比度"滤镜调整图像的亮度和对比度。下面介绍使用"亮度和对比度"滤镜的操作方法。

扫码看视频	素材文件	素材\第7章\深夜都市.jpg
	效果文件	效果\第7章\深夜都市.VSP
	视频文件	视频\第7章\7.3.2 调整视频亮度和对比度.mp4

🔍 **实战精通87——深夜都市**

步骤 **01** 进入会声会影编辑器，在故事板中插入所需的素材图像，如图7-40所示。

步骤 02 在预览窗口中可预览插入的素材图像效果，如图7-41所示。

图7-40　插入素材图像　　　　　　　　　　　图7-41　预览素材图像效果

步骤 03 在"暗房"滤镜组中选择"亮度和对比度"滤镜，如图7-42所示。按住鼠标左键并将其拖曳至故事板中的图像素材上方，添加"亮度和对比度"滤镜。

步骤 04 打开"效果"选项面板，单击下方的"自定义滤镜"按钮，如图7-43所示。

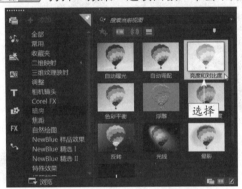

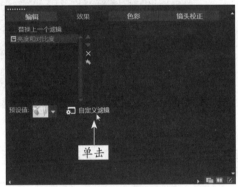

图7-42　选择"亮度和对比度"滤镜效果　　　　　图7-43　单击"自定义滤镜"按钮

步骤 05 弹出"亮度和对比度"对话框，在其中设置第1个关键帧的"亮度"为-10、"对比度"为10，如图7-44所示。

图7-44　设置第1个关键帧的参数

步骤 06 选择最后一个关键帧，设置"亮度"为30、"对比度"为35，如图7-45所示。

步骤 07 设置完成后，单击"确定"按钮，返回会声会影编辑器。单击导览面板中的"播放"按钮，即可预览调整亮度和对比度后的视频滤镜效果，如图7-46所示。

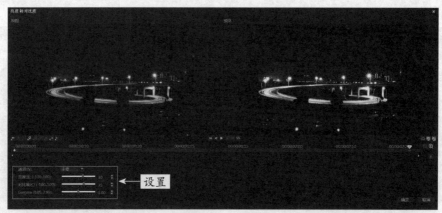

图7-45 设置最后一个关键帧的参数

图7-46 预览视频滤镜效果

7.3.3 调整视频色彩平衡

在会声会影2020中，用户可以通过应用"色彩平衡"视频滤镜，还原画面的色彩。下面介绍使用"色彩平衡"滤镜的操作方法。

素材文件	素材\第7章\鲜花盛开.jpg	
效果文件	效果\第7章\鲜花盛开.VSP	
视频文件	视频\第7章\7.3.3 调整视频色彩平衡.mp4	

扫码看视频

实战精通88——鲜花盛开

步骤 01 进入会声会影编辑器，在故事板中插入所需的素材图像，如图7-47所示。

步骤 02 在预览窗口中可预览插入的素材图像效果，如图7-48所示。

步骤 03 打开"暗房"滤镜组，在其中选择"色彩平衡"滤镜效果，如图7-49所示。

步骤 04 按住鼠标左键并将其拖曳至故事板中的素材图像上，在"效果"选项面板中单击"自定义滤镜"按钮，如图7-50所示。

步骤 05 弹出"色彩平衡"对话框，选择最后一个关键帧，设置"红"为40、"绿"为70、"蓝"为120，如图7-51所示。

步骤 06 设置完成后，单击"确定"按钮，即可完成"色彩平衡"滤镜效果的制作。在预览窗口中可预览色彩平衡滤镜效果，如图7-52所示。

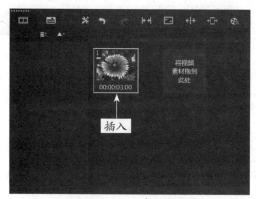

图7-47 插入素材图像

图7-48 预览素材图像效果

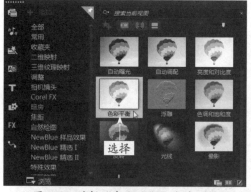

图7-49 选择"色彩平衡"滤镜效果

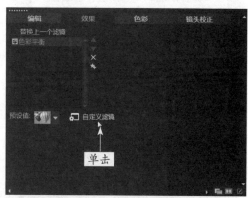

图7-50 单击"自定义滤镜"按钮

图7-51 设置各参数

图7-52 预览"色彩平衡"滤镜效果

7.3.4 ‖ 消除视频偏色效果　★进阶★

　　若为素材图像添加"色彩平衡"滤镜效果后，还存在偏色的现象，用户可在其中添加关键帧，以消除偏色。下面介绍消除偏色的操作方法。

	素材文件	素材\第7章\乡村生活.jpg
扫码看视频	效果文件	效果\第7章\乡村生活.VSP
	视频文件	视频\第7章\7.3.4　消除视频偏色效果.mp4

实战精通89——乡村生活

步骤 01 进入会声会影编辑器，在故事板中插入所需的素材图像，如图7-53所示。

步骤 02 在预览窗口中可预览插入的素材图像效果，如图7-54所示。

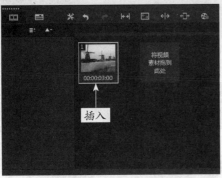

图7-53　插入素材图像　　　　　　　　图7-54　预览素材图像效果

步骤 03 为素材添加"色彩平衡"滤镜效果，在"效果"选项面板中单击"自定义滤镜"按钮 🔲，如图7-55所示。

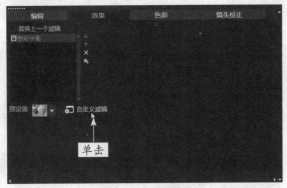

图7-55　单击"自定义滤镜"按钮

步骤 04 弹出"色彩平衡"对话框，将时间指示器移至00:00:02:00的位置，如图7-56所示。

步骤 05 单击"添加关键帧"按钮，添加关键帧，设置"红"为-30、"绿"为43、"蓝"为-5，如图7-57所示。

步骤 06 单击"确定"按钮，返回会声会影编辑器。单击导览面板中的"播放"按钮，即可预览滤镜效果，如图7-58所示。

图7-56　移动时间指示器

图7-57　设置各参数

图7-58　预览滤镜效果

7.4　通过滤镜制作视频特效

在会声会影2020中，为用户提供了大量的滤镜效果。用户可以根据需要应用这些滤镜效果，制作出精美的画面。本节主要介绍通过滤镜制作各种视频特效的操作方法。

7.4.1 制作人物面部马赛克特效

在会声会影2020中，使用"裁剪"滤镜与"马赛克"滤镜可以制作出人物面部马赛克特效。

素材文件	素材\第7章\可爱女孩.jpg
效果文件	效果\第7章\可爱女孩.VSP
视频文件	视频\第7章\7.4.1 制作人物面部马赛克特效.mp4

扫码看视频

实战精通90——可爱女孩

步骤 01 进入会声会影编辑器，在故事板中插入一幅素材图像，切换至时间轴视图模式，将视频轨中的素材复制到覆叠轨中，如图7-59所示。

步骤 02 在预览窗口中拖动控制柄调整覆叠素材与视频轨素材大小一致，如图7-60所示。

图7-59 复制素材到覆叠轨

图7-60 调整素材大小

步骤 03 在"二维映射"滤镜组中选择"修剪"滤镜，如图7-61所示。

步骤 04 将滤镜添加至覆叠素材上，然后在"效果"选项面板中单击"自定义滤镜"按钮，如图7-62所示。

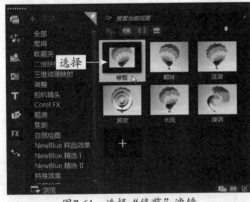

图7-61 选择"修剪"滤镜

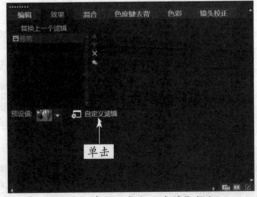

图7-62 单击"自定义滤镜"按钮

步骤 05 弹出"裁剪"对话框，在下方设置"宽度"为20、"高度"为20、"填充色"为白色，调整修剪区域，如图7-63所示。选择第2个关键帧，设置相同的参数和修剪区域。

步骤 06 单击"确定"按钮，在预览窗口中可以查看图像效果，如图7-64所示。

步骤 07 在"色度键去背"选项面板中，选中"色度键去背"复选框，如图7-65所示。

步骤 08 设置"相似度"为22，颜色为白色，对素材进行抠图操作，如图7-66所示。

步骤 09 返回上一个面板，取消选中"替换上一个滤镜"复选框，然后在"相机镜头"滤镜素材库中选择"马赛克"滤镜效果，如图7-67所示。

图7-63　设置各参数调整修剪区域

图7-64　查看图像效果

图7-65　选中"色度键去背"复选框

🔍**步骤 10** 将选择的"马赛克"滤镜效果拖曳至覆叠轨中的素材文件上，打开"效果"选项面板，单击"预设值"右侧的下三角按钮，在其中选择第3行第2个样式，如图7-68所示。

🔍**步骤 11** 单击"播放"按钮▶，即可预览人物面部马赛克特效，如图7-69所示。

图7-66　设置参数

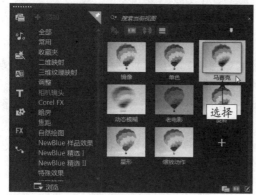

图7-67　选择"马赛克"滤镜效果

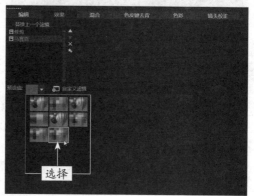

图7-68　选择相应样式

图7-69 预览人物面部马赛克特效

7.4.2 ‖ 制作视频下雨的场景特效 ★进阶★

在会声会影2020中，"雨点"滤镜可以在画面上添加雨丝的效果，模仿大自然中下雨的场景。下面介绍制作视频下雨的场景特效。

素材文件	素材\第7章\铁树开花.jpg
效果文件	效果\第7章\铁树开花.VSP
视频文件	视频\第7章\7.4.2 制作视频下雨的场景特效.mp4

扫码看视频

🔍 **实战精通91——铁树开花** ▶

🔍**步骤 01** 进入会声会影编辑器，在故事板中插入一幅素材图像，如图7-70所示。

🔍**步骤 02** 单击"滤镜"按钮 FX，在库导航面板中选择"特殊效果"选项，如图7-71所示。

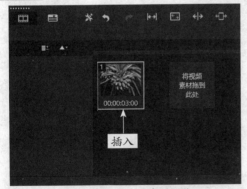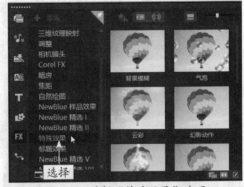

图7-70 插入一幅素材图像　　　　图7-71 选择"特殊效果"选项

🔍**步骤 03** 在"特殊效果"滤镜组中选择"雨点"滤镜效果，如图7-72所示。

🔍**步骤 04** 按住鼠标左键并将其拖曳至故事板中的图像素材上方，添加"雨点"滤镜，在"效果"选项面板中单击"自定义滤镜"按钮 🔲，如图7-73所示。

🔍**步骤 05** 弹出"雨点"对话框，选择第1个关键帧，在下方设置"密度"为1251；然后选择最后一个关键帧，设置"密度"为1100，如图7-74所示。

🔍**步骤 06** 设置完成后，单击"确定"按钮，即可制作出视频下雨的场景特效。单击"播放"按钮 ▶，预览视频特效，如图7-75所示。

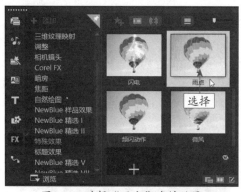

图7-72　选择"雨点"滤镜效果

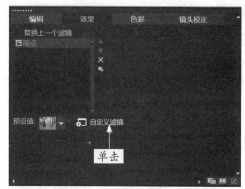

图7-73　单击"自定义滤镜"按钮

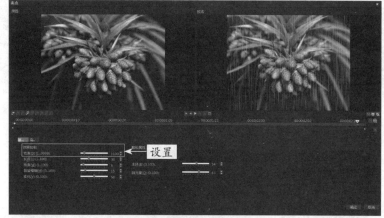

图7-74　设置"密度"参数值

图7-75　制作出视频下雨的场景特效

7.4.3 ‖ 制作大雪纷飞的视频特效　　★进阶★

在会声会影2020中，使用"雨点"滤镜不仅可以制作出下雨的效果，还可以模仿大自然中下雪的场景，制作出大雪纷飞的视频特效。

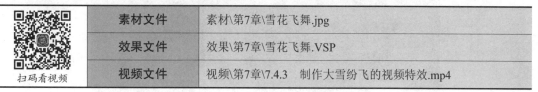

扫码看视频	素材文件	素材\第7章\雪花飞舞.jpg
	效果文件	效果\第7章\雪花飞舞.VSP
	视频文件	视频\第7章\7.4.3　制作大雪纷飞的视频特效.mp4

实战精通92——雪花飞舞 ▶

步骤 01 进入会声会影编辑器，在故事板中插入一幅素材图像，如图7-76所示。

步骤 02 在"滤镜"素材库中展开"特殊效果"滤镜组，选择"雨点"滤镜效果，按住鼠标左键并将其拖曳至故事板中的图像素材上方，添加"雨点"滤镜，切换至"效果"选项面板，单击"自定义滤镜"按钮，如图7-77所示。

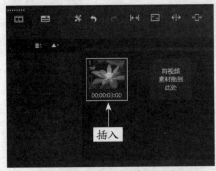

图7-76 插入一幅素材图像

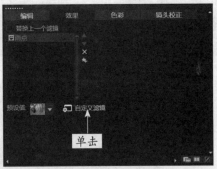

图7-77 单击"自定义滤镜"按钮

步骤 03 弹出"雨点"对话框，选择第1个关键帧，设置"密度"为1200、"长度"为6、"宽度"为50、"背景模糊"为15、"变化"为65，如图7-78所示。

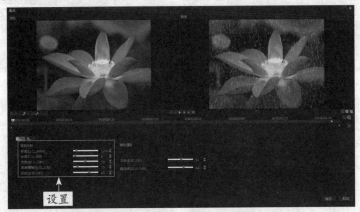

图7-78 设置第1个关键帧参数

步骤 04 选择最后一个关键帧，设置"密度"为1300、"长度"为5、"宽度"为50、"背景模糊"为15、"变化"为50，如图7-79所示。

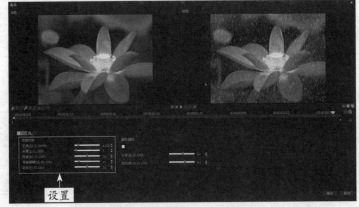

图7-79 设置最后一个关键帧参数

步骤 05　设置完成后，单击"确定"按钮，单击导览面板中的"播放"按钮▶，即可预览制作的雪花纷飞画面特效，如图7-80所示。

图7-80　预览雪花纷飞画面特效

7.4.4 ‖ 制作极具年代感的老电影

在会声会影2020中，运用"老电影"滤镜可以制作出极具年代感的老电影画面特效。下面介绍制作古装老电影视频效果的操作方法。

	素材文件	素材\第7章\铜人塑像.jpg
扫码看视频	效果文件	效果\第7章\铜人塑像.VSP
	视频文件	视频\第7章\7.4.4　制作极具年代感的老电影.mp4

实战精通93——铜人塑像

步骤 01　进入会声会影编辑器，在故事板中插入一幅素材图像，如图7-81所示。

步骤 02　在"滤镜"素材库中选择"标题效果"选项，如图7-82所示。

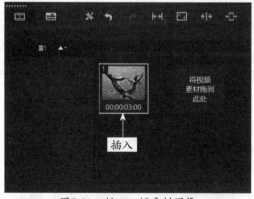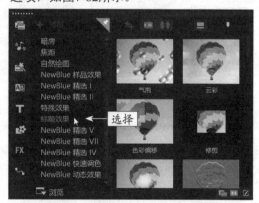

图7-81　插入一幅素材图像　　　　　　图7-82　选择"标题效果"选项

步骤 03　打开"标题效果"滤镜组，在其中选择"老电影"滤镜效果，如图7-83所示。

步骤 04　按住鼠标左键并将其拖曳至故事板中的图像素材上方，添加"老电影"滤镜，切换至"效果"选项面板，单击"预设值"右侧的下三角按钮，在弹出的列表框中选择第1行第2个预设样式，如图7-84所示。

步骤 05　执行上述操作后，单击导览面板中的"播放"按钮▶，即可预览制作的极具年代感的老电影画面特效，如图7-85所示。

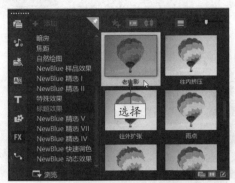

图7-83　选择"老电影"滤镜效果

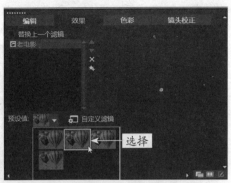

图7-84　选择第1行第2个预设样式

图7-85　预览制作的极具年代感的老电影画面特效

7.4.5 ‖ 制作电视画面回忆特效

在会声会影2020中，"双色调"是"相机镜头"素材库中一个比较常用的滤镜，运用"双色调"滤镜可以制作出电视画面回忆的效果。下面介绍应用"双色调"滤镜制作电视画面回忆效果的操作方法。

素材文件	素材\第7章\含情脉脉.jpg
效果文件	效果\第7章\含情脉脉.VSP
视频文件	视频\第7章\7.4.5　制作电视画面回忆特效.mp4

扫码看视频

实战精通94——含情脉脉

步骤 01 进入会声会影编辑器，在故事板中插入一幅素材图像，如图7-86所示。

步骤 02 在预览窗口中可以预览图像效果，如图7-87所示。

图7-86　插入一幅素材图像

图7-87　预览图像效果

步骤 03 在"相机镜头"滤镜组中选择"双色调"滤镜，按住鼠标左键并将其拖曳至故事板中的图像素材上方，添加"双色调"滤镜，在"效果"选项面板中单击"预设值"右侧的下三角按钮，在弹出的列表框中选择第2行第1个预设样式，如图7-88所示。

步骤 04 执行上述操作后，单击导览面板中的"播放"按钮▶，即可在预览窗口中预览制作的电视画面回忆特效，如图7-89所示。

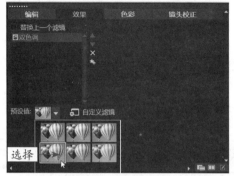
图7-88　选择预设样式

图7-89　预览电视画面回忆特效

7.4.6 制作空间个性化签名效果　★进阶★

在会声会影2020中，用户可以通过"自动草绘"滤镜制作出属于自己的动态签名档效果，将签名档图像制作完成后，可自行上传至朋友圈、百度贴吧、微博、抖音等平台，制作个性化签名档。下面介绍应用"自动草绘"滤镜制作空间个性化签名效果的操作方法。

扫码看视频	素材文件	素材\第7章\个性签名.jpg
	效果文件	效果\第7章\个性签名.VSP
	视频文件	视频\第7章\7.4.6　制作空间个性化签名效果.mp4

实战精通95——个性签名

步骤 01 进入会声会影编辑器，在故事板中插入一幅素材图像，如图7-90所示。在预览窗口中可以预览图像效果。

步骤 02 单击"滤镜"按钮，展开"自然绘图"滤镜组，在其中选择"自动草绘"滤镜效果，如图7-91所示。

图7-90　插入一幅素材图像

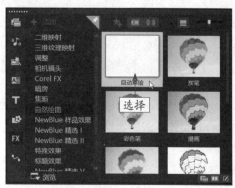
图7-91　选择"自动草绘"滤镜

步骤 03 按住鼠标左键并将其拖曳至故事板中的图像素材上方，添加"自动草绘"滤镜，单击导览面板中的"播放"按钮▶，即可预览空间个性化签名效果，如图7-92所示。

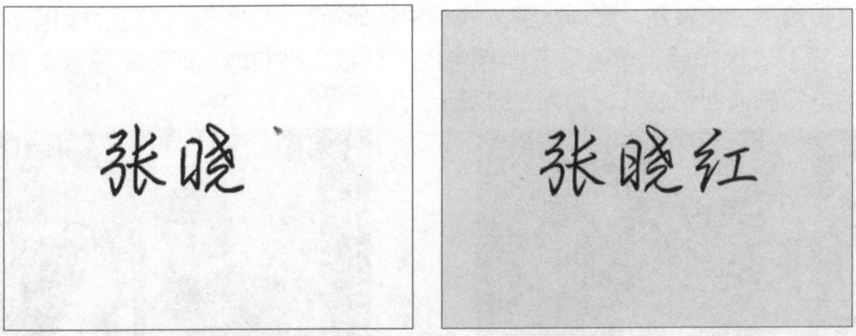

图7-92　预览空间个性化签名效果

7.4.7 ‖ 制作星球旋转短视频特效　★进阶★

在会声会影2020中，用户可以使用"鱼眼"滤镜来制作球形效果，通过"自定义动作"命令可以制作旋转效果。下面介绍制作星球旋转短视频特效的方法。

素材文件	素材\第7章\两小无猜.VSP	
效果文件	效果\第7章\两小无猜.VSP	
视频文件	视频\第7章\7.4.7　制作星球旋转短视频特效.mp4	

扫码看视频

实战精通96——两小无猜

步骤 01 进入会声会影编辑器，打开一个项目文件，在预览窗口中可以预览项目效果，如图7-93所示。

步骤 02 在时间轴面板中选择覆叠轨中的素材，如图7-94所示。

图7-93　预览项目效果

图7-94　选择覆叠轨中的素材

步骤 03 在"混合"面板中单击"蒙版模式"右侧的下三角按钮，如图7-95所示。

步骤 04 在弹出的列表框中选择"遮罩帧"选项，如图7-96所示。

步骤 05 在下方选择第1行第1个遮罩样式，如图7-97所示。

步骤 06 在"滤镜"素材库中选择"三维纹理映射"选项，如图7-98所示。

步骤 07 在"三维纹理映射"滤镜组中选择"鱼眼"滤镜效果，如图7-99所示。

步骤 08 按住鼠标左键并将其拖曳至覆叠轨中的图像素材上方，添加"鱼眼"滤镜，在"效果"选项面板中可以查看添加的滤镜效果，如图7-100所示。

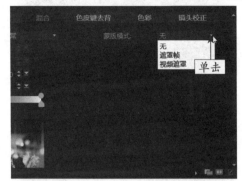

图7-95　单击"蒙版模式"右侧的下三角按钮

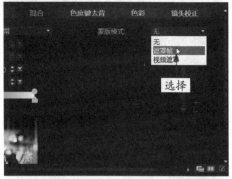

图7-96　选择"遮罩帧"选项

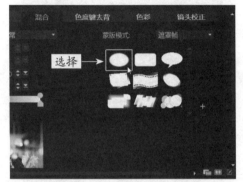

图7-97　选择相应遮罩样式

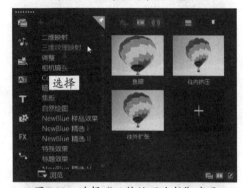

图7-98　选择"三维纹理映射"选项

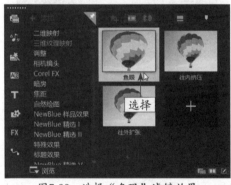

图7-99　选择"鱼眼"滤镜效果

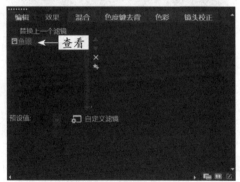

图7-100　查看添加的滤镜效果

步骤 09 在"编辑"选项面板中选中"高级动作"单选按钮，如图7-101所示。

步骤 10 即可自动弹出"自定义动作"对话框，在"大小"选项区中设置X和Y参数均为35，如图7-102所示。

步骤 11 将时间指示器滑块移动至0:00:01:015的位置，单击"添加关键帧"按钮，添加一个关键帧，如图7-103所示。

步骤 12 在"大小"选项区中设置X和Y参数均为45，在"旋转"选项区中设置Z参数为-180，如图7-104所示。

步骤 13 将时间指示器滑块移动至结束位置，单击鼠标左键，选中最后一个关键帧，如图7-105所示。

步骤 14 在"大小"选项区中设置X和Y参数均为80，在"旋转"选项区中设置Z参数为-360，单击"确定"按钮，如图7-106所示。

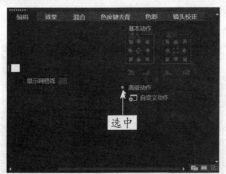

图7-101　选中"高级动作"单选按钮

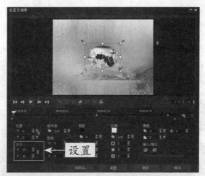

图7-102　设置参数

图7-103　单击"添加关键帧"按钮

图7-104　设置关键帧参数

图7-105　选中最后一个关键帧

图7-106　单击"确定"按钮

步骤 15 执行上述操作后，在预览窗口中可以预览制作的星球旋转效果，如图7-107所示。

图7-107　预览制作的星球旋转效果

7.4.8 ‖ 为视频二维码添加马赛克

在会声会影2020中，"局部马赛克"是"NewBlue视频精选Ⅰ"素材库中一个比较常用的滤镜，运用"局部马赛克"滤镜可以为视频二维码添加马赛克。下面介绍使用"像素化"滤镜为视频二维码添加马赛克的方法。

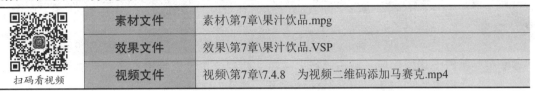

素材文件	素材\第7章\果汁饮品.mpg
效果文件	效果\第7章\果汁饮品.VSP
视频文件	视频\第7章\7.4.8　为视频二维码添加马赛克.mp4

扫码看视频

实战精通97——果汁饮品

步骤 01　进入会声会影编辑器，在视频轨中插入一段视频素材，如图7-108所示。

步骤 02　在"滤镜"素材库中选择"NewBlue精选Ⅰ"选项，在"NewBlue精选Ⅰ"滤镜组中选择"局部马赛克"滤镜效果，如图7-109所示。按住鼠标左键并将其拖曳至视频轨中的视频素材上方，添加"局部马赛克"滤镜效果。

图7-108　插入视频素材

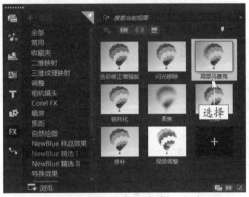

图7-109　选择"局部马赛克"滤镜效果

步骤 03　在"效果"选项面板中单击"自定义滤镜"按钮，如图7-110所示。

步骤 04　执行操作后，弹出"NewBlue像素化"对话框，在左侧设置X为-55.8、Y为-58.1、"宽度"为20.0、"高度"为25、"块大小"为15，如图7-111所示。

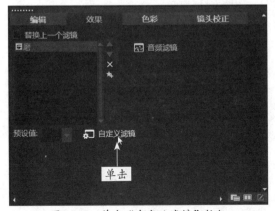

图7-110　单击"自定义滤镜"按钮

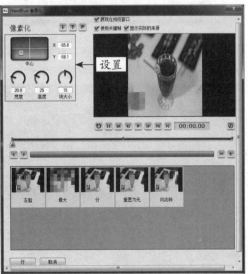

图7-111　设置参数

专家指点

在"NewBlue像素化"对话框中，还提供了5种局部马赛克特效样式，用户可根据需要选择应用。

步骤 05 执行上述操作后，单击"行"按钮，回到会声会影编辑界面。单击导览面板中的"播放"按钮▶️，即可预览视频效果，如图7-112所示。

图7-112 预览视频效果

7.4.9 ‖制作动态聚光灯光线特效 ★进阶★

在一些舞台剧中，经常会用到灯光效果。在会声会影2020中，运用"光线"滤镜可以制作出聚光灯光线特效。下面介绍具体的操作方法。

素材文件	素材\第7章\春暖花开.jpg
效果文件	效果\第7章\春暖花开.VSP
视频文件	视频\第7章\7.4.9　制作动态聚光灯光线特效.mp4

扫码看视频

实战精通98——春暖花开 ▶️

步骤 01 进入会声会影编辑器，在视频轨中插入一个素材图像，如图7-113所示。
步骤 02 在"滤镜"素材库中选择"暗房"选项，如图7-114所示。

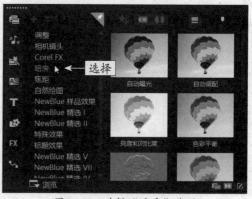

图7-113 插入素材图像　　　　图7-114 选择"暗房"选项

步骤 03 在"暗房"滤镜组中选择"光线"滤镜，如图7-115所示。

步骤 04 按住鼠标左键并将其拖曳至视频轨中的素材文件上，展开"效果"选项面板，单击"自定义滤镜"按钮，如图7-116所示。

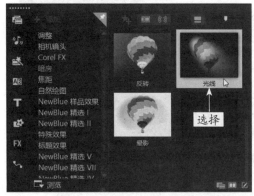

图7-115 选择"光线"滤镜

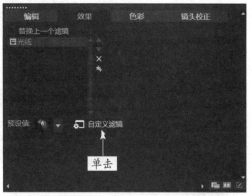

图7-116 单击"自定义滤镜"按钮

步骤 05 弹出"光线"对话框，设置"高度"为18、"倾斜"为220、"发散"为50，如图7-117所示。

图7-117 设置参数

步骤 06 选择最后一个关键帧，设置"高度"为10、"倾斜"为220、"发散"为16，并在上方窗口中调整聚光位置，然后单击"确定"按钮，如图7-118所示。

图7-118 设置最后一个关键帧参数

步骤 07 执行操作后，单击导览面板中的"播放"按钮▶，即可预览制作的动态聚光灯光线效果，如图7-119所示。

图7-119 预览制作效果

用户还可以在"效果"选项面板中，单击"自定义滤镜"左侧的下三角按钮，在弹出的列表框中选择光线预设样式，制作更多不一样的舞台灯光效果。

制作视频转场特效

学习提示

在会声会影2020中，从某种角度来说，转场就是一种特殊的滤镜效果，它可以在两个图像或视频素材之间创建某种过渡效果，使视频更具有吸引力。本章主要介绍制作视频转场特效的方法，包括转场的基本操作、添加单色过渡画面以及转场效果的精彩应用等。

CLEAR SUBMIT

本章重点导航

- 实战精通99——可爱动物
- 实战精通100——城市的夜
- 实战精通101——烟雾缭绕
- 实战精通102——美食天下
- 实战精通103——添加到收藏夹
- 实战精通104——从收藏夹中删除
- 实战精通105——丽水靓影
- 实战精通106——老虎视频
- 实战精通107——旅游景点
- 实战精通108——彩色雕像

CLEAR SUBMIT

8.1 9种转场的基本操作

若转场效果运用得当，可以增加影片的观赏性和流畅性，从而提高影片的艺术档次。相反，若运用不当，有时会使观众产生错觉，或者产生画蛇添足的效果，也会大大降低影片的观赏价值。

本节主要介绍转场效果的基本操作，包括添加转场效果、替换转场效果、移动转场效果以及删除转场效果等。

◀ 8.1.1 ‖ 自动添加转场 ▶

在会声会影2020中，当用户需要在大量的静态照片之间加入转场效果时，自动添加转场效果最为方便，不过自动添加的转场都是随机的，如果用户不满意，也可以手动添加转场效果。下面介绍自动添加转场效果的操作方法。

扫码看视频		
素材文件	素材\第8章\可爱动物1.jpg、可爱动物2.jpg
效果文件	效果\第8章\可爱动物.VSP
视频文件	视频\第8章\8.1.1　自动添加转场.mp4

🔍 **实战精通99——可爱动物** ▶

🔍 **步骤 01** 进入会声会影编辑器，单击菜单栏中的"设置"|"参数选择"命令，如图8-1所示。

🔍 **步骤 02** 执行上述操作后，弹出"参数选择"对话框，如图8-2所示。

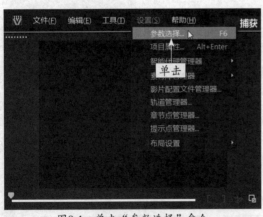

图8-1　单击"参数选择"命令

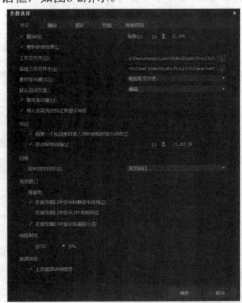

图8-2　弹出"参数选择"对话框

🔍 **步骤 03** 切换至"编辑"选项卡，选中"自动添加转场效果"复选框，如图8-3所示。

🔍 **步骤 04** 单击"确定"按钮，返回会声会影编辑器，在视频轨中插入两幅素材图像，这两幅素材图像之间会自动添加一个转场，如图8-4所示。

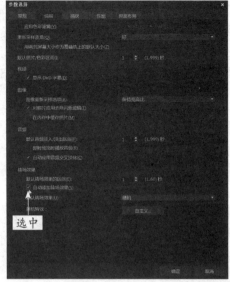

图8-3 选中"自动添加转场效果"复选框

图8-4 自动添加一个转场

步骤 05 单击导览面板中的"播放"按钮，预览自动添加的转场效果，如图8-5所示。

图8-5 预览自动添加的转场效果

8.1.2 ‖ 手动添加转场

会声会影2020为用户提供了上百种的转场效果，用户可根据需要手动添加适合的转场效果，从而制作出绚丽多彩的视频作品。下面介绍手动添加转场的操作方法。

扫码看视频	素材文件	素材\第8章\城市的夜1.jpg、城市的夜2.jpg
	效果文件	效果\第8章\城市的夜.VSP
	视频文件	视频\第8章\8.1.2 手动添加转场.mp4

🔍 **实战精通100——城市的夜**

步骤 01 进入会声会影编辑器，在故事板中插入两幅素材图像，如图8-6所示。

步骤 02 在素材库的左侧，单击"转场"按钮，如图8-7所示。

步骤 03 切换至"转场"素材库，选择3D选项，如图8-8所示。

步骤 04 打开3D转场组，在其中选择"对开门"转场效果，如图8-9所示。

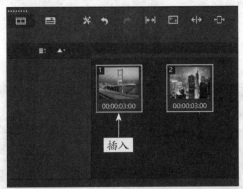

图8-6　插入两幅素材图像

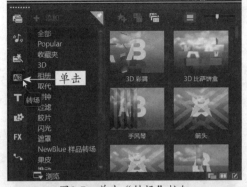

图8-7　单击"转场"按钮

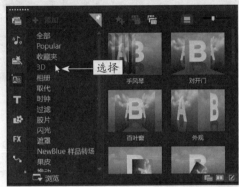

图8-8　选择3D选项

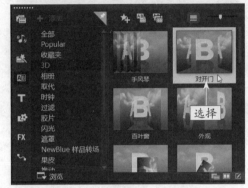

图8-9　选择"对开门"转场效果

步骤 05　按住鼠标左键并将其拖曳至故事板中两幅素材图像之间的方格中，如图8-10所示。

步骤 06　释放鼠标左键，即可添加"对开门"转场效果，如图8-11所示。

图8-10　拖曳至两幅素材图像之间

图8-11　添加"对开门"转场效果

步骤 07　在导览面板中单击"播放"按钮▶，预览手动添加的转场效果，如图8-12所示。

图8-12　预览手动添加的转场效果

8.1.3 对素材应用随机效果

在会声会影2020中，当用户在故事板中添加了素材图像后，还可以为其添加随机的转场效果，该操作既方便又快捷。下面介绍对素材应用随机效果的操作方法。

素材文件	素材\第8章\烟雾缭绕1.jpg、烟雾缭绕2.jpg
效果文件	效果\第8章\烟雾缭绕.VSP
视频文件	视频\第8章\8.1.3　对素材应用随机效果.mp4

扫码看视频

 实战精通101——烟雾缭绕

步骤01 进入会声会影编辑器，在故事板中插入两幅素材图像，如图8-13所示。

步骤02 单击"转场"按钮，切换至"转场"素材库，单击窗口上方的"对视频轨应用随机效果"按钮，如图8-14所示。

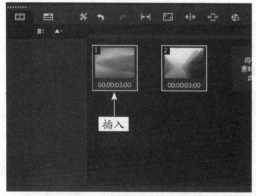

图8-13　插入两幅素材图像

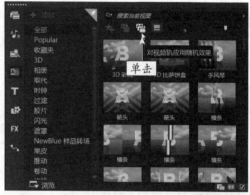

图8-14　单击"对视频轨应用随机效果"按钮

专家指点

若当前项目中已经应用了转场效果，单击"对视频轨应用随机效果"按钮时，将弹出信息提示框。单击"否"按钮，即可保留原先的转场效果，并在其他素材之间应用随机的转场效果；单击"是"按钮，即可用随机的转场效果替换原先的转场效果。

步骤03 执行上述操作后，即可对素材应用随机转场效果，单击导览面板中的"播放"按钮，预览添加的随机转场效果，如图8-15所示。

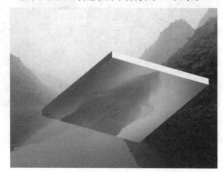

图8-15　预览随机转场效果

8.1.4 ‖ 对素材应用当前效果

在会声会影2020中，运用"对视频轨应用当前效果"按钮，可以将当前选择的转场效果应用到当前项目的所有素材之间。下面介绍对素材应用当前效果的操作方法。

	素材文件	素材\第8章\美食天下1.jpg、美食天下2.jpg
	效果文件	效果\第8章\美食天下.VSP
扫码看视频	视频文件	视频\第8章\8.1.4　对素材应用当前效果.mp4

实战精通102——美食天下

步骤 01 进入会声会影编辑器，在故事板中插入两幅素材图像，如图8-16所示。

步骤 02 单击"转场"按钮，展开"转场"素材库，在库导航面板中选择"擦拭"选项，打开"擦拭"转场组，在其中选择"百叶窗"转场效果，如图8-17所示。

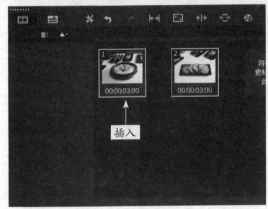

图8-16　插入素材图像　　　　　图8-17　选择"百叶窗"转场效果

步骤 03 单击"对视频轨应用当前效果"按钮，如图8-18所示。

步骤 04 即可在故事板中的图像素材之间添加"百叶窗"转场效果，如图8-19所示。

图8-18　单击"对视频轨应用当前效果"按钮　　　图8-19　添加"百叶窗"转场效果

步骤 05 将时间线移至素材的开始位置，单击导览面板中的"播放"按钮，预览添加的转场效果，如图8-20所示。

图8-20　预览转场效果

8.1.5 ‖ 添加到收藏夹

　　在会声会影2020中，如果用户需要经常使用某个转场效果，可以将其添加到收藏夹中，以便日后使用。下面介绍添加到收藏夹的操作方法。

素材文件	无	
效果文件	无	
视频文件	视频\第8章\8.1.5　添加到收藏夹.mp4	

扫码看视频

实战精通103——添加到收藏夹

步骤 01 进入会声会影编辑器，单击"转场"按钮，切换至"转场"选项卡，在库导航面板中选择"时钟"选项，如图8-21所示。

步骤 02 打开"时钟"转场组，在其中选择"转动"转场效果，如图8-22所示。

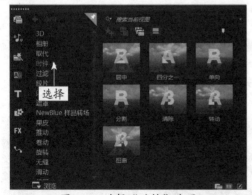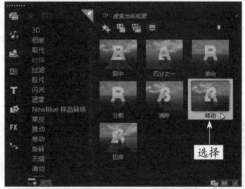

图8-21　选择"时钟"选项　　　　　　　　图8-22　选择"转动"转场效果

专家指点

　　在会声会影2020中，选择需要添加到收藏夹的转场效果后，单击鼠标右键，在弹出的快捷菜单中选择"添加到收藏夹"命令，也可将转场效果添加至收藏夹中。

步骤 03 单击窗口上方的"添加到收藏夹"按钮，如图8-23所示。

步骤 04 执行上述操作后,打开"收藏夹"素材库,可以查看添加的"转动"转场效果,如图8-24所示。

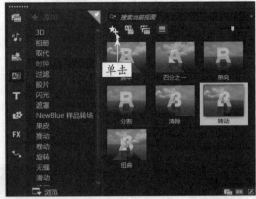
图8-23 单击"添加到收藏夹"按钮

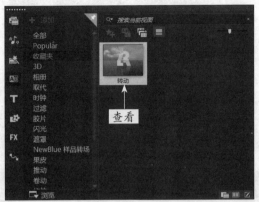
图8-24 查看转场效果

8.1.6 从收藏夹中删除

在会声会影2020中,将转场效果添加至收藏夹后,如果不再需要该转场效果,可以将其从收藏夹中删除。下面介绍从收藏夹删除的操作方法。

扫码看视频

素材文件	无
效果文件	无
视频文件	视频\第8章\8.1.6 从收藏夹中删除.mp4

实战精通104——从收藏夹中删除

步骤 01 进入会声会影编辑器,单击"转场"按钮,展开库导航面板,进入"收藏夹"素材库,在其中选择需要删除的转场效果,单击鼠标右键,在弹出的快捷菜单中选择"删除"命令,如图8-25所示。

步骤 02 执行上述操作后,弹出提示信息框,提示是否删除此略图,单击"是"按钮,如图8-26所示,即可从收藏夹中删除该转场效果。

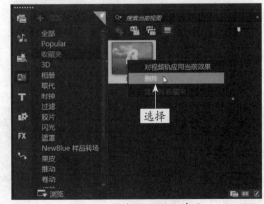
图8-25 选择"删除"命令

图8-26 单击"是"按钮

◀ 8.1.7 ‖ 替换转场效果 ▶

在会声会影2020中，在图像素材之间添加相应的转场效果后，如果用户对该转场效果不满意，可以对其进行替换。下面介绍替换转场效果的操作方法。

素材文件	素材\第8章\丽水靓影.VSP
效果文件	效果\第8章\丽水靓影.VSP
视频文件	视频\第8章\8.1.7　替换转场效果.mp4

扫码看视频

🔍 **实战精通105——丽水靓影** ▶

🔍**步骤 01** 进入会声会影编辑器，打开一个项目文件，如图8-27所示。

🔍**步骤 02** 单击导览面板中的"播放"按钮▶，预览打开的项目效果，如图8-28所示。

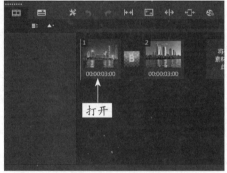

图8-27　打开项目文件

图8-28　预览项目效果

🔍**步骤 03** 切换至"转场"素材库，在"过滤"转场组中选择"喷出"转场效果，如图8-29所示。

🔍**步骤 04** 按住鼠标左键并将其拖曳至故事板中的两幅图像素材之间，替换之前添加的转场效果，如图8-30所示。

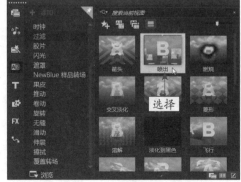

图8-29　选择"喷出"转场效果

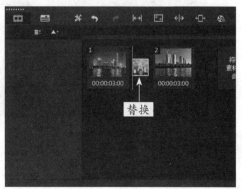

图8-30　替换转场效果

步骤 05 执行上述操作后，单击导览面板中的"播放"按钮▶，预览已替换的转场效果，如图8-31所示。

图8-31 预览已替换的转场效果

在会声会影2020中，当用户对转场效果进行替换操作后，如果发现替换后的转场效果还没有之前的转场效果漂亮，此时可以按【Ctrl＋Z】键对替换操作进行撤销，还原至之前的转场效果。

8.1.8 移动转场效果

在会声会影2020中，若用户需要调整转场效果的位置，可先选择需要移动的转场效果，然后再将其拖曳至合适位置。下面介绍移动转场效果的操作方法。

素材文件	素材\第8章\老虎视频.VSP	
效果文件	效果\第8章\老虎视频.VSP	
视频文件	视频\第8章\8.1.8 移动转场效果.mp4	

扫码看视频

🔍 **实战精通106——老虎视频**

步骤 01 进入会声会影编辑器，打开一个项目文件，预览打开的项目效果，如图8-32所示。

图8-32 预览项目效果

步骤 02 在故事板中选择第1张图像与第2张图像之间的转场效果，按住鼠标左键并将其拖曳至第2张图像与第3张图像之间，如图8-33所示。

步骤 03 释放鼠标左键，即可移动转场效果，如图8-34所示。

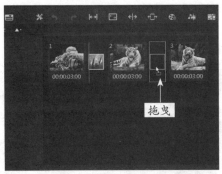
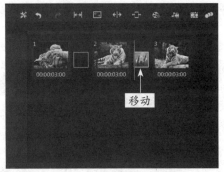

图8-33　拖曳转场效果　　　　　　　　　图8-34　移动转场效果

🔍**步骤 04** 执行上述操作后，即可预览移动转场后的效果，如图8-35所示。

图8-35　预览转场效果

◀ 8.1.9 ‖ 删除转场效果 ▶

　　在会声会影2020中，为素材添加转场效果后，若用户对添加的转场效果不满意，用户可以将其删除。下面介绍删除转场效果的操作方法。

扫码看视频	素材文件	素材\第8章\旅游景点.VSP
	效果文件	效果\第8章\旅游景点.VSP
	视频文件	视频\第8章\8.1.9　删除转场效果.mp4

🔍 **实战精通107——旅游景点** ▶

🔍**步骤 01** 进入会声会影编辑器，打开一个项目文件，单击导览面板中的"播放"按钮▶，预览打开的项目效果，如图8-36所示。

图8-36　预览项目效果

步骤 02 在故事板中选择需要删除的转场效果，单击鼠标右键，在弹出的快捷菜单中选择"删除"命令，如图8-37所示。

步骤 03 执行上述操作后，即可删除转场效果，如图8-38所示。

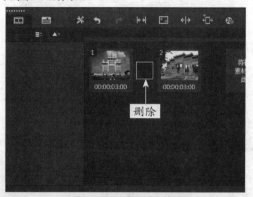

图8-37 选择"删除"命令　　　　　　　　　　图8-38 删除转场效果

专家指点

在会声会影2020中，用户还可以在故事板上选择要删除的转场效果，然后按【Delete】键，也可删除添加的转场效果。

步骤 04 在导览面板中单击"播放"按钮▶，预览删除转场后的视频画面，如图8-39所示。

图8-39 预览删除转场后的视频画面

8.2 设置"转场"选项面板

在会声会影2020中，在图像素材之间添加转场效果后，可以通过选项面板设置转场的属性，如设置转场边框效果、改变转场边框色彩以及调整转场的时间长度等。本节主要介绍设置"转场"选项面板的方法。

◀ 8.2.1 ‖ 设置转场边框效果 ▶

在会声会影2020中，可以为转场效果设置相应的边框样式，从而为转场效果锦上添花，加强效果的审美度。下面介绍设置转场边框效果的操作方法。

 扫码看视频	素材文件	素材\第8章\彩色雕塑1.jpg、彩色雕塑2.jpg
	效果文件	效果\第8章\彩色雕塑.VSP
	视频文件	视频\第8章\8.2.1　设置转场边框效果.mp4

 实战精通108——彩色雕塑

步骤 01 进入会声会影编辑器，在故事板中插入两幅素材图像，如图8-40所示。

步骤 02 切换至"转场"素材库，在库导航面板中选择"擦拭"选项，打开"擦拭"转场组，选择"圆形"转场效果，如图8-41所示。

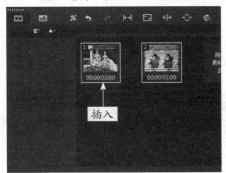

图8-40　插入两幅素材图像

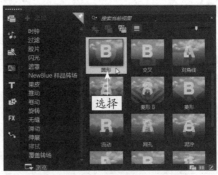

图8-41　选择"圆形"转场效果

步骤 03 按住鼠标左键并将其拖曳至故事板中的两幅图像素材之间，添加"圆形"转场效果，如图8-42所示。

步骤 04 单击"显示选项面板"按钮，打开"转场"选项面板，在"边框"数值框中输入1，默认"色彩"为白色，如图8-43所示。

图8-42　添加"圆形"转场效果

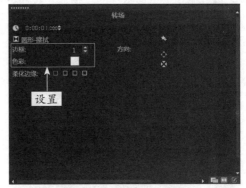

图8-43　设置边框属性

步骤 05 单击导览面板中的"播放"按钮，即可在预览窗口中预览设置转场边框后的效果，如图8-44所示。

专家指点

在会声会影2020中，转场边框宽度的取值范围为0~10，用户可以通过输入数值参数的方式，设置转场效果的边框宽度，还可以单击"边框"数值框右侧的上下微调按钮，设置"边框"的参数值，在下方还可以设置边框的柔化边缘属性，用户可以根据影片的需求合理运用。

图8-44　预览设置转场边框后的效果

8.2.2 改变转场边框色彩

在会声会影2020中，"转场"选项面板中的"色彩"选项区主要是用于设置转场效果的边框颜色。该选项提供了多种颜色样式，用户可根据需要进行相应的选择。下面介绍改变转场边框色彩的操作方法。

素材文件	素材\第8章\花儿绽放.VSP	
效果文件	效果\第8章\花儿绽放.VSP	
视频文件	视频\第8章\8.2.2　改变转场边框色彩.mp4	

扫码看视频

实战精通109——花儿绽放

步骤 01　进入会声会影编辑器，打开一个项目文件，如图8-45所示。

步骤 02　单击导览面板中的"播放"按钮▶，预览打开的项目效果，如图8-46所示。

图8-45　打开项目文件

图8-46　预览项目效果

步骤 03　在故事板中选择需要设置的转场效果，在"转场"选项面板中，单击"色彩"选项右侧的色块，在弹出的"色彩"列表框中选择相应的转场颜色，如图8-47所示。

步骤 04　执行上述操作后，即可更改转场边框的颜色效果，如图8-48所示。

专家指点

在弹出的"色彩"列表框中，还可以通过"Windows色彩选取器"功能设置转场的多种颜色。

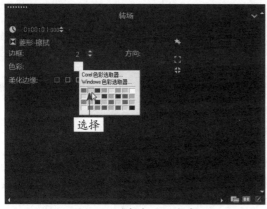

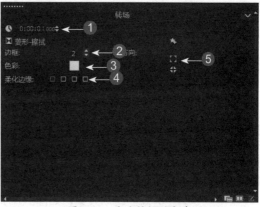

图8-47　选择相应的颜色　　　　　　图8-48　更改转场的颜色

在"转场"选项面板中，各主要选项含义如下。

❶ "**区间**"数值框：该数值框用于调整转场播放时间的长度，显示了当前播放所选转场所需的时间，时间码上的数字代表"小时:分钟:秒:帧"，单击其右侧的微调按钮，可以调整数值的大小，也可以单击时间码上的数字，待数字处于闪烁状态时，输入新的数字后按【Enter】键确认，即可改变原来转场的播放时间长度。

❷ "**边框**"数值框：在"边框"右侧的数值框中，用户可以输入相应的数值来改变边框的宽度，单击其右侧的微调按钮，可以调整数值的大小。

❸ "**色彩**"色块：单击"色彩"右侧的色块按钮，在弹出的"色彩"列表框中，用户可根据需要改变转场边框的颜色。

❹ "**柔化边缘**"按钮：该选项右侧有4个按钮，代表转场的4种柔化边缘程度，用户可根据需要单击相应的按钮，设置相应的柔化边缘效果。

❺ "**方向**"按钮：单击"方向"选项区中的按钮，可以决定转场效果的播放方向。

🔍**步骤 05** 　单击导览面板中的"播放"按钮▶，即可在预览窗口中预览设置转场边框色彩后的效果，如图8-49所示。

图8-49　预览设置色彩后的效果

◀ **8.2.3** ‖调整转场时间长度 ▶

在素材之间添加转场效果后，可以对转场效果的部分属性进行相应设置，从而制作出丰富的视觉效果。转场的默认时间为1s，用户可根据需要设置转场的播放时间。下面介绍调整转场时间长度的操作方法。

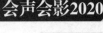

	素材文件	素材\第8章\高原风光.VSP
扫码看视频	效果文件	效果\第8章\高原风光.VSP
	视频文件	视频\第8章\8.2.3 调整转场时间长度.mp4

实战精通110——高原风光

步骤 01 进入会声会影编辑器，打开一个项目文件，故事板如图8-50所示。

步骤 02 单击故事板上方的"时间轴视图"按钮，切换至时间轴视图，在视频轨中选择需要调整区间的转场效果，如图8-51所示。

图8-50 打开一个项目文件

图8-51 选择转场效果

步骤 03 在"转场"选项面板的"区间"数值框中输入0:00:02:000，如图8-52所示。

步骤 04 执行操作后，按【Enter】键确认，即可调整转场的时间长度，如图8-53所示。

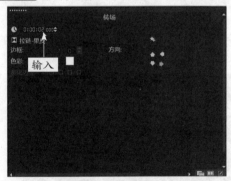

图8-52 设置转场区间

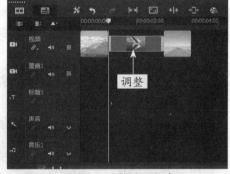

图8-53 调整时间长度

步骤 05 单击导览面板中的"播放"按钮，预览调整转场时间长度后的效果，如图8-54所示。

图8-54 预览调整转场时间长度后的效果

8.3 添加单色过渡画面

在会声会影2020中，用户还可以在故事板中添加单色画面过渡，该过渡效果起到间歇作用，让观众有想象的空间。本节主要介绍添加单色画面过渡的方法。

◀ 8.3.1 ‖ 添加单色画面 ▶

在故事板中添加单色画面的操作方法很简单，只需选择相应的色彩色块，拖曳至故事板中即可。下面介绍添加单色画面的操作方法。

	素材文件	素材\第8章\花朵盛开.jpg
	效果文件	效果\第8章\花朵盛开.VSP
扫码看视频	视频文件	视频\第8章\8.3.1 添加单色画面.mp4

实战精通111——花朵盛开 ▶

步骤 01 进入会声会影编辑器，在故事板中插入一幅素材图像，如图8-55所示。

步骤 02 在预览窗口中预览插入的图像效果，如图8-56所示。

图8-55 插入一幅素材图像

图8-56 预览图像效果

步骤 03 单击"媒体"按钮 ，切换至"纯色"素材库，在其中选择蓝色色块，如图8-57所示。

步骤 04 按住鼠标左键并将其拖曳至故事板中的适当位置，添加单色画面，如图8-58所示。

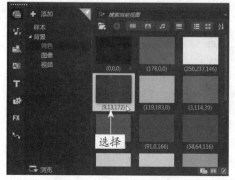

图8-57 选择蓝色色块

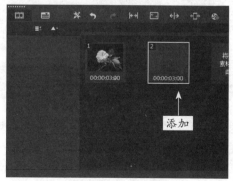

图8-58 添加单色画面

步骤 05 单击"转场"按钮 ■，在"过滤"转场组中，选择"交叉淡化"转场效果，如图8-59所示。

步骤 06 按住鼠标左键并将其拖曳至故事板中的适当位置，添加"交叉淡化"转场效果，如图8-60所示。

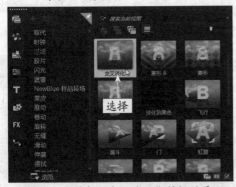

图8-59 选择"交叉淡化"转场效果

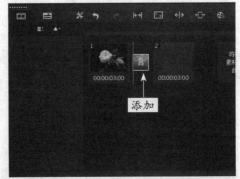

图8-60 添加"交叉淡化"转场效果

步骤 07 执行上述操作后，单击导览面板中的"播放"按钮 ▶，预览添加的单色画面效果，如图8-61所示。

图8-61 预览添加的单色画面效果

8.3.2 自定义单色素材

在会声会影2020中，添加单色画面后，用户还可以根据需要对单色画面进行相应的编辑操作，如更改色块颜色属性等。下面介绍自定义单色素材的操作方法。

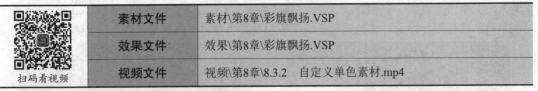

素材文件	素材\第8章\彩旗飘扬.VSP	
效果文件	效果\第8章\彩旗飘扬.VSP	
扫码看视频	视频文件	视频\第8章\8.3.2 自定义单色素材.mp4

实战精通112——彩旗飘扬

步骤 01 进入会声会影编辑器，打开一个项目文件，如图8-62所示。

步骤 02 单击导览面板中的"播放"按钮 ▶，在预览窗口中预览打开的项目效果，如图8-63所示。

步骤 03 在故事板中选择需要编辑的色彩色块，如图8-64所示。

步骤 04 在"颜色"选项面板中，单击"色彩选取器"左侧的色块，弹出颜色面板，选择第2行第1个颜色，如图8-65所示。

图8-62 打开项目文件

图8-63 预览项目效果

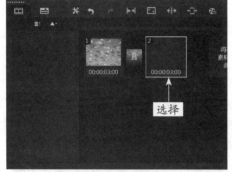

图8-64 选择色彩色块

图8-65 选择相应颜色

步骤 05 执行上述操作后，即可更改单色画面的颜色，如图8-66所示。

步骤 06 单击导览面板中的"播放"按钮，在预览窗口中预览自定义单色素材后的效果，如图8-67所示。

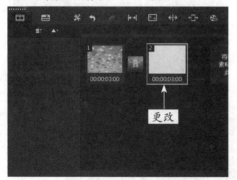

图8-66 更改单色画面的颜色

图8-67 预览自定义效果

8.3.3 ▌添加黑屏过渡效果

在会声会影2020中，添加黑屏过渡效果的方法非常简单，只需在黑色和素材之间添加"交叉淡化"转场效果即可。下面介绍添加黑屏过渡效果的操作方法。

扫码看视频

素材文件	素材\第8章\日落晚霞.jpg
效果文件	效果\第8章\日落晚霞.VSP
视频文件	视频\第8章\8.3.3　添加黑屏过渡效果.mp4

实战精通113——日落晚霞

🔍**步骤 01** 进入会声会影编辑器，在故事板中插入一幅素材图像，如图8-68所示。

🔍**步骤 02** 单击"媒体"按钮 ，切换至"纯色"素材库，在其中选择黑色色块，如图8-69所示。

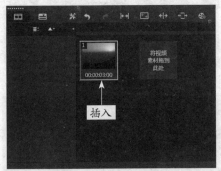

图8-68 插入素材图像

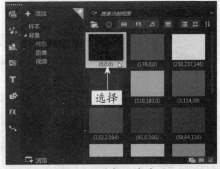

图8-69 选择黑色色块

🔍**步骤 03** 按住鼠标左键并将其拖曳至故事板中的开始位置，添加黑色单色画面，如图8-70所示。

🔍**步骤 04** 单击"转场"按钮 ，在"过滤"转场组中，选择"交叉淡化"转场效果，按住鼠标左键并将其拖曳至故事板中的适当位置，添加"交叉淡化"转场效果，如图8-71所示。

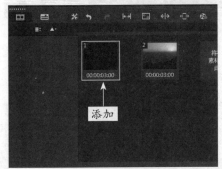

图8-70 添加黑色单色画面

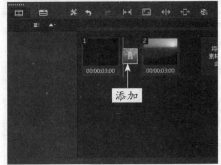

图8-71 添加"交叉淡化"转场效果

🔍**步骤 05** 执行上述操作后，在预览窗口中预览添加的黑屏过渡效果，如图8-72所示。

图8-72 预览添加的黑屏过渡效果

8.4 通过转场制作视频特效

在会声会影2020中，转场效果的种类繁多，在影片中某些转场效果独具特色，可以为其添加非凡的视觉体验。本节主要介绍通过各种转场制作视频切换特效的操作方法。

8.4.1 ‖ 制作遮罩炫光转场效果

在会声会影2020的"遮罩"转场素材库中，包括6种不同的遮罩炫光转场类型。用户可以根据需要将转场添加至素材之间，制作出炫光短视频画面特效。

扫码看视频	素材文件	素材\第8章\辽阔草原1.jpg、辽阔草原2.jpg
	效果文件	效果\第8章\辽阔草原.VSP
	视频文件	视频\第8章\8.4.1　制作遮罩炫光转场效果.mp4

实战精通114——辽阔草原

步骤 01 进入会声会影编辑器，在故事板中插入两幅素材图像，如图8-73所示。

步骤 02 切换至"转场"选项卡，在库导航面板中选择"遮罩"选项，如图8-74所示。

图8-73　插入两幅素材图像

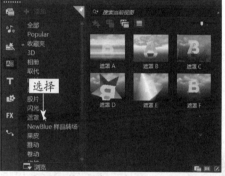

图8-74　选择"遮罩"选项

步骤 03 打开"遮罩"素材库，选择"遮罩A"转场效果，如图8-75所示。

步骤 04 将选择的转场添加至两幅图像素材之间，添加转场效果，如图8-76所示。

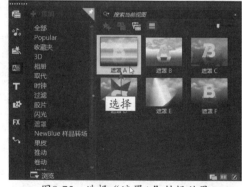

图8-75　选择"遮罩A"转场效果

图8-76　添加至两幅图像素材之间

步骤 05 打开"转场"选项面板，单击"自定义"按钮，如图8-77所示。

步骤 06 弹出"遮罩-遮罩A"对话框，选择第2种炫光遮罩样式，如图8-78所示。

步骤 07 设置完成后，单击"确定"按钮，返回会声会影编辑器，单击"播放"按钮，预览制作的遮罩炫光转场特效，如图8-79所示。

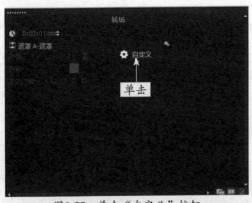

图8-77 单击"自定义"按钮

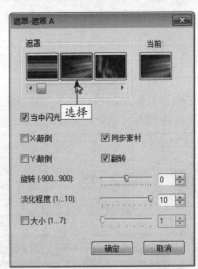

图8-78 选择第2种炫光遮罩

图8-79 预览制作的遮罩炫光转场特效

8.4.2 ‖ 制作单向滑动视频效果 ★进阶★

在抖音短视频中，有一种比较简单的短视频制作方法，那就是用多张照片制作的单向滑动的视频。在会声会影2020中，应用"滑动"转场素材库中的"单向"转场效果，即可制作单向滑动视频效果。下面介绍应用"单向"转场的操作方法，读者可以学以致用，将其合理应用至影片中。

素材文件	素材\第8章\ "旅行打卡" 文件夹
效果文件	效果\第8章\旅行打卡.VSP
视频文件	视频\第8章\8.4.2 制作单向滑动视频效果.mp4

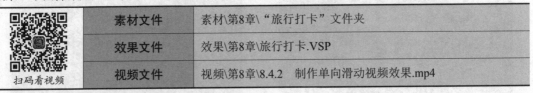

实战精通115——旅行打卡

步骤 01 进入会声会影编辑器，打开一个项目文件，如图8-80所示。切换至时间轴面板。

步骤 02 单击"转场"按钮，在库导航面板中选择"滑动"选项，如图8-81所示。

步骤 03 打开"滑动"转场组，选择"单向"转场效果，如图8-82所示。

步骤 04 按住鼠标左键并将其拖曳至视频轨中最后的两幅图像素材之间，添加"单向"滑动转场效果，如图8-83所示。

图8-80　打开一个项目文件

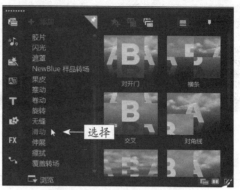

图8-81　选择"滑动"选项

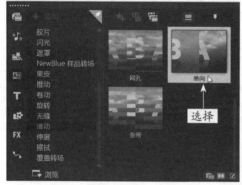

图8-82　选择"单向"转场效果

图8-83　添加"单向"滑动转场效果

🔍**步骤 05** 选择添加的转场，展开"转场"选项面板，更改"区间"参数为0:00:00:010，如图8-84所示。

🔍**步骤 06** 使用同样的方法，从后往前，在每两幅素材之间添加"单向"滑动转场效果，并设置转场区间时长，时间轴面板效果如图8-85所示。

图8-84　更改"区间"参数

图8-85　时间轴面板效果

🔍**步骤 07** 执行上述操作后，单击"播放"按钮▶，预览单向滑动视频效果，如图8-86所示。

图8-86　预览单向滑动视频效果

8.4.3 ‖ 制作对开门视频效果　★进阶★

很多人可能不擅长拍摄小视频，也不擅长视频后期处理。在会声会影2020中，应用"对开门"转场效果以及摇动效果，可以帮助用户将静态的照片素材整合成一段十几秒的短视频。下面介绍应用"对开门"转场的操作方法。

	素材文件	素材\第8章\"花季少女"文件夹
	效果文件	效果\第8章\花季少女.VSP
扫码看视频	视频文件	视频\第8章\8.4.3　制作对开门视频效果.mp4

实战精通116——花季少女

步骤 01 进入会声会影编辑器，打开一个项目文件，如图8-87所示。

打开

图8-87　打开一个项目文件

步骤 02 在视频轨中选择第一个照片素材，按住【Shift】键，然后选中最后一个照片素材，即可将视频轨中的素材文件全部选中，如图8-88所示。

选中

图8-88　选中视频轨中的全部素材

步骤 03 在素材上单击鼠标右键，在弹出的快捷菜单中选择"群组"|"分组"命令，如图8-89所示。

步骤 04 打开"标题效果"滤镜素材库，在其中选择"视频摇动和缩放"滤镜效果，如图8-90所示。

图8-89　选择"分组"命令

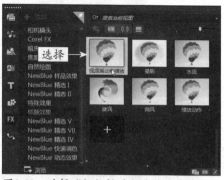

图8-90　选择"视频摇动和缩放"滤镜效果

步骤 05 按住鼠标左键并将其拖曳至视频轨中组合的素材文件上，为每个素材文件添加"视频摇动和缩放"滤镜效果，制作素材文件摇动效果，如图8-91所示。

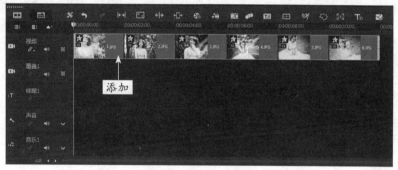

图8-91　添加"视频摇动和缩放"滤镜效果

步骤 06 执行操作后，在组合的素材上单击鼠标右键，在弹出的快捷菜单中选择"群组"|"取消分组"命令，如图8-92所示。

步骤 07 执行操作后，打开"滑动"转场素材库，在其中选择"对开门"转场效果，如图8-93所示。

图8-92　选择"取消分组"命令

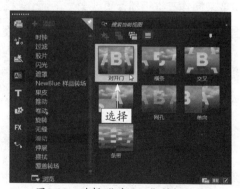

图8-93　选择"对开门"转场效果

步骤 08 使用同样的方法，按从后往前的顺序，在"滑动"转场组中，拖曳"对开门"转场效果，将其添加至视频轨中每两幅图像素材之间，并更改转场"区间"时长为0:00:00:015、0:00:00:010，时间轴效果如图8-94所示。

步骤 09 执行上述操作后，单击导览面板中的"播放"按钮▶，即可预览"对开门"转场视频效果，如图8-95所示。

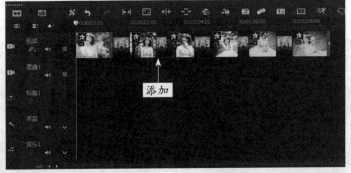

图8-94 添加"对开门"转场效果

图8-95 预览"对开门"转场效果

8.4.4 制作三维相册翻页效果 ★进阶★

在会声会影2020中，"翻转"转场效果是"相册"转场类型中的一种。用户可以通过自定义参数来制作三维相册翻页效果。下面介绍制作三维相册翻页效果的操作方法。

素材文件	材\第8章\幸福美满1.jpg、幸福美满2.jpg
效果文件	效果\第8章\幸福美满.VSP
视频文件	视频\第8章\8.4.4 制作三维相册翻页效果.mp4

扫码看视频

实战精通117——幸福美满

步骤 01 进入会声会影编辑器，在故事板中插入两幅素材图像，如图8-96所示。

步骤 02 打开"转场"素材库，在库导航面板中选择"相册"选项，如图8-97所示。

步骤 03 进入"相册"转场组，在其中选择"翻转"转场效果，如图8-98所示。

步骤 04 在选择的转场效果上，按住鼠标左键并将其拖曳至两幅素材图像之间，添加"翻转"转场效果，如图8-99所示。

图8-96 插入两幅素材图像

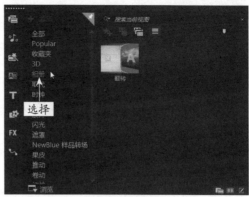

图8-97 选择"相册"选项

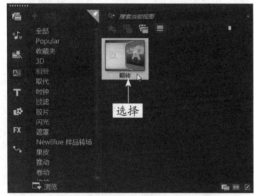

图8-98 选择"翻转"转场效果

图8-99 添加"翻转"转场效果

步骤 05 切换至时间轴视图，在视频轨中选择刚添加的转场效果，如图8-100所示。

步骤 06 在"转场"选项面板中，设置"区间"为0:00:02:000，如图8-101所示。

图8-100 选择刚添加的转场效果

图8-101 设置转场的区间长度

步骤 07 在视频轨中，可以查看更改区间长度后的转场效果，如图8-102所示。

步骤 08 在"转场"选项面板中，单击"自定义"按钮，如图8-103所示。

步骤 09 弹出"翻转-相册"对话框，设置"布局"为第1个样式、"相册封面模板"为第4个样式，如图8-104所示。

步骤 10 在"背景和阴影"选项卡中，设置"背景模板"为第2个样式，如图8-105所示。

步骤 11 在"页面A"选项卡中，设置"相册页面模板"为第3个样式，如图8-106所示。

步骤 12 在"页面B"选项卡中，设置"相册页面模板"为第3个样式，如图8-107所示。

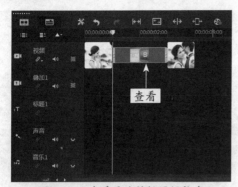

图8-102 查看更改转场区间长度

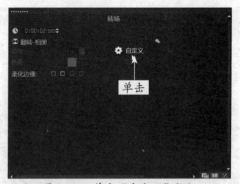

图8-103 单击"自定义"按钮

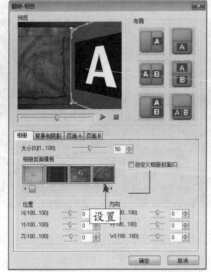

图8-104 设置布局样式

图8-105 设置背景模板

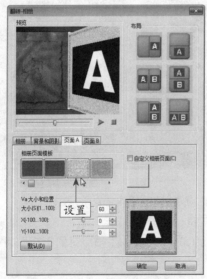

图8-106 设置相册页面模板1

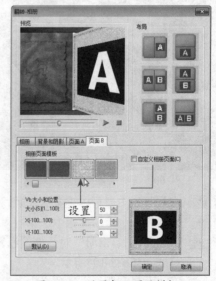

图8-107 设置相册页面模板2

步骤 13 设置完成后,单击"确定"按钮,单击导览面板中的"播放"按钮▶,预览制作的三维相册翻页效果,如图8-108所示。

图8-108 预览制作的三维相册翻页效果

8.4.5 ‖ 制作黑屏开幕视频效果 ★进阶★

看抖音视频的时候,相信大家应该都看到过黑屏开幕的动态视频。在会声会影2020中,应用"滑动"转场素材库中的"对开门"转场就可以制作。下面介绍具体的操作。

素材文件	素材\第8章\桥梁夜景.mpg
效果文件	效果\第8章\桥梁夜景.VSP
视频文件	视频\第8章\8.4.5 制作黑屏开幕视频效果.mp4

扫码看视频

🔍 实战精通118——桥梁夜景 ➡

🔍**步骤 01** 进入会声会影编辑器,单击"媒体"按钮📷,切换至"媒体"素材库,选择"纯色"选项,如图8-109所示。

🔍**步骤 02** 在"纯色"素材库中,选择黑色色块,如图8-110所示。

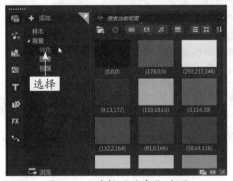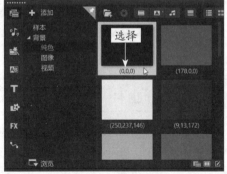

图8-109 选择"纯色"选项　　　　　　　图8-110 选择黑色色块

🔍**步骤 03** 拖曳黑色色块添加至视频轨中,并调整"色彩区间"为0:00:01:010,效果如图8-111所示。

🔍**步骤 04** 在色块结尾处,添加一段视频素材,如图8-112所示。

🔍**步骤 05** 单击"转场"按钮📷,打开"滑动"转场组,在其中选择"对开门"转场,并拖曳至黑色色块和视频素材之间,添加"对开门"转场效果,如图8-113所示。

🔍**步骤 06** 打开"转场"选项面板,单击"打开-水平分割"按钮📷,如图8-114所示。

🔍**步骤 07** 执行上述操作后,单击导览面板中的"播放"按钮▶,预览制作的黑屏开幕视频效果,如图8-115所示。

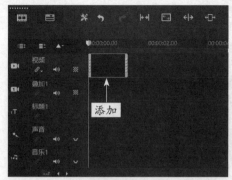
图8-111 添加色块并调整区间

图8-112 添加一段视频素材

图8-113 添加"对开门"转场效果

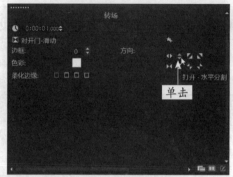
图8-114 单击"打开-水平分割"按钮

图8-115 预览黑屏开幕视频效果

8.4.6 ‖ 制作抖音旋转视频效果 ★进阶★

在会声会影2020中，转场素材库中新增了"无缝"转场素材库，应用其中的"向左并旋转"转场效果，可以制作出抖音短视频画面旋转效果。下面介绍具体的操作。

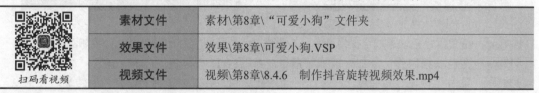

素材文件	素材\第8章\"可爱小狗"文件夹	
效果文件	效果\第8章\可爱小狗.VSP	
视频文件	视频\第8章\8.4.6 制作抖音旋转视频效果.mp4	

扫码看视频

实战精通119——可爱小狗

🔍步骤 01 进入会声会影编辑器，打开一个项目文件，如图8-116所示。

图8-116　打开一个项目文件

步骤 02 在"转场"素材库中，选择"无缝"选项，展开"无缝"转场组，选择"向左并旋转"转场效果，如图8-117所示。

步骤 03 按从后往前的顺序，拖曳转场效果，添加至视频轨中每两幅图像素材之间，如图8-118所示。

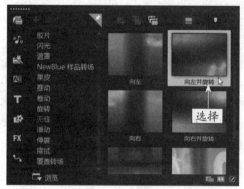

图8-117　选择"向左并旋转"转场效果

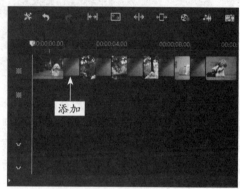

图8-118　添加转场效果

步骤 04 执行操作后，单击"播放"按钮▶，预览抖音旋转视频效果，如图8-119所示。

图8-119　预览抖音旋转视频效果

第9章

制作视频画中画特效

学习提示

　　在会声会影2020中，用户在覆叠轨中可以添加图像或视频等素材，覆叠功能可以使视频轨上的视频与图像相互交织，组合成各式各样的视觉效果。本章主要介绍制作视频覆叠精彩特效的各种方法，希望读者学完以后可以制作出更多精彩的覆叠特效。

🗑 CLEAR　　⬆ SUBMIT

本章重点导航

- ■ 实战精通120——花间风车
- ■ 实战精通121——珍馐美味
- ■ 实战精通122——白雪皑皑
- ■ 实战精通123——貌美如花
- ■ 实战精通124——娇艳欲滴

- ■ 实战精通125——一只小猫
- ■ 实战精通126——清新可爱
- ■ 实战精通127——此生不渝
- ■ 实战精通128——可爱至极
- ■ 实战精通129——花香盆栽

🗑 CLEAR　　⬆ SUBMIT

9.1 添加与删除覆叠素材

所谓覆叠功能，是会声会影2020提供的一种视频编辑方法，它将视频素材添加到时间轴面板的覆叠轨中，设置相应属性后产生视频叠加的效果。本节主要介绍添加与删除覆叠素材的操作方法。

9.1.1 添加覆叠素材

在会声会影2020中，用户可以根据需要在视频轨中添加相应的覆叠素材，从而制作出更具观赏性的视频作品。下面介绍添加覆叠素材的操作方法。

	素材文件	素材\第9章\花间风车.jpg、花间风车.png
	效果文件	效果\第9章\花间风车.VSP
扫码看视频	视频文件	视频\第9章\9.1.1　添加覆叠素材.mp4

实战精通120——花间风车

步骤 01 进入会声会影编辑器，在视频轨中插入一幅素材图像，如图9-1所示。

步骤 02 在覆叠轨中的适当位置单击鼠标右键，在弹出的快捷菜单中选择"插入照片"命令，如图9-2所示。

图9-1　插入素材图像

图9-2　选择"插入照片"命令

步骤 03 弹出相应对话框，在其中选择相应的照片素材，如图9-3所示。

步骤 04 单击"打开"按钮，即可在覆叠轨中添加相应的覆叠素材，如图9-4所示。

图9-3　选择相应的照片素材

图9-4　添加覆叠素材

步骤 05 在预览窗口中，调整覆叠素材的位置和大小，如图9-5所示。

步骤 06 执行上述操作后，即可完成覆叠素材的添加，单击导览面板中的"播放"按钮▶，预览覆叠效果，如图9-6所示。

图9-5　调整覆叠素材的位置

图9-6　预览覆叠效果

　在会声会影2020中，不仅可以在覆叠轨中插入照片制作覆叠效果，还可以插入视频制作覆叠效果。

◀ 9.1.2 ▐ 删除覆叠素材 ▶

在会声会影2020中，如果用户不需要覆叠轨中的素材，可以将其删除。下面介绍删除覆叠素材的操作方法。

素材文件	素材\第9章\珍馐美味.VSP
效果文件	效果\第9章\珍馐美味.VSP
视频文件	视频\第9章\9.1.2　删除覆叠素材.mp4

扫码看视频

🔍 实战精通121——珍馐美味 ▶

步骤 01 进入会声会影编辑器，打开一个项目文件，如图9-7所示。

步骤 02 单击导览面板中的"播放"按钮▶，预览打开的项目效果，如图9-8所示。

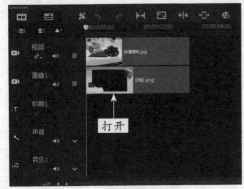
图9-7　打开项目文件

图9-8　预览项目效果

步骤 03 选择覆叠轨中的素材，单击鼠标右键，在弹出的快捷菜单中选择"删除"命令，如图9-9所示。

步骤 04 执行上述操作后，即可删除覆叠轨中的素材，如图9-10所示。

图9-9　选择"删除"命令

图9-10　删除覆叠素材

除了上述方法外，用户还可以通过以下两种方法删除覆叠素材。
● 选择覆叠轨中需要删除的素材，单击菜单栏中的"编辑"|"删除"命令即可。
● 选择覆叠轨中需要删除的素材，按【Delete】键，也可快速删除选择的素材。

9.2 设置覆叠对象的属性

　　在会声会影2020的覆叠轨中，添加素材后，可以设置覆叠对象的属性，包括调整覆叠对象的大小、位置、形状、透明度和边框颜色等。本节主要介绍6种设置覆叠对象属性的操作方法，希望读者学完后可以融会贯通，制作出精美的影片效果。

9.2.1 调整覆叠对象的大小

　　在会声会影2020中，如果添加到覆叠轨中的素材大小不符合需要，用户可根据需要在预览窗口中调整覆叠素材的大小。下面介绍调整覆叠对象大小的操作方法。

扫码看视频

素材文件	素材\第9章\白雪皑皑.jpg、指示牌.png
效果文件	效果\第9章\白雪皑皑.VSP
视频文件	视频\第9章\9.2.1　调整覆叠对象的大小.mp4

实战精通122——白雪皑皑

步骤 01 进入会声会影编辑器，在视频轨中插入一幅素材图像，如图9-11所示。

步骤 02 在覆叠轨中插入另一幅素材图像，如图9-12所示。

图9-11 插入素材图像

图9-12 插入另一幅素材图像

🔍 **步骤 03** 在预览窗口中，预览视频当前的效果，如图9-13所示。

🔍 **步骤 04** 在预览窗口中，选择需要调整大小的覆叠素材，将鼠标指针移至素材四周的控制柄上，按住鼠标左键并拖曳至合适位置后释放鼠标左键，调整覆叠素材的大小，然后调整覆叠素材的位置，即可得到最终效果，如图9-14所示。

图9-13 预览当前效果

图9-14 最终效果

9.2.2 调整覆叠对象的位置

　　在会声会影2020中，用户可根据需要在预览窗口中随意调整覆叠素材的位置。下面介绍调整覆叠对象位置的操作方法。

素材文件	素材\第9章\貌美如花.VSP	
效果文件	效果\第9章\貌美如花.VSP	
视频文件	视频\第9章\9.2.2　调整覆叠对象的位置.mp4	

扫码看视频

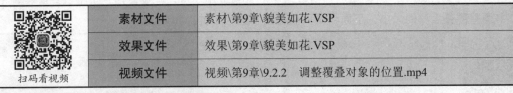

🔍 实战精通123——貌美如花 ▶

🔍 **步骤 01** 进入会声会影编辑器，打开一个项目文件，如图9-15所示。

🔍 **步骤 02** 在预览窗口中，预览打开的视频画面，如图9-16所示。

🔍 **步骤 03** 在覆叠轨中选择需要调整位置的覆叠素材，在预览窗口中将鼠标指针移至覆叠素材上，按住鼠标左键并拖曳，如图9-17所示。

🔍 **步骤 04** 将覆叠素材拖曳至合适位置后，释放鼠标左键，即可调整覆叠素材的位置，效果如图9-18所示。

图9-15 打开一个项目文件

图9-16 预览打开的视频画面

图9-17 拖曳覆叠素材

图9-18 调整效果

在覆叠轨中选择需要调整位置的图像，在预览窗口中的覆叠对象上单击鼠标右键，在弹出的快捷菜单中还可以设置将对象停靠在顶部或停靠在底部等，用户可以根据需要进行设置。

9.2.3 调整覆叠对象的形状

在会声会影2020中，不仅可以调整覆叠素材的大小和位置，而且可以任意倾斜或者扭曲覆叠素材，以配合倾斜或扭曲的覆叠画面，使视频应用变得更加自由。下面介绍调整覆叠对象形状的操作方法。

扫码看视频

素材文件	素材\第9章\娇艳欲滴.jpg、边框2.jpg
效果文件	效果\第9章\娇艳欲滴.VSP
视频文件	视频\第9章\9.2.3 调整覆叠对象的形状.mp4

实战精通124——娇艳欲滴

步骤 01 进入会声会影编辑器，在视频轨和覆叠轨中分别插入需要的素材图像，如图9-19所示。

步骤 02 在覆叠轨中选择插入的图像，在预览窗口中将鼠标指针移至右下角的绿色调节点上，按住鼠标左键并向右下角拖曳至合适位置后，释放鼠标左键，即可调整图像右下角的节点，如图9-20所示。

图9-19　插入素材图像　　　　　　　图9-20　调整图像右下角的节点

🔍步骤 **03** 将鼠标指针移至图像左上角的绿色节点上，按住鼠标左键并向左侧拖曳至合适位置后，释放鼠标左键，即可调整左上角节点的位置，如图9-21所示。

🔍步骤 **04** 使用同样的方法，调整另外两个节点的位置，即可完成覆叠对象形状的调整，在预览窗口中可预览调整形状后的效果，如图9-22所示。

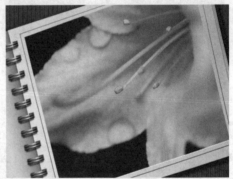

图9-21　调整左上角节点的位置　　　　图9-22　预览调整形状后的效果

专家指点

在会声会影2020中，调整覆叠对象的形状后，在预览窗口中单击鼠标右键，在弹出的快捷菜单中选择"重置变形"命令，可以将覆叠对象重置变形。

◀ 9.2.4 ‖ 设置覆叠对象的透明度 ▶

　　在会声会影2020中，用户还可以根据需要设置覆叠素材的透明度，将素材以半透明的形式进行重叠，产生若隐若现的效果。下面介绍设置覆叠对象透明度的操作方法。

素材文件	素材\第9章\一只小猫.VSP	
效果文件	效果\第9章\一只小猫.VSP	
视频文件	视频\第9章\9.2.4　设置覆叠对象的透明度.mp4	

扫码看视频

🔍 **实战精通125——一只小猫** ▶

🔍步骤 **01** 进入会声会影编辑器，打开一个项目文件，如图9-23所示。

步骤 **02**　在预览窗口中，预览打开的项目效果，如图9-24所示。

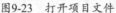

图9-23　打开项目文件

图9-24　预览项目效果

步骤 **03**　选择覆叠素材，在"编辑"选项面板中设置"透明度"为60，如图9-25所示。

步骤 **04**　执行上述操作后，即可设置覆叠素材透明度，在预览窗口中预览设置透明度后的覆叠特效，如图9-26所示。

图9-25　设置透明度为60

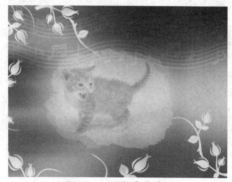

图9-26　预览覆叠特效

专家指点

在选项面板中，单击"透明度"右侧的上下微调按钮，可以快速调整透明度的数值；单击右侧的下三角按钮，在弹出的滑块中也可以快速调整透明度数值。

9.2.5 | 设置覆叠对象的边框　★进阶★　

在会声会影2020中，边框是为影片添加装饰的一种简单而实用的方式，它能够让枯燥的画面变得生动。下面介绍设置覆叠对象边框的操作方法。

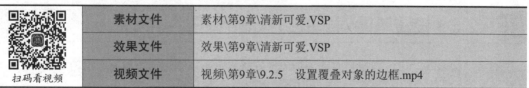

	素材文件	素材\第9章\清新可爱.VSP
	效果文件	效果\第9章\清新可爱.VSP
扫码看视频	视频文件	视频\第9章\9.2.5　设置覆叠对象的边框.mp4

实战精通126——清新可爱

步骤 **01**　进入会声会影编辑器，打开一个项目文件，如图9-27所示。

步骤 **02**　在预览窗口中，预览打开的项目效果，如图9-28所示。

图9-27 打开项目文件

图9-28 预览打开的项目效果

步骤 03 在覆叠轨中，选择需要设置边框效果的覆叠素材，如图9-29所示。

步骤 04 打开"编辑"选项面板，在"边框"数值框中输入3，如图9-30所示。

图9-29 选择覆叠素材

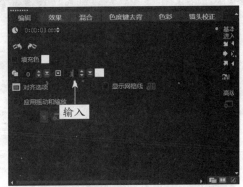

图9-30 在"边框"数值框中输入3

步骤 05 在预览窗口中，预览覆叠素材的边框效果，如图9-31所示。

图9-31 预览视频效果

◀ 9.2.6 ‖ 设置覆叠对象的边框颜色 ▶

在会声会影2020中，为覆叠对象添加边框效果后，可以根据需要设置对象的边框颜色，增添画面美感。下面介绍设置覆叠对象的边框颜色的操作方法。

素材文件	素材\第9章\背景4.jpg、此生不渝.jpg
效果文件	效果\第9章\此生不渝.VSP
视频文件	视频\第9章\9.2.6 设置覆叠对象的边框颜色.mp4

扫码看视频

实战精通127——此生不渝

步骤 01　进入会声会影编辑器，在视频轨和覆叠轨中插入两幅素材图像，如图9-32所示。

步骤 02　在预览窗口中，调整覆叠素材的位置和大小，如图9-33所示。

图9-32　插入两幅素材图像

图9-33　调整位置和大小

步骤 03　选择覆叠素材，进入"编辑"选项面板，设置"边框"为4，单击右侧的色块，在弹出的颜色面板中选择第4行第7个颜色，如图9-34所示。

步骤 04　执行上述操作后，即可设置覆叠素材的边框颜色。在预览窗口中，预览设置边框颜色后的覆叠特效，如图9-35所示。

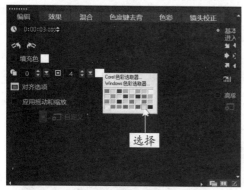

图9-34　选择相应颜色

图9-35　预览覆叠特效

9.3 应用视频遮罩效果

　　在会声会影2020中，用户还可以根据需要在覆叠轨中设置覆叠对象的遮罩效果，使制作的视频作品更美观。在会声会影2020中，提供了多种遮罩效果。本节主要介绍常用的7种遮罩效果的设置方法。

◀ 9.3.1 ‖ 应用椭圆遮罩效果 ▶

　　在会声会影2020中，椭圆遮罩效果是指覆叠轨中的素材以椭圆的形状遮罩在视频轨中素材的上方。下面介绍应用椭圆遮罩效果的操作方法。

	素材文件	素材\第9章\可爱至极.VSP
扫码看视频	效果文件	效果\第9章\可爱至极.VSP
	视频文件	视频\第9章\9.3.1 应用椭圆遮罩效果.mp4

实战精通128——可爱至极

步骤 01 进入会声会影编辑器，打开一个项目文件，如图9-36所示。

步骤 02 在预览窗口中，预览打开的项目效果，如图9-37所示。

图9-36 打开项目文件

图9-37 预览项目效果

步骤 03 选择覆叠素材，在"混合"选项面板中，单击"蒙版模式"右侧的下三角按钮，如图9-38所示。

步骤 04 在弹出的列表框中选择"遮罩帧"选项，如图9-39所示。

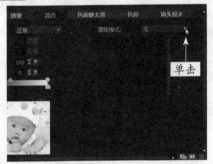

图9-38 单击"蒙版模式"右侧的下三角按钮

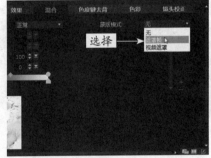

图9-39 选择"遮罩帧"选项

步骤 05 执行上述操作后，在下方选择椭圆遮罩样式，如图9-40所示。

步骤 06 即可设置椭圆遮罩，在预览窗口中可以预览覆叠素材的椭圆遮罩效果，如图9-41所示。

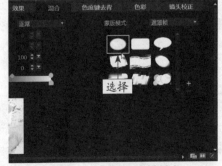

图9-40 选择椭圆遮罩样式

图9-41 预览椭圆遮罩效果

9.3.2 ‖ 应用圆角矩形遮罩效果

在会声会影2020中，圆角矩形遮罩效果是指覆叠轨中的素材以圆角矩形的形状遮罩在视频轨中素材的上方。下面介绍应用圆角矩形遮罩效果的操作方法。

素材文件	素材\第9章\花香盆栽.VSP
效果文件	效果\第9章\花香盆栽.VSP
视频文件	视频\第9章\9.3.2　应用圆角矩形遮罩效果.mp4

扫码看视频

实战精通129——花香盆栽

步骤 01 进入会声会影编辑器，打开一个项目文件，如图9-42所示。

步骤 02 在预览窗口中，预览打开的项目效果，如图9-43所示。

图9-42　打开项目文件

图9-43　预览项目效果

步骤 03 选择覆叠素材，进入"混合"选项面板，单击"蒙版模式"右侧的下三角按钮，在弹出的列表框中选择"遮罩帧"选项，在下方选择圆角矩形遮罩样式，如图9-44所示。

步骤 04 即可设置圆角矩形遮罩效果，在预览窗口中预览覆叠素材的圆角矩形遮罩效果，如图9-45所示。

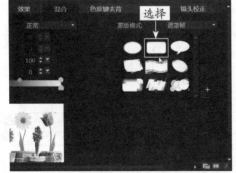

图9-44　选择圆角矩形遮罩样式

图9-45　预览圆角矩形遮罩效果

9.3.3 ‖ 应用花瓣遮罩效果

在会声会影2020中，花瓣遮罩效果是指覆叠轨中的素材以花瓣的形状遮罩在视频轨中素材的上方。下面介绍应用花瓣遮罩效果的操作方法。

	素材文件	素材\第9章\花瓣绿藤.VSP
	效果文件	效果\第9章\花瓣绿藤.VSP
扫码看视频	视频文件	视频\第9章\9.3.3 应用花瓣遮罩效果.mp4

🔍 **实战精通130——花瓣绿藤** ▶

步骤 **01** 进入会声会影编辑器，打开一个项目文件，如图9-46所示。

步骤 **02** 在预览窗口中，预览打开的项目效果，如图9-47所示。

图9-46 打开项目文件

图9-47 预览项目效果

步骤 **03** 选择覆叠素材，在"混合"选项面板中，单击"蒙版模式"右侧的下三角按钮，在弹出的列表框中选择"遮罩帧"选项，在下方选择花瓣遮罩样式，如图9-48所示。

步骤 **04** 即可设置花瓣遮罩，在预览窗口中可以预览覆叠素材的花瓣遮罩效果，如图9-49所示。

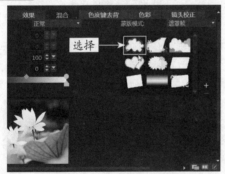

图9-48 选择花瓣遮罩样式

图9-49 预览花瓣遮罩效果

◀ **9.3.4 ‖ 应用爱心遮罩效果** ▶

在会声会影2020中，爱心遮罩效果是指覆叠轨中的素材以心形的形状遮罩在视频轨中素材的上方。下面介绍应用爱心遮罩效果的操作方法。

	素材文件	素材\第9章\相亲相爱.VSP
	效果文件	效果\第9章\相亲相爱.VSP
扫码看视频	视频文件	视频\第9章\9.3.4 应用爱心遮罩效果.mp4

步骤 01 进入会声会影编辑器，打开一个项目文件，如图9-50所示。

步骤 02 在预览窗口中，预览打开的项目效果，如图9-51所示。

图9-50　打开项目文件

图9-51　预览项目效果

步骤 03 选择覆叠素材，在"混合"选项面板中，单击"蒙版模式"右侧的下三角按钮，在弹出下拉列表中选择"遮罩帧"选项，在下方选择爱心遮罩样式，如图9-52所示。

步骤 04 即可设置爱心遮罩效果，在预览窗口中可以预览覆叠素材的爱心遮罩效果，如图9-53所示。

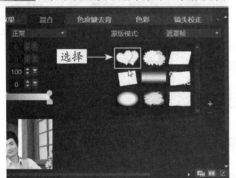

图9-52　选择爱心遮罩样式

图9-53　预览爱心遮罩效果

9.3.5 应用涂抹遮罩效果

在会声会影2020中，涂抹遮罩效果是指覆叠轨中的素材以画笔涂抹的方式遮罩在视频轨中素材的上方。下面介绍应用涂抹遮罩效果的操作方法。

素材文件	素材\第9章\美人如画.VSP	
效果文件	效果\第9章\美人如画.VSP	
视频文件	视频\第9章\9.3.5　应用涂抹遮罩效果.mp4	

扫码看视频

步骤 01 进入会声会影编辑器，打开一个项目文件，如图9-54所示。

步骤 02 在预览窗口中，预览打开的项目效果，如图9-55所示。

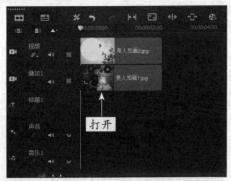

图9-54 打开项目文件

图9-55 预览项目效果

步骤 **03** 选择覆叠素材，在"混合"选项面板中，单击"蒙版模式"右侧的下三角按钮，如图9-56所示。

步骤 **04** 在弹出的列表框中选择"遮罩帧"选项，打开覆叠遮罩列表，在其中选择涂抹遮罩效果，如图9-57所示。

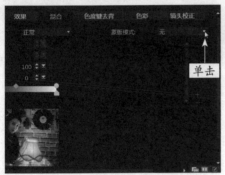

图9-56 单击相应下三角按钮

图9-57 选择涂抹遮罩效果

步骤 **05** 此时，即可设置覆叠素材为涂抹遮罩样式，在预览窗口中可以调整位置和大小，如图9-58所示。

步骤 **06** 在导览面板中单击"播放"按钮▶，预览视频叠加画面中的涂抹遮罩效果，如图9-59所示。

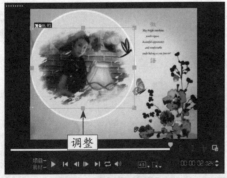

图9-58 调整位置和大小

图9-59 预览涂抹遮罩效果

◀ **9.3.6** ‖ 应用渐变遮罩效果　★进阶★ ▶

在会声会影2020中，渐变遮罩效果是指覆叠轨中的素材以渐变的方式遮罩在视频轨中素材的上方。下面介绍应用渐变遮罩效果的操作方法。

扫码看视频

素材文件	素材\第9章\花丛迷路.VSP
效果文件	效果\第9章\花丛迷路.VSP
视频文件	视频\第9章\9.3.6　应用渐变遮罩效果.mp4

实战精通133——花丛迷路

步骤 01 进入会声会影编辑器，打开一个项目文件，如图9-60所示。

步骤 02 在预览窗口中，预览打开的项目效果，如图9-61所示。

图9-60　打开项目文件

图9-61　预览项目效果

步骤 03 选择覆叠素材，在"混合"选项面板中，单击"蒙版模式"右侧的下三角按钮，在弹出下拉列表中选择"遮罩帧"选项，在下方选择渐变遮罩样式，如图9-62所示。

步骤 04 执行操作后，即可设置渐变遮罩效果，在预览窗口中可以预览覆叠素材的渐变遮罩效果，如图9-63所示。

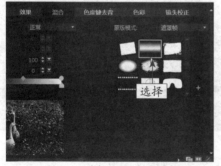

图9-62　选择渐变遮罩样式

图9-63　预览渐变遮罩效果

9.3.7 应用路径遮罩效果

在会声会影2020中，用户可以为覆叠轨中的视频或图像素材添加路径运动效果，使制作的视频画面更加专业，更具有吸引力。下面介绍应用路径遮罩效果的操作方法。

扫码看视频

素材文件	素材\第9章\蓝天白云.jpg、蝴蝶.png
效果文件	效果\第9章\蓝天白云.VSP
视频文件	视频\第9章\9.3.7　应用路径遮罩效果.mp4

实战精通134——蓝天白云

步骤 01 进入会声会影编辑器，在视频轨中插入一幅素材图像，如图9-64所示。

步骤 02 在素材库中，单击鼠标右键，在弹出的快捷菜单中选择"插入媒体文件"命令，插入另一幅素材图像，如图9-65所示。

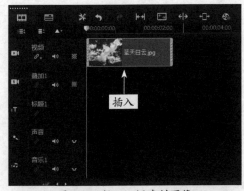

图9-64　插入一幅素材图像　　　　　　图9-65　插入另一幅图像素材

步骤 03 在选择的图像素材上按住鼠标左键并拖曳至覆叠轨中的合适位置，如图9-66所示。

步骤 04 单击"路径"按钮█，切换至"路径"选项卡，在其中选择P07路径运动效果，如图9-67所示。在运动效果上按住鼠标左键并拖曳至覆叠轨中的适当位置，执行上述操作后，即可完成添加路径的操作。

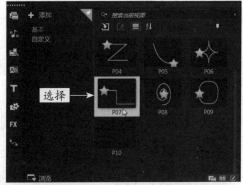

图9-66　拖曳图像素材　　　　　　　　图9-67　选择路径动画

步骤 05 单击"播放"按钮▶，即可预览制作的路径效果，如图9-68所示。

图9-68　预览最终效果

9.4　自定义视频遮罩效果

　　在会声会影2020中，用户可以通过"混合"选项面板和"色度键去背"选项面板创建视频的遮罩效果，还可以通过"遮罩创建器"创建视频的遮罩效果，该功能在操作上更加方便。本节主要介绍自定义视频遮罩效果的操作方法。

◀ 9.4.1 ‖ 制作圆形遮罩效果

　　在"遮罩创建器"对话框中，通过椭圆工具可以在视频画面上创建圆形的遮罩效果，最主要的是可以由用户在视频中的任何位置创建，这个位置用户可以自由指定，在操作上更加灵活便捷。下面介绍制作圆形遮罩效果的操作方法。

	素材文件	素材\第9章\萌宠宝贝1.mpg、萌宠宝贝2.mpg
扫码看视频	效果文件	效果\第9章\萌宠宝贝.VSP
	视频文件	视频\第9章\9.4.1　制作圆形遮罩效果.mp4

🔍 **实战精通135——萌宠宝贝** ▶

🔍**步骤 01** 在视频轨和覆叠轨中分别插入一段视频素材，在预览窗口中调整覆叠素材的大小，然后在时间轴中选择覆叠素材，如图9-69所示。

🔍**步骤 02** 单击菜单栏中的"工具"|"遮罩创建器"命令，如图9-70所示。

图9-69　选择覆叠素材

图9-70　单击"遮罩创建器"命令

🔍**步骤 03** 弹出"遮罩创建器"对话框，在"遮罩工具"下方选择椭圆工具 ◯，如图9-71所示。

🔍**步骤 04** 在预览窗口中按住鼠标左键并拖曳，在视频上绘制一个圆，如图9-72所示。

🔍**步骤 05** 制作完成后，单击"确定"按钮，如图9-73所示。

🔍**步骤 06** 即可返回会声会影编辑器，此时覆叠轨中的素材缩略图显示已绘制好的遮罩样式，如图9-74所示。

🔍**步骤 07** 在预览窗口中，可以预览制作的圆形遮罩效果，如图9-75所示。

🔍**步骤 08** 拖曳覆叠素材四周的黄色控制柄，调整覆叠素材的大小和位置，如图9-76所示。

🔍**步骤 09** 制作完成后，单击"播放"按钮▶，预览制作的圆形遮罩效果，如图9-77所示。

图9-71　选择椭圆工具

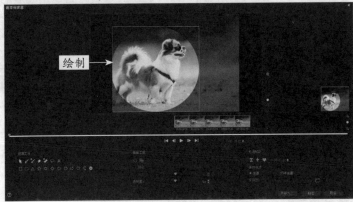

图9-72　在视频上绘制一个圆

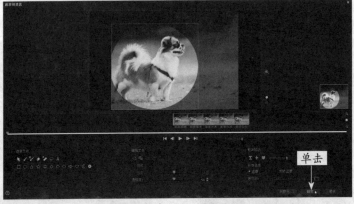

图9-73　单击"确定"按钮

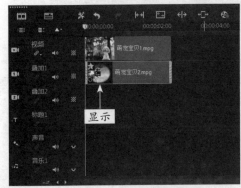

图9-74　显示已绘制好的遮罩样式

图9-75　预览制作的圆形遮罩效果

图9-76　调整覆叠素材的大小和位置

图9-77　预览圆形遮罩效果

9.4.2 制作矩形遮罩效果

在"遮罩创建器"对话框中，通过矩形工具可以在视频画面中创建矩形遮罩效果。下面介绍制作矩形遮罩效果的操作方法。

扫码看视频	素材文件	素材\第9章\最美景致1.mpg、最美景致2.mpg
	效果文件	效果\第9章\最美景致.VSP
	视频文件	视频\第9章\9.4.2　制作矩形遮罩效果.mp4

🔍 **实战精通136——最美景致**

🔍**步骤 01** 在视频轨和覆叠轨中分别插入一段视频素材，并在预览窗口中调整覆叠素材的大小，然后在时间轴中选择覆叠素材，如图9-78所示。

🔍**步骤 02** 在时间轴面板上方，单击"遮罩创建器"按钮，如图9-79所示。

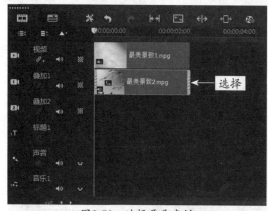

图9-78　选择覆叠素材

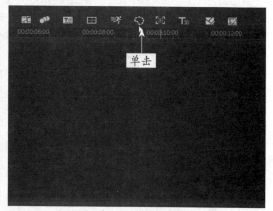

图9-79　单击"遮罩创建器"按钮

🔍**步骤 03** 弹出"遮罩创建器"对话框，在"遮罩工具"选项区中，选择矩形工具，如图9-80所示。

🔍**步骤 04** 在预览窗口中按住鼠标左键并拖曳，在视频上绘制一个矩形，如图9-81所示。

图9-80 选择矩形工具

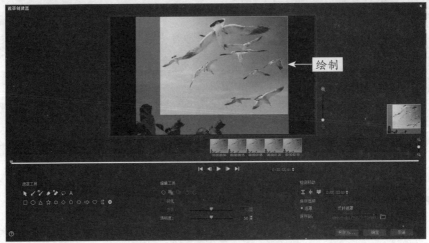

图9-81 在视频上绘制一个矩形

🔍**步骤 05** 制作完成后，单击"确定"按钮，返回会声会影编辑器，在预览窗口中可以预览创建的遮罩效果，如图9-82所示。

🔍**步骤 06** 在预览窗口中，移动覆叠素材画面至合适位置，如图9-83所示。

图9-82 预览创建的遮罩效果

图9-83 移动覆叠素材的位置

🔍**步骤 07** 在导览面板中单击"播放"按钮▶，预览制作的矩形遮罩效果，如图9-84所示。

图9-84　预览制作的矩形遮罩效果

9.4.3 ║ 制作特定遮罩效果　★进阶★

在"遮罩创建器"对话框中，通过遮罩刷工具可以制作出特定画面或对象的遮罩效果，相当于Photoshop中的抠图功能。下面介绍制作特定遮罩效果的操作方法。

扫码看视频

素材文件	素材\第9章\动物园区1.mpg、动物园区2.mpg
效果文件	效果\第9章\动物园区.VSP
视频文件	视频\第9章\9.4.3　制作特定遮罩效果.mp4

🔍 **实战精通137——动物园区** ▶

🔍**步骤 01** 在视频轨和覆叠轨中分别插入一段视频素材，如图9-85所示。在预览窗口中调整覆叠素材的大小。

🔍**步骤 02** 选择覆叠轨中的视频素材，在时间轴面板上方单击"遮罩创建器"按钮🖼，如图9-86所示。

图9-85　分别插入一段视频素材

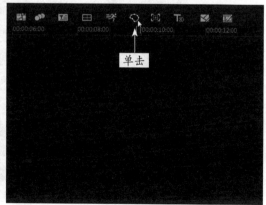

图9-86　单击"遮罩创建器"按钮

🔍**步骤 03** 弹出"遮罩创建器"对话框，在"遮罩工具"选项区中，选择遮罩刷工具🖌，如图9-87所示。

图9-87 选择遮罩刷工具

🔍**步骤 04** 将鼠标指针移至预览窗口中，在需要抠取的视频画面上按住鼠标左键并拖曳，创建遮罩区域，如图9-88所示。

图9-88 创建遮罩区域

🔍**步骤 05** 遮罩创建完成后，释放鼠标左键，被抠取的视频画面将被选中，如图9-89所示。

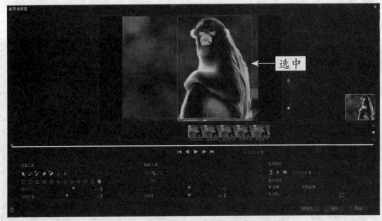

图9-89 被抠取的视频画面将被选中

🔍**步骤 06** 制作完成后，单击"确定"按钮，返回会声会影编辑器，在预览窗口中可以调整抠取的视频画面位置和大小，如图9-90所示。

🔍**步骤 07** 在导览面板中单击"播放"按钮▶，预览制作的特定遮罩效果，如图9-91所示。

图9-90　调整位置和大小

图9-91　预览制作的特定遮罩效果

9.5 通过覆叠制作视频特效

　　在会声会影2020中，覆叠有多种编辑方式，可以制作出不同样式的画中画特效，如照片滚屏画中画效果、相框画面移动效果、画面闪屏抖音视频效果、二分画面显示效果和手机竖屏三屏特效等，希望读者熟练掌握本节内容。

◀ 9.5.1 ‖ 制作照片滚屏画中画效果　　★进阶★　▶

　　在会声会影2020中，滚屏画面是指覆叠素材从屏幕的一端滚动到屏幕另一端。下面介绍通过"自定义动作"功能制作照片滚屏画中画效果的操作方法。

扫码看视频	素材文件	素材\第9章\艺术人生1.jpg、艺术人生2.jpg、美女相框.jpg
	效果文件	效果\第9章\艺术人生.VSP
	视频文件	视频\第9章\9.5.1　制作照片滚屏画中画效果.mp4

🔍 **实战精通138——艺术人生** ▶

🔍**步骤 01** 进入会声会影编辑器，在视频轨中插入一幅素材图像，如图9-92所示。

🔍**步骤 02** 在"编辑"选项面板中，设置素材的区间为0:00:09:005，如图9-93所示。

图9-92　插入一幅素材图像

图9-93　设置素材的区间

步骤 03 在覆叠轨中，插入另一幅素材图像，如图9-94所示。

步骤 04 在"编辑"选项面板中，设置素材的区间为0:00:07:000，更改素材区间长度，如图9-95所示。

图9-94　插入一幅素材图像

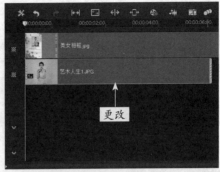

图9-95　更改素材区间长度

步骤 05 单击菜单栏中的"编辑"|"自定义动作"命令，如图9-96所示。

步骤 06 弹出"自定义动作"对话框，选择第1个关键帧，在"位置"选项区中设置X为40、Y为-155，在"大小"选项区中设置X和Y均为40，如图9-97所示。

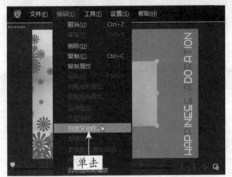

图9-96　单击"自定义动作"命令

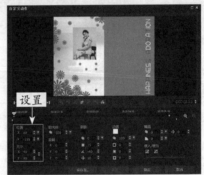

图9-97　设置第1个关键帧

步骤 07 选择第2个关键帧，在"位置"选项区中设置X为40、Y为155，在"大小"选项区中设置X和Y均为40，如图9-98所示。

步骤 08 单击"确定"按钮，如图9-99所示。在时间轴面板中插入一条覆叠轨道。

图9-98　设置第2个关键帧

图9-99　单击"确定"按钮

步骤 09 选择第一条覆叠轨道上的素材，单击鼠标右键，在弹出的快捷菜单中选择"复制"命令，如图9-100所示。

步骤 10 将复制的素材粘贴到第二条覆叠轨道中的适当位置，如图9-101所示。

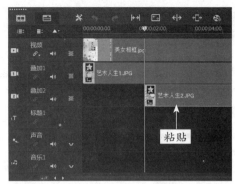

图9-100　选择"复制"命令　　　　　图9-101　粘贴到第二条覆叠轨道

【步骤11】 在粘贴后的素材文件上单击鼠标右键，在弹出的快捷菜单中选择"替换素材"｜
"照片"命令，如图9-102所示。

【步骤12】 弹出"替换/重新链接素材"对话框，选择需要替换的素材后，单击"打开"按钮，
即可替换覆叠轨2中的素材文件，如图9-103所示。

图9-102　选择"照片"命令　　　　图9-103　替换覆叠轨2中的素材文件

【步骤13】 在导览面板中单击"播放"按钮▶，预览照片滚屏画中画效果，如图9-104所示。

图9-104　预览照片滚屏画中画效果

◀ 9.5.2 ‖ 制作相框画面移动效果　★进阶★ ▶

　　在会声会影2020中，使用"画中画"滤镜可以制作出照片展示相框型画中画效果。下面介
绍制作相框画面移动效果的操作方法。

素材文件	素材\第9章\复古建筑.VSP
效果文件	效果\第9章\复古建筑.VSP
视频文件	视频\第9章\9.5.2　制作相框画面移动效果.mp4

扫码看视频

 实战精通139——复古建筑

步骤 01 进入会声会影编辑器，打开一个项目文件，如图9-105所示。

步骤 02 选择第一个覆叠素材，在"混合"选项面板中，单击"蒙版模式"右侧的下三角按钮，在弹出的列表框中选择"遮罩帧"选项，在下方选择最后1行第1个预设样式，如图9-106所示。

图9-105　打开一个项目文件

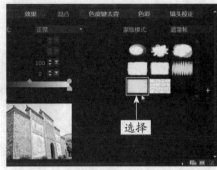

图9-106　选择相应预设样式

步骤 03 切换至"滤镜"素材库，在库导航面板中选择"NewBlue视频精选Ⅱ"选项，打开"NewBlue视频精选Ⅱ"滤镜组，选中"画中画"滤镜，按住鼠标左键并将其拖曳至覆叠轨1中的覆叠素材上，添加"画中画"滤镜效果，在"效果"选项面板中单击"自定义滤镜"按钮，如图9-107所示。

步骤 04 弹出相应对话框，拖曳滑块到开始位置，设置图像位置X为0.0、Y为-100.0；拖曳滑块到中间位置，在下方选择"投放阴影"预设样式；拖曳滑块到结束位置，设置图像位置X为-100.0、Y为0；单击"确定"按钮，在预览窗口中预览覆叠效果，如图9-108所示。

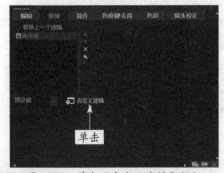

图9-107　单击"自定义滤镜"按钮

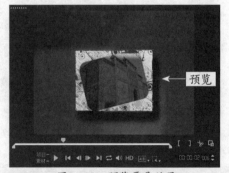

图9-108　预览覆叠效果

专家指点

在会声会影2020中，"NewBlue视频精选Ⅱ"素材库中的"画中画"滤镜功能十分强大，可以做出多种不同的画中画特效，希望读者多加操作练习，熟练掌握。

步骤 05　选择第一个覆叠素材，单击鼠标右键，在弹出的快捷菜单中选择"复制属性"命令；选择其他素材，单击鼠标右键，在弹出的快捷菜单中选择"粘贴所有属性"命令。对于覆叠轨中的"边框.png"素材，粘贴属性时可以修改相关画中画参数，单击导览面板中的"播放"按钮，预览制作的视频画面效果，如图9-109所示。

图9-109　预览制作的视频画面效果

9.5.3 ‖ 制作画面闪屏抖音视频效果　　★进阶★

在会声会影2020中，通过在覆叠轨中制作出断断续续的素材画面，可以形成闪屏特效。这种画面闪屏效果在抖音短视频中也经常会用到。下面介绍制作画面闪屏效果的操作方法。

扫码看视频

素材文件	素材\第9章\片头特效.VSP
效果文件	效果\第9章\片头特效.VSP
视频文件	视频\第9章\9.5.3　制作画面闪屏抖音视频效果.mp4

实战精通140——片头特效

步骤 01　进入会声会影编辑器，打开一个项目文件，如图9-110所示。

步骤 02　在预览窗口中，预览项目效果，如图9-111所示。

图9-110　打开一个项目文件　　　　　图9-111　预览项目效果

步骤 03　选择覆叠素材，在"混合"选项面板中单击"蒙版模式"右侧的下三角按钮，如图9-112所示。

步骤 04　在弹出的列表框中选择"遮罩帧"选项，在下方的样式列表框中选择第6行第2个遮罩样式，如图9-113所示。

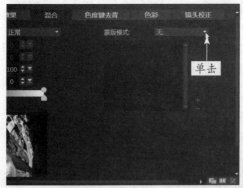

图9-112 单击"蒙版模式"右侧的下三角按钮

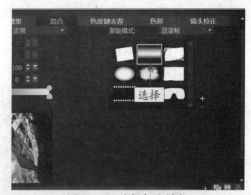

图9-113 选择相应样式

步骤 05 切换至"编辑"选项面板，设置覆叠素材的"照片区间"为0:00:00:010，如图9-114所示。

步骤 06 在覆叠轨中调整素材至1秒的位置，如图9-115所示。

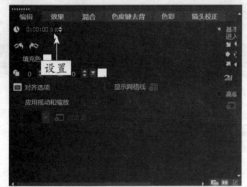

图9-114 设置覆叠素材的"照片区间"

图9-115 调整素材位置

步骤 07 复制覆叠素材，在1秒20帧的位置和2秒15帧的位置分别粘贴，如图9-116所示。

图9-116 粘贴覆叠素材

步骤 08 执行操作后，单击导览面板中的"播放"按钮▶，即可预览制作的画面闪屏效果，如图9-117所示。

图9-117 预览制作的画面闪屏效果

9.5.4 ║ 制作二分画面显示效果　★进阶★

在影视作品和短视频中，常有一个黑色条块分开屏幕的画面，称为二分画面。下面介绍制作二分画面效果的操作方法。

素材文件	素材\第9章\花瓣飘落.wmv
效果文件	效果\第9章\花瓣飘落.VSP
视频文件	视频\第9章\9.5.4　制作二分画面显示效果.mp4

扫码看视频

实战精通141——花瓣飘落

步骤 01 进入会声会影编辑器，在视频轨中插入一段视频素材，如图9-118所示。

步骤 02 单击菜单栏中的"设置"|"轨道管理器"命令，弹出"轨道管理器"对话框，单击覆叠轨右侧的下三角按钮，在弹出的列表框中选择3，单击"确定"按钮。进入"纯色"素材库，选择"黑色"色块，按住鼠标左键并将其拖曳至覆叠轨1中，释放鼠标左键，添加黑色色块。在时间轴中调整素材区间到合适位置，如图9-119所示。

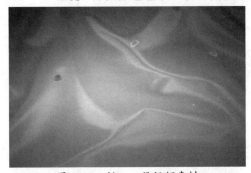

图9-118　插入一段视频素材

图9-119　调整素材区间

步骤 03 在预览窗口中拖动黑色色块四周的黄色控制柄，调整色块的大小和位置，在覆叠轨2和覆叠轨3中分别加入白色色块，在预览窗口中调整素材大小和位置，如图9-120所示。

步骤 04 执行上述操作后，单击"录制/捕获选项"按钮，弹出"录制/捕获选项"对话框，单击"快照"按钮，即可在素材库查看捕获的素材，删除覆叠轨中的所有素材，拖曳捕获的素材到覆叠轨中，在时间轴中调整素材区间，在预览窗口中调整素材大小，切换至"色度键去背"选项面板，选中"色度键去背"复选框，设置"覆叠遮罩的色彩"为白色，"色彩相似度"为100，如图9-121所示。

图9-120　调整素材大小和位置

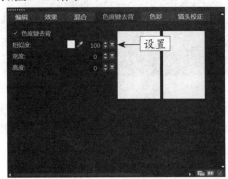

图9-121　设置相应参数

步骤 05 单击导览面板中的"播放"按钮▶️，预览制作的二分画面效果，如图9-122所示。

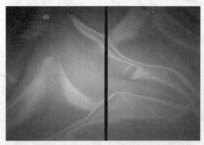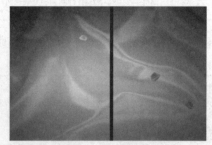

图9-122 预览制作的二分画面效果

◀ 9.5.5 ▍制作手机竖屏三屏特效 ★进阶★ ▶

　　在抖音短视频中，分屏同框短视频是比较热门的一种视频形式，可以将多个不同的素材文件同框分屏显示，也可以将同一个素材文件分成多个画面同框显示。在会声会影2020中，制作手机竖屏三屏特效，可以通过时间轴工具栏中的快捷按钮打开分屏模板创建器进行操作。下面介绍制作手机竖屏三屏特效的操作方法。

	素材文件	素材\第9章\花鸟鱼虫.mpg
	效果文件	效果\第9章\花鸟鱼虫.VSP
扫码看视频	视频文件	视频\第9章\9.5.5　制作手机竖屏三屏特效.mp4

🔍 实战精通142——花鸟鱼虫 ▶

步骤 01 进入会声会影编辑器，在"媒体"素材库右侧的空白位置单击鼠标右键，在弹出的快捷菜单中选择"插入媒体文件"命令，如图9-123所示。

步骤 02 执行操作后，弹出"选择媒体文件"对话框，在其中选择需要导入的媒体素材，单击"打开"按钮，即可将素材导入素材库中，如图9-124所示。

图9-123 选择"插入媒体文件"命令　　　　　图9-124 导入素材库中

步骤 03 在导览面板中，设置"更改项目宽高比"为手机竖屏模式▦，如图9-125所示。

步骤 04 在时间轴工具栏中，单击"分屏模板创建器"按钮☑，如图9-126所示。

步骤 05 执行操作后，弹出"模板编辑器"对话框，在其中选择相应的"分割工具"，如图9-127所示。

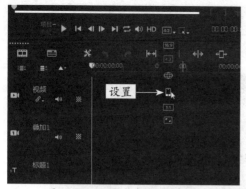

图9-125　设置为手机竖屏模式

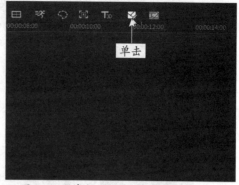

图9-126　单击"分屏模板创建器"按钮

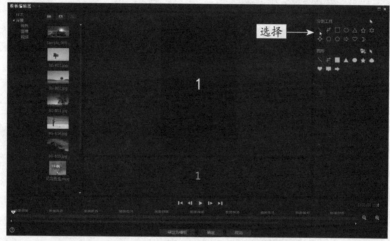

图9-127　选择相应的"分割工具"

步骤 06 在编辑窗口中，使用选择的"分割工具"自定义分屏操作，如图9-128所示。

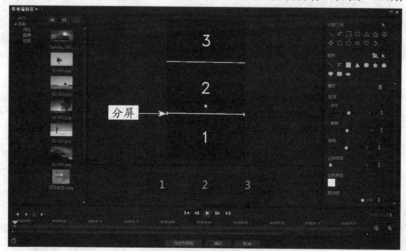

图9-128　自定义分屏操作

步骤 07 在左侧的素材库中选择相应的素材，按住鼠标左键并将其拖曳至相应选项卡中，即可置入素材，如图9-129所示。

步骤 08 使用同样的方法，将素材置入其余的选项卡，如图9-130所示。

步骤 09 选择选项卡中的素材，在预览窗口中调整素材的大小和位置，如图9-131所示。

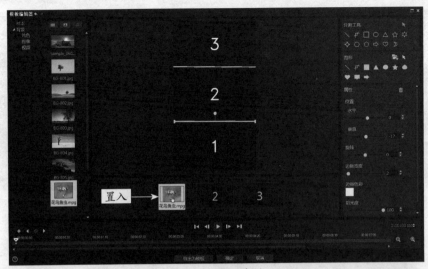

图9-129　置入素材

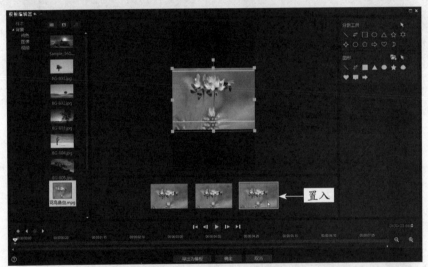

图9-130　置入其余的素材

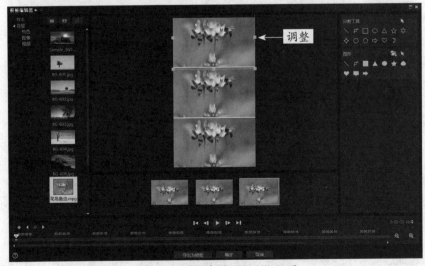

图9-131　调整素材的大小和位置

步骤 10　单击"确定"按钮，返回会声会影编辑器，单击"播放"按钮▶，即可预览制作的手机竖屏三屏特效，如图9-132所示。

图9-132　预览制作的手机竖屏三屏特效

第10章

制作视频字幕特效

学习提示

在会声会影2020中，标题字幕在视频编辑中是不可缺少的，它是影片的重要组成部分。在影片中加入一些说明性的文字，能够有效地帮助观众理解影片的含义。本章主要介绍制作视频标题字幕特效的各种方法，希望读者学完以后，可以轻松制作各种精美的标题字幕效果。

🗑 CLEAR　　⬆ SUBMIT

本章重点导航

- ■ 实战精通143——开始旅程
- ■ 实战精通144——艺术中心
- ■ 实战精通145——落日夕阳
- ■ 实战精通146——娇艳盛开
- ■ 实战精通147——空中飞翔
- ■ 实战精通148——美不胜收
- ■ 实战精通149——海边小屋
- ■ 实战精通150——如画美景
- ■ 实战精通151——阳光正好
- ■ 实战精通152——可爱豚鼠

🗑 CLEAR　　⬆ SUBMIT

10.1 创建标题字幕文件

在会声会影2020中，标题字幕是影片中必不可少的元素，好的标题不仅可以传送画面以外的信息，还可以增强影片的艺术效果。为影片设置漂亮的标题字幕，可以使影片更具有吸引力和感染力。本节主要介绍创建标题字幕的操作方法。

10.1.1 添加标题字幕文件

标题字幕的设计与书写是视频编辑的艺术手段之一，好的标题字幕可以起到美化视频的作用。下面介绍创建标题字幕的操作方法。

素材文件	素材\第10章\开始旅程.jpg	
效果文件	效果\第10章\开始旅程.VSP	
视频文件	视频\第10章\10.1.1　添加标题字幕文件.mp4	

扫码看视频

实战精通143——开始旅程

步骤 01 进入会声会影编辑器，在故事板中插入一幅素材图像，如图10-1所示。

步骤 02 在预览窗口中，预览素材图像画面效果，如图10-2所示。

图10-1　插入一幅素材图像

图10-2　预览素材图像画面效果

专家指点

当用户在标题轨中创建标题字幕文件之后，系统会为创建的标题字幕设置一个默认的播放时间长度，用户可以通过对标题字幕的调节，从而改变这一默认的播放时间长度。在会声会影2020中输入标题时，当输入的文字超出安全区域时，可以拖动矩形框上的控制柄进行调整。

步骤 03 切换至时间轴视图，单击"标题"按钮 T，即可展开"标题"素材库，如图10-3所示。

步骤 04 在预览窗口中的适当位置双击鼠标左键，出现一个文本输入框，在其中输入相应的文本内容，如图10-4所示。按【Enter】键可以进行换行操作。

图10-3 单击"标题"按钮

图10-4 输入相应的文本内容

步骤 05 使用同样的方法,再次在预览窗口中输入相应的文本内容,如图10-5所示。

步骤 06 执行操作后,即可在预览窗口中调整字幕的位置并预览创建的标题字幕效果,如图10-6所示。

图10-5 再次输入相应的文本内容

图10-6 预览创建的标题字幕效果

10.1.2 使用标题模板创建标题

会声会影2020的"标题"素材库中提供了丰富的预设标题,用户可以直接将其添加到标题轨上,再根据需要修改标题的内容,使预设的标题能够与影片融为一体。

素材文件	素材\第10章\艺术中心.jpg	
效果文件	效果\第10章\艺术中心.VSP	
视频文件	视频\第10章\10.1.2 使用标题模板创建标题.mp4	

扫码看视频

实战精通144——艺术中心

步骤 01 进入会声会影编辑器,在视频轨中插入一幅素材图像,如图10-7所示。

步骤 02 单击"标题"按钮 T,切换至"标题"选项卡,在右侧的列表框中显示了多种标题预设样式,选择相应的标题样式,如图10-8所示。

图10-7　插入素材图像

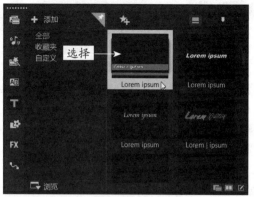

图10-8　选择相应的标题样式

步骤 03 在预设标题字幕的上方，按住鼠标左键并将其拖曳至标题轨中的适当位置，释放鼠标左键，即可添加标题字幕，如图10-9所示。

步骤 04 在预览窗口中，更改文本的内容为"艺术中心"，如图10-10所示。

图10-9　添加标题字幕

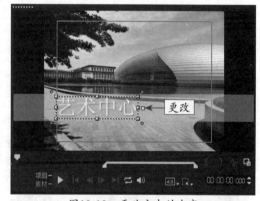

图10-10　更改文本的内容

步骤 05 在"标题选项"面板中，设置"字体"为"宋体"、"字体大小"为81、"颜色"为"白色"，如图10-11所示。

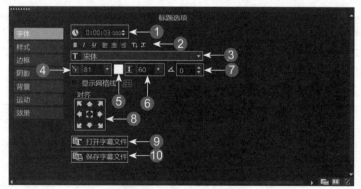

图10-11　设置相应属性

在"标题选项"面板中，各主要选项含义如下。

① **"区间"数值框**：该数值框用于调整标题字幕播放时间的长度，显示了当前播放所选标题字幕所需的时间，时间码上的数字代表"小时:分钟:秒:帧"，单击其右侧的微调按钮，可以调整数值的大小，也可以单击时间码上的数字，待数字处于闪烁状态时，输入新的数字后按【Enter】键确认，即可改变标题字幕的播放时间长度。

② **"将方向更改为垂直"按钮**🔃：单击该按钮，即可将文本进行垂直对齐操作，若再次单击该按钮，即可将文本进行水平对齐操作。

③ **"字体"列表框**：单击"字体"右侧的下三角按钮，在弹出的列表框中显示了系统中所有的字体类型，用户可根据需要选择相应的字体选项。

④ **"字体大小"列表框**：单击"字体大小"右侧的下三角按钮，在弹出的列表框中选择相应的大小选项，即可调整字体的大小。

⑤ **"颜色"色块**：单击该色块，在弹出的颜色面板中可以设置字体的颜色。

⑥ **"行间距"列表框**：单击"行间距"右侧的下三角按钮，在弹出的列表框中选择相应的选项，可以设置文本的行间距。

⑦ **"按角度旋转"数值框**：该数值框主要用于设置文本的旋转角度。

⑧ **"对齐"按钮组**：该组中提供了3个对齐按钮，分别为"左对齐"按钮🔳、"居中"按钮🔳以及"右对齐"按钮🔳，单击相应的按钮，即可将文本进行相应的对齐操作。

⑨ **"打开字幕文件"按钮**🔳：单击该按钮，可以打开已有的字幕文件。

⑩ **"保存字幕文件"按钮**🔳：单击该按钮，可以将字幕保存为文本文件。

🔍 **步骤 06** 在预览窗口中调整字幕的位置，单击导览面板中的"播放"按钮▶，预览标题字幕动画效果，如图10-12所示。

图10-12　预览标题字幕动画效果

◀ 10.1.3 ‖ 删除标题字幕文件 ▶

在会声会影2020中，用户还可以将已创建的标题字幕文件进行删除操作。下面介绍删除已创建的标题字幕文件的操作方法。

素材文件	素材\第10章\落日夕阳.VSP	
效果文件	效果\第10章\落日夕阳.VSP	
视频文件	视频\第10章\10.1.3　删除标题字幕文件.mp4	

扫码看视频

🔍 **实战精通145——落日夕阳** ▶

🔍 **步骤 01** 进入会声会影编辑器，打开一个项目文件，如图10-13所示。

🔍 **步骤 02** 在预览窗口中，预览素材图像画面效果，如图10-14所示。

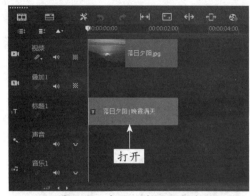

图10-13　打开一个项目文件

图10-14　预览素材图像画面效果

步骤 03　在标题轨中选择需要删除的字幕文件，单击鼠标右键，在弹出的快捷菜单中选择"删除"命令，如图10-15所示。

步骤 04　执行操作后，即可删除字幕文件，在预览窗口中可以预览素材图像画面效果，如图10-16所示。

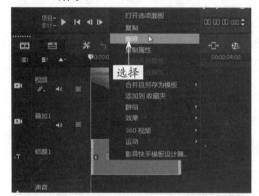

图10-15　选择"删除"命令

图10-16　预览素材图像画面效果

10.2　设置标题字幕属性

　　会声会影2020与Word等文字处理软件相似，提供了较为完善的字幕编辑和设置功能，用户可以对文本或其他字幕对象进行编辑和美化操作。本节主要介绍8种设置标题属性的方法。

10.2.1　设置标题区间

　　在会声会影2020中，为了使标题字幕与视频同步播放，用户可以根据需要调整标题字幕的区间长度。下面介绍设置标题区间的操作方法。

素材文件	素材\第10章\娇艳盛开.VSP	
效果文件	效果\第10章\娇艳盛开.VSP	
视频文件	视频\第10章\10.2.1　设置标题区间.mp4	

扫码看视频

233

实战精通146——娇艳盛开

步骤 01 进入会声会影编辑器，打开一个项目文件并预览项目效果，如图10-17所示。

步骤 02 在标题轨中选择需要调整区间的标题字幕，如图10-18所示。

图10-17　预览项目效果

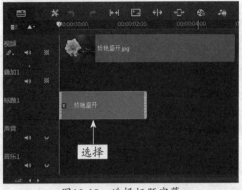

图10-18　选择标题字幕

步骤 03 在"标题选项"面板中设置标题字幕的"区间"为0:00:06:000，如图10-19所示。

步骤 04 执行上述操作后，即可更改标题字幕的区间，如图10-20所示。

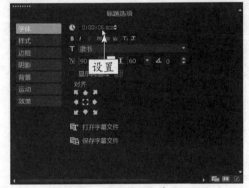

图10-19　设置标题字幕的区间

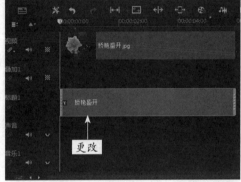

图10-20　更改标题字幕的区间

10.2.2 ‖ 设置标题字体

在会声会影2020的"标题选项"面板中，还提供了多款标题字体类型，用户可根据需要对标题轨中的标题字体进行更改操作，使其在视频中显示效果更佳。

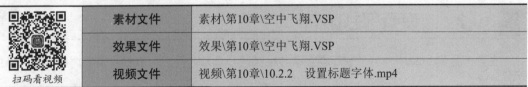

	素材文件	素材\第10章\空中飞翔.VSP
	效果文件	效果\第10章\空中飞翔.VSP
扫码看视频	视频文件	视频\第10章\10.2.2　设置标题字体.mp4

实战精通147——空中飞翔

步骤 01 进入会声会影编辑器，打开一个项目文件并预览项目效果，如图10-21所示。

步骤 02 在标题轨中双击需要更改类型的标题字幕，如图10-22所示。

图10-21　预览项目效果

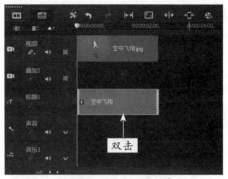

图10-22　双击标题字幕

步骤 03 在"标题选项"面板中单击"字体"右侧的下三角按钮，在弹出的下拉列表框中选择"隶书"选项，如图10-23所示。

步骤 04 执行上述操作后，即可更改标题字体类型为"隶书"，在预览窗口中即可预览字体效果，如图10-24所示。

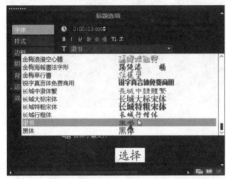

图10-23　选择"隶书"选项

图10-24　预览字体效果

◀ 10.2.3 ┃ 设置字体大小 ▶

　　在会声会影2020中，将标题文字设置为合适的大小，可以使文字更具观赏性。下面介绍设置字体大小的操作方法。

	素材文件	素材\第10章\美不胜收.VSP
	效果文件	效果\第10章\美不胜收.VSP
扫码看视频	视频文件	视频\第10章\10.2.3　设置字体大小.mp4

🔍 实战精通148——美不胜收 ▶

步骤 01 进入会声会影编辑器，打开一个项目文件并预览项目效果，如图10-25所示。

步骤 02 在标题轨中双击需要设置字体大小的标题字幕，如图10-26所示。

步骤 03 此时预览窗口中的标题字幕为选中状态，如图10-27所示。

步骤 04 在"标题选项"面板的"字体大小"数值框中输入120，按【Enter】键确认，如图10-28所示。

图10-25 预览项目效果

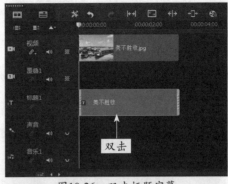

图10-26 双击标题字幕

图10-27 选中状态

图10-28 输入120

步骤 05 执行操作后，即可更改标题字体大小，如图10-29所示。

步骤 06 在导览面板中单击"播放"按钮▶，预览标题字幕效果，如图10-30所示。

图10-29 更改标题字体大小

图10-30 预览标题字幕效果

10.2.4 设置字体颜色

在会声会影2020中，用户可根据素材与标题字幕的匹配程度，更改标题字体的颜色，给字体添加相匹配的颜色，让制作的影片更加具有观赏性。

扫码看视频

素材文件	素材\第10章\海边小屋.VSP
效果文件	效果\第10章\海边小屋.VSP
视频文件	视频\第10章\10.2.4　设置字体颜色.mp4

🔍 **步骤 01** 进入会声会影编辑器，打开一个项目文件并预览项目效果，如图10-31所示。

🔍 **步骤 02** 在标题轨中双击需要更改字体颜色的标题字幕，如图10-32所示。

图10-31　预览项目效果

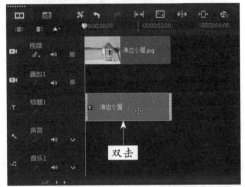

图10-32　双击标题字幕

🔍 **步骤 03** 在"标题选项"面板中单击"颜色"色块，在弹出的颜色面板中选择第2行第2个颜色，如图10-33所示。

🔍 **步骤 04** 执行上述操作后，在预览窗口中预览字幕效果，如图10-34所示。

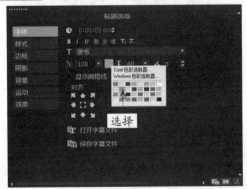

图10-33　选择紫色

图10-34　预览字幕效果

10.2.5 ‖ 设置行间距

　　在会声会影2020中，增加标题字幕的行间距，可以使字幕行与行之间显示更加清晰、整齐。下面介绍设置行间距的操作方法。

	素材文件	素材\第10章\如画美景.VSP
	效果文件	效果\第10章\如画美景.VSP
扫码看视频	视频文件	视频\第10章\10.2.5　设置行间距.mp4

🔍 **步骤 01** 进入会声会影编辑器，打开一个项目文件，如图10-35所示。

步骤 02 在预览窗口中可以预览打开的项目效果，如图10-36所示。

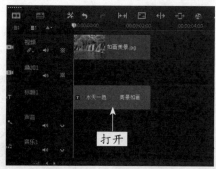

图10-35 打开项目文件

图10-36 预览项目效果

步骤 03 在标题轨中双击需要设置行间距的标题字幕，在"标题选项"面板中单击"行间距"右侧的下三角按钮，在弹出的下拉列表框中选择120选项，如图10-37所示。

步骤 04 执行上述操作后，即可设置标题字幕的行间距，在预览窗口中预览字幕效果，如图10-38所示。

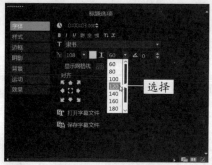

图10-37 选择120选项

图10-38 预览字幕效果

专家指点

在会声会影2020中，用户可根据需要对标题字幕的行间距进行相应设置，行间距的取值范围为60～999的整数。在"标题选项"面板中单击"行间距"右侧的下三角按钮，在弹出的下拉列表框中可以设置行间距的参数。

10.2.6 设置倾斜角度

在会声会影2020中，适当地设置文本的倾斜角度，可以使标题更具艺术美感。下面介绍设置倾斜角度的操作方法。

素材文件	素材\第10章\阳光正好.VSP	
效果文件	效果\第10章\阳光正好.VSP	
视频文件	视频\第10章\10.2.6　设置倾斜角度.mp4	

扫码看视频

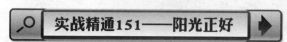
实战精通151——阳光正好

步骤 01 进入会声会影编辑器，打开一个项目文件，如图10-39所示。

步骤 02 在预览窗口中可以预览打开的项目效果，如图10-40所示。

图10-39　打开项目文件

图10-40　预览项目效果

步骤 03 在标题轨中双击需要设置倾斜角度的标题字幕，在"标题选项"面板的"按角度旋转"数值框中输入20，如图10-41所示。

步骤 04 执行上述操作后，即可完成对标题字幕倾斜角度的设置，在预览窗口中可以预览字幕效果，如图10-42所示。

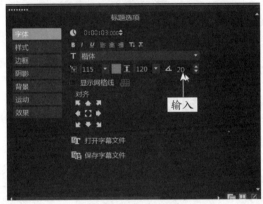

图10-41　输入数值

图10-42　预览字幕效果

10.2.7 | 更改文本显示方向

在会声会影2020中，用户可以根据需要更改标题字幕的显示方向。下面介绍更改文本显示方向的操作方法。

	素材文件	素材\第10章\可爱豚鼠.VSP
	效果文件	效果\第10章\可爱豚鼠.VSP
扫码看视频	视频文件	视频\第10章\10.2.7　更改文本显示方向.mp4

实战精通152——可爱豚鼠

步骤 01 进入会声会影编辑器，打开一个项目文件，如图10-43所示。

步骤 02 在预览窗口中可以预览打开的项目效果，如图10-44所示。

图10-43　打开项目文件

图10-44　预览项目效果

🔍**步骤 03** 在标题轨中双击需要更改显示方向的标题字幕，在"标题选项"面板中单击"将方向更改为垂直"按钮，如图10-45所示。

🔍**步骤 04** 执行上述操作后，即可更改文本的显示方向，在预览窗口中调整字幕的位置，单击"播放"按钮▶，预览标题字幕效果，如图10-46所示。

图10-45　单击"将方向更改为垂直"按钮

图10-46　预览标题字幕效果

专家指点

在会声会影2020中，将文本设置为垂直后，再次单击"将方向更改为垂直"按钮，即可设置文本方向为默认显示方式。

◀ ## 10.2.8 ┃更改文本背景色　★进阶★ ▶

在会声会影2020中，用户可以根据需要设置标题字幕的背景颜色，使字幕更加显眼。下面介绍设置文本背景色的操作方法。

扫码看视频	素材文件	素材\第10章\时空隧道.VSP
	效果文件	效果\第10章\时空隧道.VSP
	视频文件	视频\第10章\10.2.8　更改文本背景色.mp4

🔍 **实战精通153——时空隧道** ▶

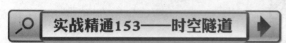

🔍**步骤 01** 进入会声会影编辑器，打开一个项目文件，如图10-47所示。

步骤 02 在预览窗口中可以预览打开的项目效果，如图10-48所示。

图10-47 打开项目文件

图10-48 预览项目效果

步骤 03 在标题轨中双击需要设置文本背景色的标题字幕，在"标题选项"面板中单击"背景"标签，如图10-49所示。

步骤 04 选中"与文本相符"单选按钮，在下方单击下三角按钮，在弹出的列表框中选择"圆角矩形"选项，如图10-50所示。

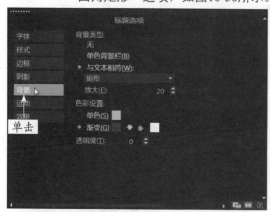

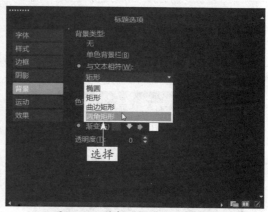

图10-49 单击"背景"标签

图10-50 选择"圆角矩形"选项

步骤 05 在"色彩设置"选项区中选中"单色"单选按钮，设置"颜色"为"绿色"，设置"透明度"为40，如图10-51所示。

步骤 06 设置完成后，即可在预览窗口中预览字幕效果，如图10-52所示。

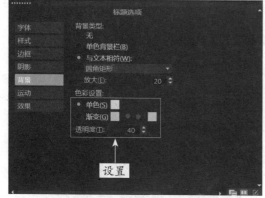

图10-51 设置相应属性

图10-52 预览字幕效果

10.3 制作字幕静态特效

在会声会影2020中，除了可以改变文字的字体、大小和角度等属性外，还可以为文字添加一些装饰元素，从而使其更加出彩。本节主要介绍6种制作标题字幕静态特效的方法。

◀ 10.3.1 ‖ 制作镂空字幕

镂空字体是指字体呈空心状态，只显示字体的外部边界。在会声会影2020中，运用"透明文字"复选框可以制作出镂空字幕。下面介绍制作镂空字幕的操作方法。

	素材文件	素材\第10章\旅游随拍.VSP
扫码看视频	效果文件	效果\第10章\旅游随拍.VSP
	视频文件	视频\第10章\10.3.1　制作镂空字幕.mp4

🔍 **实战精通154——旅游随拍**

🔍 **步骤 01** 进入会声会影编辑器，打开一个项目文件，如图10-53所示。

🔍 **步骤 02** 在预览窗口中可以预览打开的项目效果，如图10-54所示。

图10-53　打开项目文件

图10-54　预览项目效果

🔍 **步骤 03** 在标题轨中双击需要制作镂空特效的标题字幕，在"标题选项"面板中单击"边框"标签，如图10-55所示。

🔍 **步骤 04** 选中"透明文字"复选框，设置"边框宽度"为4，如图10-56所示。

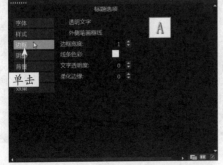

图10-55　单击"边框"标签

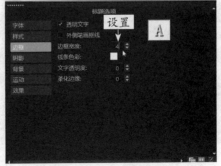

图10-56　设置参数

步骤 05 单击"线条色彩"右侧的色块，在颜色面板中选择淡蓝色色块，如图10-57所示。

步骤 06 执行上述操作后，即可设置镂空字体。在预览窗口中可以预览镂空字幕效果，如图10-58所示。

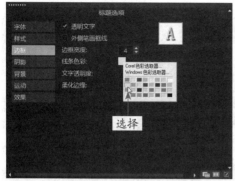

图10-57 选择相应颜色

图10-58 预览镂空字幕效果

专家指点

在会声会影2020中，打开"边框"对话框，在其中的"边框宽度"数值框中只能输入0～99的整数。

10.3.2 制作突起字幕

在会声会影2020中，为标题字幕设置突起特效，可以使标题字幕在视频中更加突出、明显。下面介绍制作突起字幕的操作方法。

扫码看视频

素材文件	素材\第10章\跳水运动.VSP
效果文件	效果\第10章\跳水运动.VSP
视频文件	视频\第10章\10.3.2　制作突起字幕.mp4

🔍 **实战精通155——跳水运动** ▶

步骤 01 进入会声会影编辑器，打开一个项目文件，如图10-59所示。

步骤 02 在预览窗口中可以预览打开的项目效果，如图10-60所示。

图10-59 打开项目文件

图10-60 预览项目效果

步骤 03 在标题轨中双击需要制作突起特效的标题字幕，在"标题选项"面板中单击"阴影"标签，如图10-61所示。

步骤 04 单击"突起阴影"按钮A，在其中设置X为6、Y为6，如图10-62所示。

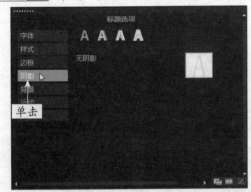

图10-61 单击"阴影"标签

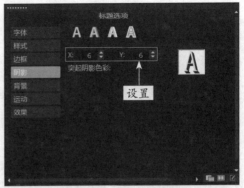

图10-62 设置相应属性

步骤 05 单击"突起阴影色彩"色块，弹出颜色面板，选择黑色，如图10-63所示。

步骤 06 为字幕添加黑色阴影效果后，即可为标题字幕制作突起阴影效果。在预览窗口中可以预览突起阴影效果，如图10-64所示。

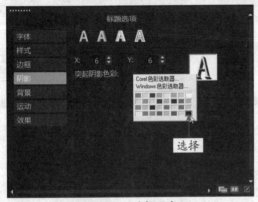

图10-63 选择黑色

图10-64 预览突起阴影效果

10.3.3 制作描边字幕

在会声会影2020中，为了使标题字幕样式丰富多彩，用户可以为标题字幕设置描边效果。下面介绍制作描边字幕的操作方法。

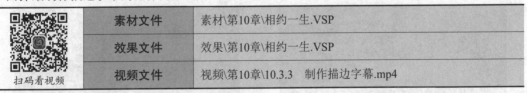

素材文件	素材\第10章\相约一生.VSP
效果文件	效果\第10章\相约一生.VSP
视频文件	视频\第10章\10.3.3 制作描边字幕.mp4

扫码看视频

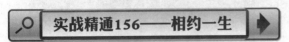

实战精通156——相约一生

步骤 01 进入会声会影编辑器，打开一个项目文件，如图10-65所示。

步骤 02 在预览窗口中可以预览打开的项目效果，如图10-66所示。

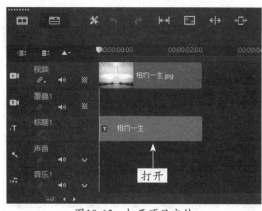
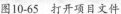

图10-65　打开项目文件

图10-66　预览项目效果

步骤 03 在标题轨中双击需要制作描边特效的标题字幕，在"标题选项"面板中单击"边框"标签，设置"边框宽度"为2、"线条色彩"为"黄色"，如图10-67所示。

步骤 04 执行操作后，即可在预览窗口中预览描边字幕效果，如图10-68所示。

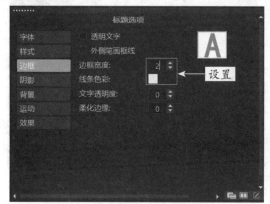

图10-67　设置相应属性

图10-68　预览描边字幕效果

10.3.4 ┃制作透明字幕

在会声会影2020中，通过设置标题字幕的透明度可以调整标题的可见度。下面介绍制作透明字幕的操作方法。

扫码看视频

	素材文件	素材\第10章\体育竞技.VSP
	效果文件	效果\第10章\体育竞技.VSP
	视频文件	视频\第10章\10.3.4　制作透明字幕.mp4

🔍 **实战精通157——体育竞技**

步骤 01 进入会声会影编辑器，打开一个项目文件，如图10-69所示。

步骤 02 在预览窗口中预览打开的项目效果，如图10-70所示。

步骤 03 在标题轨中选择字幕文件，在"标题选项"面板中单击"边框"标签，设置"边框宽度"为2、"线条色彩"为"黄色"，在"文字透明度"数值框中输入20，如图10-71所示。

图10-69 打开项目文件

图10-70 预览项目效果

步骤 04 执行操作后，即可在预览窗口中预览透明字幕效果，如图10-72所示。

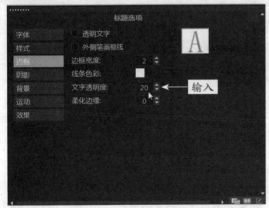

图10-71 输入数值

图10-72 预览透明字幕效果

10.3.5 制作下垂字幕

在会声会影2020中，为了让标题字幕更加美观，用户可以为其添加下垂阴影效果。下面介绍制作下垂字幕的操作方法。

素材文件	素材\第10章\欢乐圣诞.VSP
效果文件	效果\第10章\欢乐圣诞.VSP
视频文件	视频\第10章\10.3.5 制作下垂字幕.mp4

扫码看视频

实战精通158——欢乐圣诞

步骤 01 进入会声会影编辑器，打开一个项目文件，如图10-73所示。

步骤 02 在预览窗口中预览打开的项目效果，如图10-74所示。

步骤 03 在标题轨中双击需要制作下垂特效的标题字幕，此时预览窗口中的标题字幕为选中状态，如图10-75所示。

步骤 04 在"标题选项"面板中单击"阴影"标签，如图10-76所示。

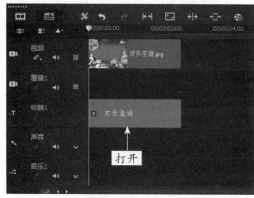

图10-73　打开项目文件

图10-74　预览打开的项目效果

图10-75　标题字幕为选中状态

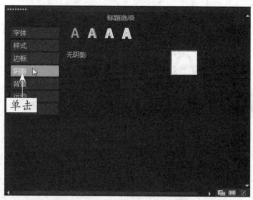

图10-76　单击"阴影"标签

在"标题选项"面板的"阴影"选项卡中，各主要选项含义如下。

- "无阴影"按钮Ａ：单击该按钮，可以取消设置文字的阴影效果。
- "突起阴影"按钮Ａ：单击该按钮，可以为文字设置突起阴影效果。
- "光晕阴影"按钮Ａ：单击该按钮，可以为文字设置光晕阴影效果。

步骤 05　切换至"阴影"选项卡，单击"下垂阴影"按钮Ａ，在其中设置X为5、Y为5、"下垂阴影色彩"为黑色，如图10-77所示。

步骤 06　执行上述操作后，即可在预览窗口中预览下垂字幕效果，如图10-78所示。

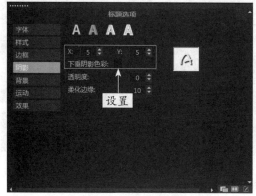

图10-77　设置参数

图10-78　预览下垂字幕效果

10.3.6 ‖ 制作3D字幕 ★进阶★

在会声会影2020中，用户可以在"标题"素材库中选择3D字幕模板，为素材添加3D标题字幕，在3D标题编辑器中还可以更改字幕内容。下面介绍制作3D字幕的操作方法。

	素材文件	素材\第10章\亭亭玉立.VSP
扫码看视频	效果文件	效果\第10章\亭亭玉立.VSP
	视频文件	视频\第10章\10.3.6 制作3D字幕.mp4

实战精通159——亭亭玉立

步骤 01 进入会声会影编辑器，打开一个项目文件，在预览窗口中预览打开的项目效果，如图10-79所示。

步骤 02 单击"标题"按钮 T，展开"标题"素材库，如图10-80所示。

图10-79 预览打开的项目效果　　　　　图10-80 单击"标题"按钮

步骤 03 进入"标题"素材库，在其中选择3D Title 10标题模板，如图10-81所示。

步骤 04 按住鼠标左键将标题模板拖曳至标题轨中，双击3D标题字幕文件，如图10-82所示。

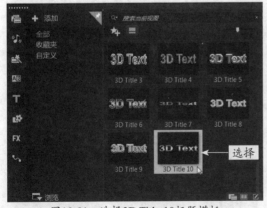

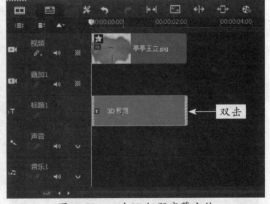

图10-81 选择3D Title 10标题模板　　　　图10-82 双击3D标题字幕文件

步骤 05 稍等片刻，即可进入3D标题编辑器，如图10-83所示。

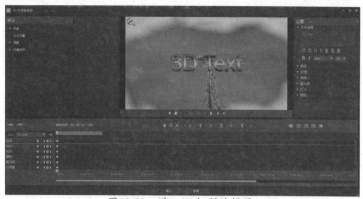

图10-83　进入3D标题编辑器

步骤 06　在"文本设置"下方的文本框中,更改文本层内容为"亭亭玉立",如图10-84所示。

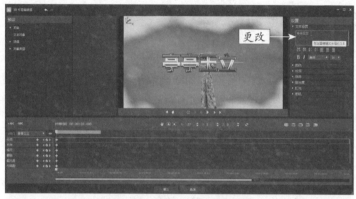

图10-84　更改文本层内容

步骤 07　在导览面板中的字幕上按住鼠标左键,拖曳调整3D标题的位置,如图10-85所示。

图10-85　调整3D标题的位置

专家指点

在3D标题编辑器中,展开"文本对象"选项面板,在其中除了可以更换文本层内容外,还可以设置字幕的字体、大小、对齐方式、间距等属性。

步骤 08　执行操作后,单击"确认"按钮,返回会声会影编辑器,在导览面板中可以查看制作的3D标题字幕效果,如图10-86所示。

图10-86 预览制作的3D标题字幕效果

10.4 制作字幕动态特效

在影片中创建标题后，还可以为标题添加动画效果，用户可套用几十种生动活泼、动感十足的标题动画。本节主要介绍制作多种字幕动态特效的操作方法。

10.4.1 制作电视滚屏字幕特效 ★进阶★

在影视画面中，当一部影片播放完毕后，通常在结尾的时候会播放这部影片的演员、制片人、导演等信息。下面介绍制作电视滚屏字幕特效的操作方法。

扫码看视频	素材文件	素材\第10章\电视落幕.jpg
	效果文件	效果\第10章\电视落幕.VSP
	视频文件	视频\第10章\10.4.1 制作电视滚屏字幕特效.mp4

实战精通160——电视落幕

步骤 01 进入会声会影编辑器，在视频轨中插入一幅素材图像，如图10-87所示。

步骤 02 打开"标题"素材库，在其中选择需要的字幕预设模板，如图10-88所示。

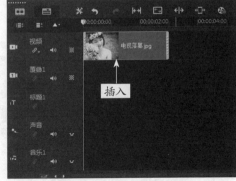

图10-87 插入一幅素材图像

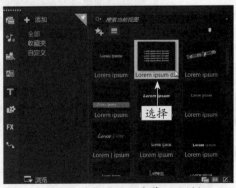

图10-88 选择需要的字幕预设模板

步骤 03 将模板拖曳至标题轨中的开始位置，调整字幕的区间长度，如图10-89所示。

步骤 04 在预览窗口中更改字幕模板的内容为职员表等信息，如图10-90所示。

步骤 05 在导览面板中单击"播放"按钮▶，即可在预览窗口中预览电视滚屏字幕特效，如图10-91所示。

图10-89 调整字幕的区间长度

图10-90 更改字幕模板的内容

图10-91 预览电视滚屏字幕特效

10.4.2 制作抖音字幕淡出特效 ★进阶★

在会声会影2020的"标题"素材库中，有很多的标题字幕模板，用户可以在其中选择一个字幕淡入淡出的标题模板应用，修改字幕内容后，就可以快速制作抖音字幕淡出短视频。下面介绍具体的操作方法。

扫码看视频

素材文件	无
效果文件	效果\第10章\热爱生活.VSP
视频文件	视频\第10章\10.4.2　制作抖音字幕淡出特效.mp4

🔍 实战精通161——热爱生活

步骤 01 进入会声会影编辑器，在导览面板中设置预览模式为手机模式，如图10-92所示。

步骤 02 在"标题"素材库中选择相应模板，如图10-93所示。

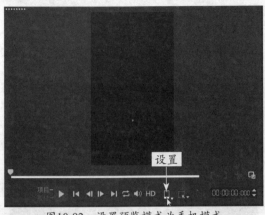

图10-92　设置预览模式为手机模式

图10-93　选择相应模板

步骤 03 按住鼠标左键将其拖曳至标题轨中，在预览窗口中修改文本内容并调整位置，如图10-94所示。

步骤 04 在"标题选项"面板中设置字幕属性，如图10-95所示。

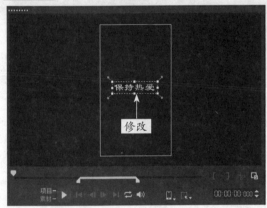

图10-94　修改文本内容

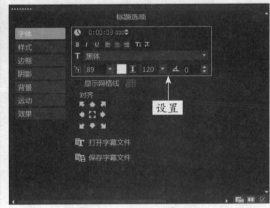

图10-95　设置字幕属性

步骤 05 在标题轨中选择字幕文件，单击鼠标右键，在弹出的快捷菜单中选择"复制"命令，如图10-96所示。

步骤 06 粘贴至右侧的合适位置，并修改字幕内容，效果如图10-97所示。

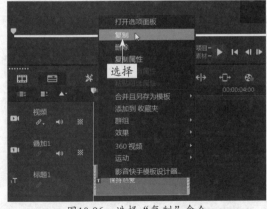

图10-96　选择"复制"命令

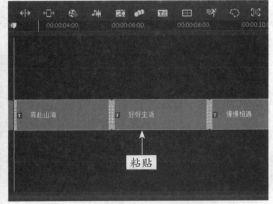

图10-97　粘贴的标题字幕

步骤 07 执行上述操作后，单击"播放"按钮，预览制作的抖音字幕淡出特效，如图10-98所示。

图10-98　预览制作的抖音字幕淡出特效

10.4.3 ║制作抖音缩放旋转字幕　★进阶★

　　抖音短视频中有一个很热门的字幕缩放旋转的文字效果，在会声会影2020中就可以制作。下面介绍制作抖音缩放旋转字幕的操作方法。

扫码看视频	素材文件	素材\第10章\字幕制作.VSP
	效果文件	效果\第10章\字幕制作.VSP
	视频文件	视频\第10章\10.4.3　制作抖音缩放旋转字幕.mp4

实战精通162——字幕制作

步骤 01 进入会声会影编辑器，打开一个项目文件，如图10-99所示。

步骤 02 选择视频轨中的字幕文件，单击菜单栏中的"编辑"|"自定义动作"命令，如图10-100所示。

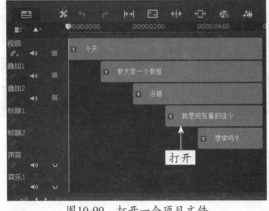

图10-99　打开一个项目文件

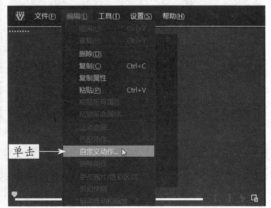

图10-100　单击"自定义动作"命令

步骤 03 弹出"自定义动作"对话框，将时间线移至0:00:00:020的位置，添加第1个关键帧，并设置参数与开始关键帧相同，如图10-101所示。

🔍**步骤 04** 将时间线移至0:00:01:000的位置，添加第2个关键帧。在"位置"选项区中设置X为
-50、Y为35；在"大小"选项区中设置X和Y均为30，如图10-102所示。然后将时间
线移至0:00:01:010的位置，添加第3个关键帧，并设置参数与第2个关键帧相同。

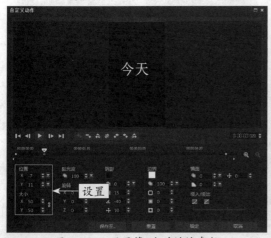

图10-101　设置第1个关键帧参数　　　　　　　图10-102　设置第2个关键帧参数

🔍**步骤 05** 将时间线移至0:00:01:024的位置，添加第4个关键帧。在"位置"选项区中设置X为
-75、Y为50；在"大小"选项区中设置X和Y均为25；在"旋转"选项区中设置X和
Y为0、Z为90，如图10-103所示。然后选中结束关键帧，并设置参数与第4个关键帧
相同。

🔍**步骤 06** 执行上述操作后，单击"确定"按钮，返回会声会影编辑器，选择第1条覆叠轨中的
字幕文件，打开"自定义动作"对话框，将时间线移至0:00:00:005的位置，添加第1
个关键帧，并设置参数与起始关键帧相同，如图10-104所示。

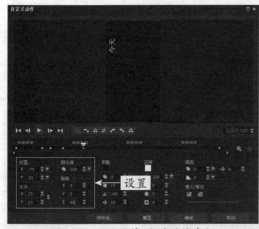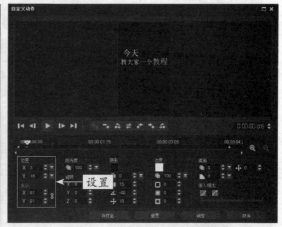

图10-103　设置第4个关键帧参数　　　　　　　图10-104　设置第1个关键帧参数

🔍**步骤 07** 将时间线移至0:00:01:000的位置，添加第2个关键帧。在"位置"选项区中设置X为
-50、Y为65；在"大小"选项区中设置X和Y均为55；在"旋转"选项区中设置X和
Y为0、Z为90，如图10-105所示。然后选中结束关键帧的位置，并设置参数与第2个
关键帧相同。

🔍**步骤 08** 执行上述操作后，单击"确定"按钮，返回会声会影编辑器，选择第2条覆叠轨中的
字幕文件，打开"自定义动作"对话框，将时间线移至0:00:00:010的位置，添加第1
个关键帧，并设置参数与起始关键帧相同，如图10-106所示。

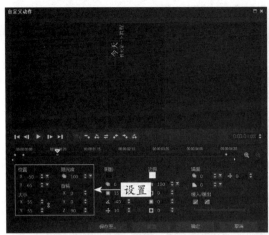

图10-105　设置第2个关键帧参数

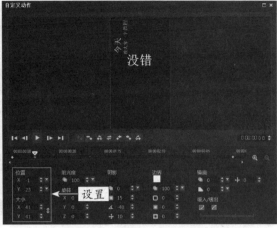

图10-106　设置第1个关键帧参数

步骤 09 　将时间线移至0:00:01:000的位置，添加第2个关键帧。在"位置"选项区中设置X为6、Y为42；在"大小"选项区中设置X和Y均为30，如图10-107所示。然后选中结束关键帧，并设置参数与第2个关键帧相同。

步骤 10 　执行上述操作后，单击"确定"按钮，返回会声会影编辑器，选择第1条标题轨中的字幕文件，打开"自定义动作"对话框，将时间线移至0:00:00:010的位置，添加第1个关键帧，并设置参数与起始关键帧相同，如图10-108所示。

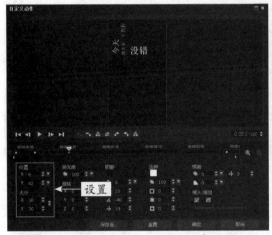

图10-107　设置第2个关键帧参数

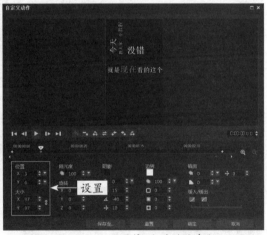

图10-108　设置第1个关键帧参数

步骤 11 　将时间线移至0:00:01:000的位置，添加第2个关键帧。在"位置"选项区中设置X为3、Y为20；在"大小"选项区中设置X和Y均为100，如图10-109所示。然后选中结束关键帧，并设置参数与第2个关键帧相同。

步骤 12 　执行上述操作后，单击"确定"按钮，返回会声会影编辑器，选择第2条标题轨中的字幕文件，打开"自定义动作"对话框，选择起始关键帧。在"位置"选项区中设置X和Y均为-60；在"大小"选项区中设置X和Y均为86；在"旋转"选项区中设置X和Y均为0、Z为-90，如图10-110所示。

步骤 13 　将时间线移至0:00:00:010的位置，添加第1个关键帧。在"位置"选项区中设置X为1、Y为-8；在"大小"选项区中设置X和Y均为86；在"旋转"选项区中设置X、Y和Z均为0，如图10-111所示。然后选中结束关键帧，并设置参数与第1个关键帧相同。

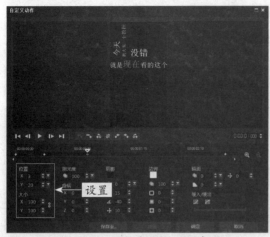

图10-109 设置第2个关键帧参数 图10-110 设置起始关键帧参数

步骤 14 执行上述操作后，单击"确定"按钮，返回会声会影编辑器，在时间轴面板中可以看到所有字幕文件的左上角都显示了一个动作图标，如图10-112所示。

步骤 15 单击"播放"按钮，预览制作的抖音缩放旋转字幕效果，如图10-113所示。

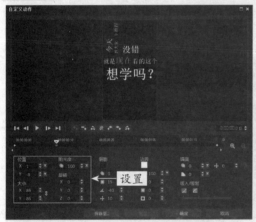
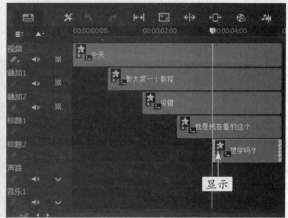

图10-111 设置第1个关键帧参数 图10-112 显示动作图标

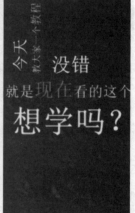

图10-113 预览制作的抖音缩放旋转字幕效果

这里用户需要注意以下两点。

● 第一点是字幕文件的文字属性，需要用户根据需要设置，设置完成后，尽量不要在设置好自定义动作后再进行更改，否则会更改字幕属性效果。

● 第二点是在时间轴面板中标题轨最多只能增添至两条，当用户需要用到更多的字幕文件而标题轨不够用时，用户可以将标题轨中的字幕文件移至视频轨和覆叠轨中，如图10-99所示。

10.4.4 ‖ 制作抖音字幕快闪特效

抖音文字短视频中，有一个快闪的字幕特效，很受大众的喜欢，有点类似于卡点视频。下面介绍在会声会影中制作抖音字幕快闪特效的操作方法。

素材文件	素材\第10章\快闪字幕.VSP
效果文件	效果\第10章\快闪字幕.VSP
视频文件	视频\第10章\10.4.4　制作抖音字幕快闪特效.mp4

扫码看视频

 实战精通163——快闪字幕

步骤 01　进入会声会影编辑器，打开一个项目文件，时间轴面板如图10-114所示。

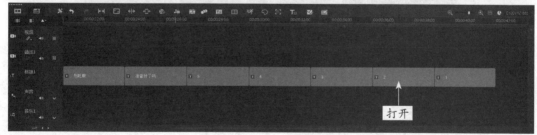

打开

图10-114　打开一个项目文件

步骤 02　调整前面8个字幕文件的区间为0:00:010，后面6个字幕文件的区间为0:00:015，时间轴面板如图10-115所示。

步骤 03　单击"播放"按钮，查看制作的抖音字幕快闪特效，如图10-116所示。

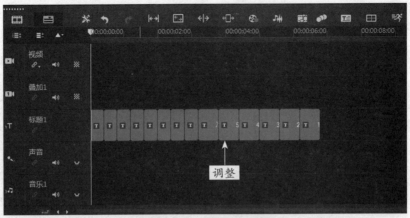

图10-115　调整字幕区间

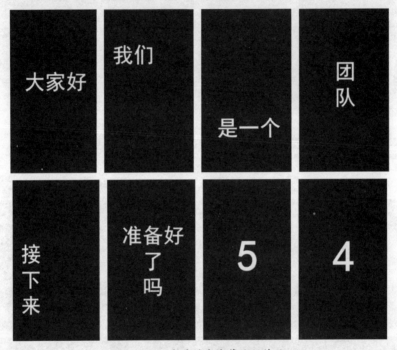

图10-116　查看抖音字幕快闪特效

专家指点

用户在制作快闪字幕时，首先可以在记事本中将需要呈现给观众看的文字编辑好，然后在会声会影中分段编辑字幕内容，添加字幕文件，并设置其字幕属性，在预览窗口中调整好字幕的显示位置。当字幕文件制作完成后，用户可以为其添加一段音频素材，这样在播放观看的时候可以使画面更具节奏感。

◀ **10.4.5 ‖ 制作抖音Logo字幕** ★进阶★ ▶

相信大家对于抖音的Logo非常熟悉了，应用"微风"滤镜，可以制作画面雪花闪烁的效果。下面介绍制作抖音Logo字幕的操作方法。

扫码看视频

素材文件	无
效果文件	效果\第10章\抖音字幕.VSP
视频文件	视频\第10章\10.4.5　制作抖音Logo字幕.mp4

实战精通164——抖音字幕

🔍 **步骤 01** 进入会声会影编辑器，设置屏幕尺寸为手机竖屏模式，然后切换至"标题"素材库，如图10-117所示。

🔍 **步骤 02** 在预览窗口中，输入文字"抖音"，并调整字幕位置，如图10-118所示。

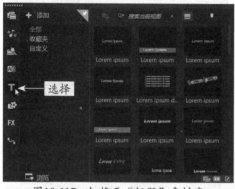

图10-117　切换至"标题"素材库

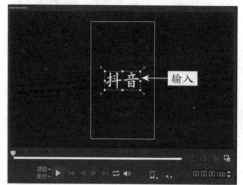

图10-118　输入文字"抖音"并调整位置

🔍 **步骤 03** 复制标题轨中的字幕文件，分别粘贴至视频轨和覆叠轨中，如图10-119所示。

🔍 **步骤 04** 选择视频轨中的字幕文件，在"标题选项"|"字体"选项面板中，单击"颜色"色块，在弹出的颜色面板中选择第2行第1个颜色，如图10-120所示。

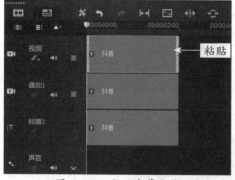

图10-119　粘贴字幕文件

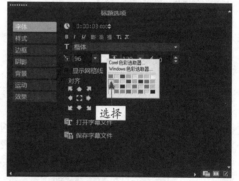

图10-120　选择相应的颜色

🔍 **步骤 05** 在预览窗口中，调整字幕位置，如图10-121所示。

🔍 **步骤 06** 执行操作后，选择覆叠轨中的字幕文件，在"标题选项"|"字体"选项面板中，单击"颜色"色块，在弹出的颜色面板中选择第3行倒数第2个颜色，如图10-122所示。

🔍 **步骤 07** 在预览窗口中，调整覆叠轨字幕位置，如图10-123所示。

🔍 **步骤 08** 选择标题轨中的字幕文件，使用同样的方法，在预览窗口中调整标题轨字幕位置，如图10-124所示。

🔍 **步骤 09** 切换至"滤镜"|"特殊效果"素材库，在其中选择"微风"滤镜，如图10-125所示。

🔍 **步骤 10** 按住鼠标左键将其拖曳至视频轨中的字幕文件上，添加"微风"滤镜，如图10-126所示。

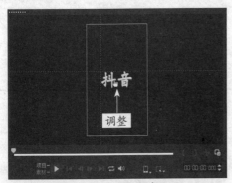

图10-121 调整字幕位置

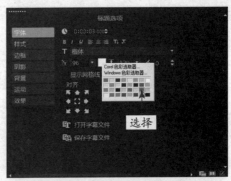

图10-122 选择相应的颜色

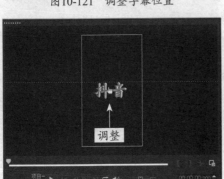

图10-123 调整覆叠轨字幕位置

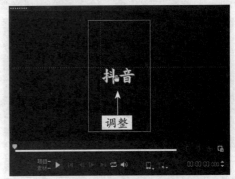

图10-124 调整标题轨字幕位置

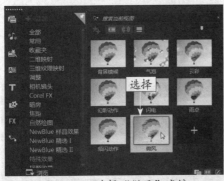

图10-125 选择"微风"滤镜

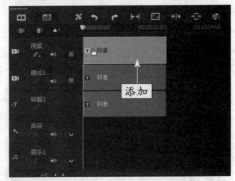

图10-126 添加"微风"滤镜

🔍**步骤 11** 单击"播放"按钮▶，预览制作的抖音Logo字幕效果，如图10-127所示。

图10-127 预览抖音Logo字幕效果

后期处理篇

第11章

制作视频音乐特效

学习提示

影视作品是一门声画艺术，音乐在影片中是不可或缺的元素。音乐也是一部影片的灵魂，在后期制作中音乐的处理相当重要，如果声音运用得恰到好处，往往会给观众带来耳目一新的感觉。本章主要介绍制作视频背景音乐特效的各种操作方法。

🗑 CLEAR　　⬆ SUBMIT

本章重点导航

🗑 CLEAR　　⬆ SUBMIT

11.1 添加音频素材的方法

会声会影2020提供了多种向影片中加入背景音乐和声音的方法,用户可以将自己的音频文件添加到素材库中,以便以后能够快速调用。本节主要介绍3种添加音频素材的方法。

11.1.1 从素材库中添加现有的音频

添加素材库中的音频是最常用的添加音频素材的方法,会声会影2020提供了多种不同类型的音频素材,用户可以根据需要从素材库中选择所需的音频素材。下面介绍具体操作方法。

扫码看视频	素材文件	素材\第11章\花朵绽放.jpg
	效果文件	效果\第11章\花朵绽放.VSP
	视频文件	视频\第11章\11.1.1　从素材库中添加现有的音频.mp4

🔍 **实战精通165——花朵绽放** ▶

🔍步骤 01 进入会声会影编辑器,在视频轨中插入一幅素材图像,如图11-1所示。

🔍步骤 02 在预览窗口中可以预览插入的素材图像效果,如图11-2所示。

图11-1　插入素材图像

图11-2　预览素材图像效果

🔍步骤 03 在"媒体"素材库中单击"显示音频文件"按钮,显示素材库中的音频素材,选择SP-S02音频素材,如图11-3所示。

🔍步骤 04 按住鼠标左键并将其拖曳至声音轨中的适当位置,添加音频素材,如图11-4所示。单击"播放"按钮▶,试听音频效果。

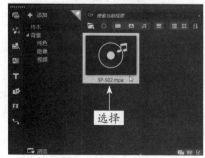

图11-3　选择音频素材

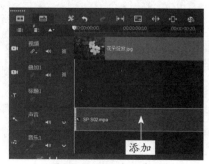

图11-4　添加音频素材

在会声会影2020的"媒体"素材库中，显示音频素材后，可以单击"导入媒体文件"按钮，在弹出的"浏览媒体文件"对话框中选择需要的音频文件，单击"打开"按钮，即可将需要的音频素材添加至"媒体"素材库中。

11.1.2 从硬盘文件夹中添加音频

在会声会影2020中，可以将硬盘中的音频文件直接添加至当前的声音轨或音乐轨中。下面介绍从硬盘文件夹中添加音频的操作方法。

扫码看视频

素材文件	素材\第11章\携手幸福.VSP、携手幸福.mp3
效果文件	效果\第11章\携手幸福.VSP
视频文件	视频\第11章\11.1.2 从硬盘文件夹中添加音频.mp4

实战精通166——携手幸福

步骤 01 进入会声会影编辑器，打开一个项目文件，如图11-5所示。

步骤 02 在预览窗口中预览打开的项目效果，如图11-6所示。

图11-5 打开项目文件

图11-6 预览项目效果

步骤 03 在时间轴面板中将鼠标指针移至空白位置，如图11-7所示。

步骤 04 单击鼠标右键，在弹出的快捷菜单中选择"插入音频"|"到声音轨"命令，如图11-8所示。

图11-7 移动鼠标指针

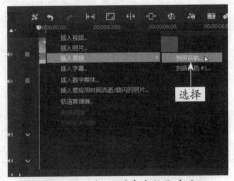

图11-8 选择"到声音轨"命令

步骤 05 弹出"打开音频文件"对话框，选择需要的音频文件，如图11-9所示。

步骤 06 单击"打开"按钮，即可从硬盘文件夹中将音频文件添加至声音轨中，如图11-10所示。

图11-9　选择音频文件

图11-10　添加至声音轨

专家指点

在会声会影2020中，还可以将硬盘中的音频文件添加至时间轴面板的"音乐轨#1"中。

◀ 11.1.3 ‖添加自动音乐 ▶

自动音乐是会声会影2020自带的一个音频素材库，同一个音乐有许多变化的风格供用户选择，从而使素材更加丰富。下面介绍添加自动音乐的操作方法。

素材文件	素材\第11章\小小花苞.VSP	
效果文件	效果\第11章\小小花苞.VSP	
视频文件	视频\第11章\11.1.3　添加自动音乐.mp4	

扫码看视频

🔍 实战精通167——小小花苞 ▶

步骤 01 进入会声会影编辑器，打开一个项目文件，在预览窗口中预览打开的项目效果，如图11-11所示。

步骤 02 单击时间轴面板上方的"自动音乐"按钮，如图11-12所示。

图11-11　预览打开的项目效果

图11-12　单击"自动音乐"按钮

🔍**步骤 03** 打开"自动音乐"选项面板,在"类别"下方选择第1个选项,如图11-13所示。

🔍**步骤 04** 在"歌曲"下方选择第1个选项,在"版本"下方选择第3个选项,如图11-14所示。

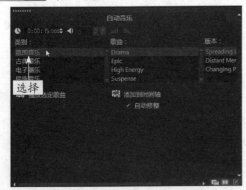 

图11-13 选择类别选项 图11-14 选择音乐

🔍**步骤 05** 在面板中单击"播放选定歌曲"按钮📻,开始播放音乐,播放至合适位置后,单击"停止"按钮📻,如图11-15所示。

🔍**步骤 06** 执行上述操作后,单击"添加到时间轴"按钮📻,即可在音乐轨中添加自动音乐,如图11-16所示。

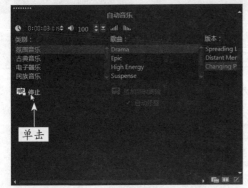 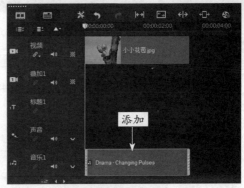

图11-15 单击"停止"按钮 图11-16 添加自动音乐

在时间轴面板的声音轨中添加音频文件后,如果不再需要,可以将其删除。
会声会影2020除了支持MPA格式的音频文件外,还支持WMA、WAV和MP3等格式的音频文件。

11.2 修整音频素材的方法

在会声会影2020中,将声音或背景音乐添加到声音轨或音乐轨中后,可以根据实际需要修整音频素材。本节主要介绍两种修整音频素材的方法。

11.2.1 区间修整音频

在会声会影2020中,使用区间修整音频可以精确控制声音或音乐的播放时间。下面介绍区间修整音频的操作方法。

扫码看视频

素材文件	素材\第11章\晚霞满天.VSP
效果文件	效果\第11章\晚霞满天.VSP
视频文件	视频\第11章\11.2.1　区间修整音频.mp4

实战精通168——晚霞满天

步骤 01 进入会声会影编辑器，打开一个项目文件，如图11-17所示。

步骤 02 在预览窗口中可以预览打开的项目效果，如图11-18所示。

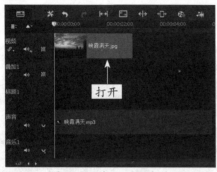

图11-17　打开项目文件

图11-18　预览项目效果

步骤 03 选择声音轨中的音频素材，在"音乐和声音"选项面板中设置"区间"为0:00:03:000，如图11-19所示。

步骤 04 执行上述操作后，即可使用区间修整音频，在时间轴面板中可以查看修整后的效果，如图11-20所示。

图11-19　设置区间长度

图11-20　使用区间修整音频

专家指点

在时间轴面板的音乐素材上单击鼠标右键，在弹出的快捷菜单中选择"速度/时间流逝"命令，然后在弹出的对话框中也可以调整素材的区间长度。

11.2.2 缩略图修整音频

在会声会影2020中，使用缩略图修整音频素材是比较快捷和直观的修整方式，但它的缺点是不容易精确地控制修整的位置。下面介绍缩略图修整音频的操作方法。

扫码看视频	素材文件	素材\第11章\恬静村庄.VSP
	效果文件	效果\第11章\恬静村庄.VSP
	视频文件	视频\第11章\11.2.2　缩略图修整音频.mp4

🔍 **实战精通169——恬静村庄** ▶

🔍 **步骤 01** 进入会声会影编辑器，打开一个项目文件，在预览窗口中预览打开的项目效果，如图11-21所示。

🔍 **步骤 02** 在声音轨中选择需要进行修整的音频素材，将鼠标指针移至右侧的黄色标记上，如图11-22所示。

图11-21　打开项目文件

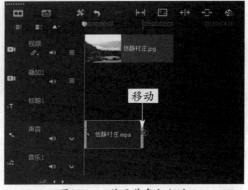

图11-22　移至黄色标记上

🔍 **步骤 03** 按住鼠标左键并向右拖曳，如图11-23所示。

🔍 **步骤 04** 拖曳至合适位置后，释放鼠标左键，即可使用缩略图修整音频，效果如图11-24所示。

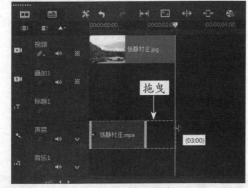

图11-23　向右拖曳

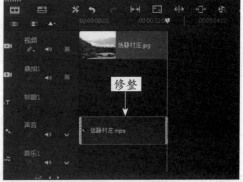

图11-24　修整音频效果

11.3 调节素材音量的技巧

在会声会影2020中，添加音频素材后，用户可以根据需要对音频素材的音量进行调节。本节主要介绍3种调节音量的技巧。

11.3.1 ‖ 调节整段音频音量

在会声会影2020中，调节整段素材的音量时，可分别选择时间轴面板中的各个轨，然后在选项面板中对相应的音量控制选项进行调节。下面介绍调节整段音频音量的操作方法。

素材文件	素材\第11章\微距摄影.VSP	
效果文件	效果\第11章\微距摄影.VSP	
视频文件	视频\第11章\11.3.1　调节整段音频音量.mp4	

扫码看视频

 实战精通170——微距摄影

步骤 01 进入会声会影编辑器，打开一个项目文件，在预览窗口中预览打开的项目效果，如图11-25所示。

步骤 02 在时间轴面板中选择声音轨中的音频文件，展开"音乐和声音"选项面板，单击"素材音量"右侧的下三角按钮，在弹出的面板中拖曳滑块至287的位置，即可调整素材音量，如图11-26所示。单击"播放"按钮▶，试听音频效果。

拖曳

图11-25　预览项目效果　　　　　图11-26　拖曳滑块至287的位置

专家指点

在会声会影2020中，音频素材本身的音量大小为100，如果用户需要还原素材本身的音量大小，只要在"素材音量"数值框中输入100，即可还原素材音量。
设置素材音量时，当用户设置100以上的音量时，表示将整段音频的音量放大；当用户设置100以下的音量时，表示将整段音频的音量调小。

11.3.2 ‖ 音量调节线调节音量

在会声会影2020中，不仅可以通过选项面板调整音频的音量，还可以通过音量调节线调整音量。下面介绍使用音量调节线调节音量的操作方法。

素材文件	素材\第11章\遥望远方.VSP	
效果文件	效果\第11章\遥望远方.VSP	
视频文件	视频\第11章\11.3.2　音量调节线调节音量.mp4	

扫码看视频

实战精通171——遥望远方

步骤 01 进入会声会影编辑器，打开一个项目文件，在预览窗口中预览打开的项目效果，如图11-27所示。

步骤 02 在声音轨中选择音频文件，单击"混音器"按钮，如图11-28所示。

图11-27 预览打开的项目效果

图11-28 单击"混音器"按钮

步骤 03 切换至混音器视图，将鼠标指针移至音频文件中间的音量调节线上，此时鼠标指针呈向上箭头形状，如图11-29所示。

步骤 04 按住鼠标左键并向上拖曳至合适位置后，释放鼠标左键，添加关键帧，如图11-30所示。

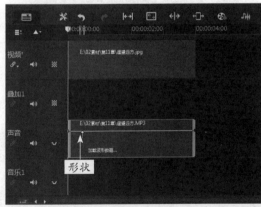

图11-29 呈向上箭头形状

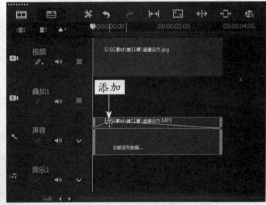

图11-30 添加关键帧

专家指点

在会声会影2020中，音量调节线是轨道中央的水平线条，仅在混音器视图中可以看到，在这条线上可以添加关键帧，关键帧的高低决定着该处音频的音量大小。

步骤 05 将鼠标指针移至另一个位置，按住鼠标左键并向下拖曳，添加第2个关键帧，如图11-31所示。

步骤 06 使用同样的方法，添加另外两个关键帧，如图11-32所示，完成使用音量调节线调节音量的操作。

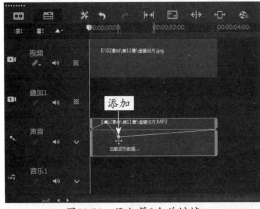

<table>
<tr><td>图11-31　添加第2个关键帧</td><td>图11-32　添加其他关键帧</td></tr>
</table>

11.3.3 ┃调整音频回放速度

在会声会影2020中，用户可以设置音频的速度和时间流逝，使它能够与影片更好地相配合。下面介绍调整音频回放速度的操作方法。

扫码看视频

素材文件	素材\第11章\小镇风光.VSP
效果文件	效果\第11章\小镇风光.VSP
视频文件	视频\第11章\11.3.3　调整音频回放速度.mp4

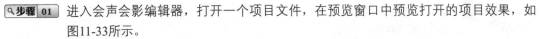
实战精通172——小镇风光

步骤 01　进入会声会影编辑器，打开一个项目文件，在预览窗口中预览打开的项目效果，如图11-33所示。

步骤 02　在声音轨中选择音频文件，在"音乐和声音"选项面板中单击"速度/时间流逝"按钮，如图11-34所示。

<table>
<tr><td>图11-33　打开项目文件</td><td>图11-34　单击"速度/时间流逝"按钮</td></tr>
</table>

步骤 03 弹出"速度/时间流逝"对话框，在其中设置"新素材区间"为0:0:3:0，如图11-35所示。

步骤 04 单击"确定"按钮，即可调整音频的回放速度，如图11-36所示。

图11-35 设置参数

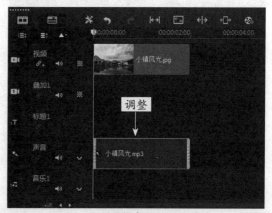

图11-36 调整音频的回放速度

11.4 掌握混音器的调音技巧

在会声会影2020中，混音器可以动态调整音量调节线，它允许在播放影片的同时，实时调整某个轨道素材任意一点的音量。如果用户的乐感很好，借助混音器可以像专业混音师一样混合影片的精彩声响效果。本节主要介绍5种使用混音器的技巧。

◀ 11.4.1 ‖选择要调节的音轨 ▶

在会声会影2020中使用混音器调节音量之前，首先需要选择要调节音量的音轨。下面介绍选择要调节的音轨的操作方法。

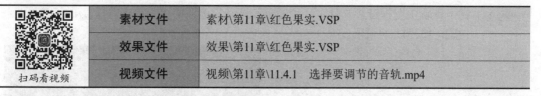

素材文件	素材\第11章\红色果实.VSP	
效果文件	效果\第11章\红色果实.VSP	
扫码看视频	视频文件	视频\第11章\11.4.1　选择要调节的音轨.mp4

🔍 **实战精通173——红色果实** ▶

步骤 01 进入会声会影编辑器，打开一个项目文件，在预览窗口中可以预览打开的项目效果，如图11-37所示。

步骤 02 单击时间轴面板上方的"混音器"按钮，切换至混音器视图，在"环绕混音"选项面板中单击"语音轨"按钮■，即可选择要调节的音频轨道，如图11-38所示。

图11-37 预览项目效果

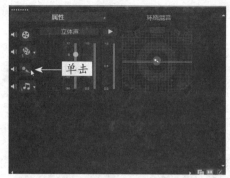

图11-38 单击"语音轨"按钮

11.4.2 ▍播放并实时调节音量

在混音器视图中播放音频文件时，用户可以对某个轨道上的音频进行音量的调整。下面介绍播放并实时调节音量的操作方法。

	素材文件	素材\第11章\活泼可爱.VSP
	效果文件	效果\第11章\活泼可爱.VSP
扫码看视频	视频文件	视频\第11章\11.4.2 播放并实时调节音量.mp4

实战精通174——活泼可爱 ▶

<mark>步骤 01</mark> 进入会声会影编辑器，打开一个项目文件，如图11-39所示。

<mark>步骤 02</mark> 在预览窗口中可以预览打开的项目效果，如图11-40所示。

图11-39 打开项目文件

图11-40 预览项目效果

> **专家指点**
>
> 混音器是一种"动态"调整音量调节线的方式，它允许在播放影片项目的同时，实时调整音乐轨道素材任意一点的音量。

<mark>步骤 03</mark> 选择声音轨中的音频文件，切换至混音器视图，单击"环绕混音"选项面板中的"播放"按钮▶，如图11-41所示。

步骤 04 开始试听所选轨道的音频效果，并且在混音器中可以看到音量起伏的变化，如图11-42所示。

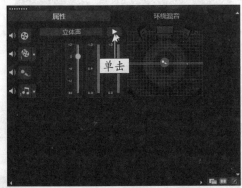

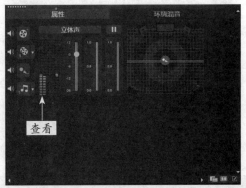

图11-41 单击"播放"按钮 　　　　　　图11-42 查看音量起伏的变化

步骤 05 单击"环绕混音"选项面板中的"音量"按钮，并上下拖曳鼠标，如图11-43所示。

步骤 06 执行上述操作后，即可播放并实时调节音量，在声音轨中可以查看音量调节的效果，如图11-44所示。

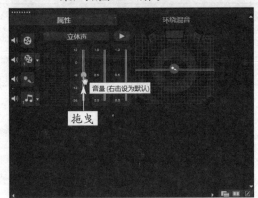

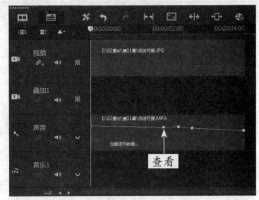

图11-43 上下拖曳鼠标 　　　　　　图11-44 查看音量调节的效果

11.4.3 将音量调节线恢复原始状态

在会声会影2020中，使用混音器调节音乐轨道素材的音量后，如果用户不满意其效果，可以将其恢复至原始状态。下面介绍将音量调节线恢复原始状态的操作方法。

扫码看视频	素材文件	素材\第11章\胡杨美景.VSP
	效果文件	效果\第11章\胡杨美景.VSP
	视频文件	视频\第11章\11.4.3 将音量调节线恢复原始状态.mp4

实战精通175——胡杨美景

步骤 01 进入会声会影编辑器，打开一个项目文件，在预览窗口中可以预览打开的项目效果，如图11-45所示。

步骤 02 切换至混音器视图，在声音轨中选择音频文件，单击鼠标右键，在弹出的快捷菜单中选择"重置音量"命令，即可将音量调节线恢复原始状态，如图11-46所示。

图11-45　预览打开的项目效果

图11-46　选择"重置音量"命令

在声音轨的音频素材上，选择添加的关键帧，按住鼠标左键并向外拖曳，也可以快速删除关键帧音量，将音量调节线恢复原始状态。

11.4.4 ▌调节左右声道大小

在会声会影2020中，用户可以根据需要调整音频左右声道的大小，调整音量后播放试听会有所变化。下面介绍调节左右声道大小的操作方法。

扫码看视频

素材文件	素材\第11章\金色沙漠.VSP
效果文件	效果\第11章\金色沙漠.VSP
视频文件	视频\第11章\11.4.4　调节左右声道大小.mp4

🔍 **实战精通176——金色沙漠** ▶

🔍 **步骤 01** 进入会声会影编辑器，打开一个项目文件，在预览窗口中可以预览打开的项目效果，如图11-47所示。

🔍 **步骤 02** 进入混音器视图，选择音频素材，在"环绕混音"选项面板中单击"播放"按钮▶，然后按住右侧窗口中的滑块并向右拖曳，如图11-48所示。

图11-47　预览打开的项目效果

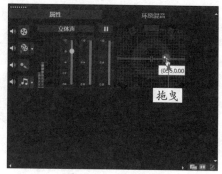

图11-48　向右拖曳

步骤 03 执行上述操作后，即可调整右声道的音量大小，在时间轴面板中可查看调整后的效果，如图11-49所示。

步骤 04 在"环绕混音"选项面板中单击"播放"按钮▶，然后按住右侧窗口中的滑块并向左拖曳，即可调整左声道的音量大小，如图11-50所示。

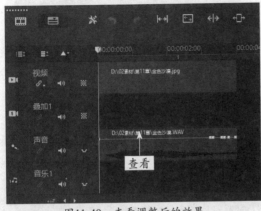

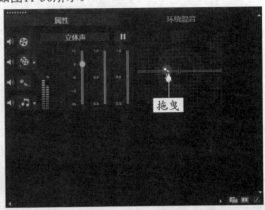

图11-49　查看调整后的效果　　　　　　图11-50　向左拖曳

在会声会影2020的"环绕混音"选项面板中，调整音频文件的右声道后，可以重置音频文件，再调整其左声道。

在立体声中，左声道和右声道能够分别播出相同或不同的声音，产生从左到右或从右到左的立体声音变化效果。在卡拉OK中左声道和右声道分别是主音乐声道和主人声声道，关闭其中任何一个声道，你将听到以音乐为主或以人声为主的声音。

◀ 11.4.5 ‖设置轨道音频静音 ▶

在会声会影2020中进行视频编辑时，有时为了在混音时听清楚某个轨道素材的声音，可以将其他轨道的素材声音调为静音模式。下面介绍设置轨道音频静音的操作方法。

扫码看视频	素材文件	素材\第11章\字母音乐.VSP
	效果文件	效果\第11章\字母音乐.VSP
	视频文件	视频\第11章\11.4.5　设置轨道音频静音.mp4

🔍 **实战精通177——字母音乐** ▶

使某个轨道素材静音并不表示混音时不能调节它的音量调节线，如果该轨道图标处于选择状态，虽然该轨道的声音听不见，但是仍然可以通过混音器滑块调节它的音量。

步骤 01 进入会声会影编辑器，打开一个项目文件，在预览窗口中可以预览打开的项目效果，如图11-51所示。

步骤 02 在声音轨中选择音频文件，进入混音器视图，在"环绕混音"选项面板中单击"语音轨"按钮左侧的声音图标 ◀，即可设置轨道静音，如图11-52所示。

图11-51　预览打开的项目效果

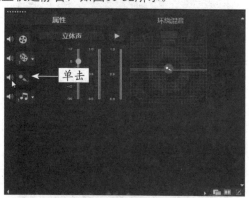

图11-52　单击声音图标

11.5　处理与制作音频特效

在会声会影2020中，可以将音频滤镜添加到声音或音乐轨的音频素材上，如淡入淡出、长回声、混响以及放大等。本节主要介绍5种音频特效的精彩应用。

◀ 11.5.1 ‖ 制作音频淡入与淡出特效 ▶

在会声会影2020中，使用淡入淡出的音频效果，可以避免音乐的突然出现和突然消失，使音乐能够有一种自然的过渡效果。下面介绍制作音频淡入淡出特效的操作方法。

扫码看视频

素材文件	素材\第11章\丰收喜悦.VSP
效果文件	效果\第11章\丰收喜悦.VSP
视频文件	视频\第11章\11.5.1　制作音频淡入与淡出特效.mp4

🔍 实战精通178——丰收喜悦 ▶

步骤 01 进入会声会影编辑器，打开一个项目文件，在预览窗口中可以预览打开的项目效果，如图11-53所示。

步骤 02 在声音轨中选择音频文件，单击"混音器"按钮 ，如图11-54所示。

步骤 03 切换至"音乐和声音"选项面板，在其中分别单击"淡入"按钮 ▮▮▮ 和"淡出"按钮 ▮▮▮，如图11-55所示。

步骤 04 执行上述操作后，即可添加淡入淡出效果，在声音轨中将显示添加的关键帧，如图11-56所示。

图11-53 预览打开的项目效果

图11-54 单击"混音器"按钮

图11-55 单击相应按钮

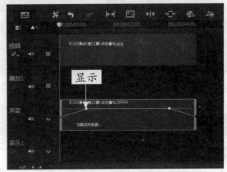

图11-56 显示添加的关键帧

专家指点

在会声会影2020中，选择音频素材文件，单击鼠标右键，在弹出的快捷菜单中选择"淡入"和"淡出"命令，也可以添加淡入淡出特效。

11.5.2 去除背景声音中的噪声

在会声会影2020中，用户可以使用音频滤镜去除背景声音中的噪声。下面介绍去除背景声音中的噪声的操作方法。

	素材文件	素材\第11章\酷炫特效.mp4
	效果文件	效果\第11章\酷炫特效.VSP
扫码看视频	视频文件	视频\第11章\11.5.2 去除背景声音中的噪声.mp4

实战精通179——酷炫特效

步骤 01 进入会声会影编辑器，在视频轨中插入一段视频素材，在预览窗口中可以预览视频素材效果，如图11-57所示。

步骤 02 切换至"滤镜"素材库，在窗口上方单击"显示音频滤镜"按钮，在"音频滤镜"素材库中选择"NewBlue 减噪器"音频滤镜，如图11-58所示。按住鼠标左键并将其拖曳至视频轨中的视频素材上方，释放鼠标左键，即可为视频素材添加音频滤镜。

图11-57　预览视频素材效果

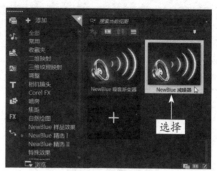

图11-58　选择相应滤镜

11.5.3 ‖ 制作背景声音等量化特效

在会声会影2020中，等量化音频可自动平衡一组所选音频和视频素材的音量级别。无论音频的音量是否过大或过小，等量化音频可确保所有素材之间的音量范围保持一致。下面介绍应用"等量化音频"滤镜的操作方法。

	素材文件	素材\第11章\春雨过后.VSP
扫码看视频	效果文件	效果\第11章\春雨过后.VSP
	视频文件	视频\第11章\11.5.3　制作背景声音等量化特效.mp4

实战精通180——春雨过后

步骤 01　进入会声会影编辑器，打开一个项目文件，在预览窗口中可以预览打开的项目效果，如图11-59所示。

步骤 02　选择音乐轨中的音频素材，切换至"滤镜"素材库，在上方单击"显示音频滤镜"按钮，显示软件中的多种音频滤镜，在其中选择"等量化"音频滤镜，如图11-60所示。按住鼠标左键并将其拖曳至音乐轨中的音频素材上，释放鼠标左键，即可添加音频滤镜。

图11-59　预览打开的项目效果

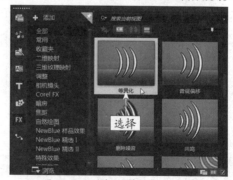

图11-60　选择"等量化"滤镜

11.5.4 ‖ 制作声音的变音声效

在会声会影2020中，用户可以为视频制作变音声效。下面介绍制作声音的变音声效的操作方法。

	素材文件	素材\第11章\绿树繁茂.VSP
	效果文件	效果\第11章\绿树繁茂.VSP
扫码看视频	视频文件	视频\第11章\11.5.4　制作声音的变音声效.mp4

实战精通181——绿树繁茂

步骤 01 进入会声会影编辑器，打开一个项目文件，如图11-61所示。

步骤 02 进入"音乐和声音"选项面板，在其中单击"音频滤镜"按钮，弹出"音频滤镜"对话框，在左侧列表框中选择"音调偏移"选项，单击"添加"按钮，即可添加"音调偏移"音频滤镜，如图11-62所示。

图11-61　打开项目文件

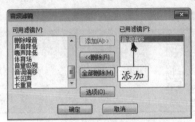

图11-62　添加"音调偏移"音频滤镜

步骤 03 单击"选项"按钮，弹出"音调偏移"对话框，在其中拖曳"半音调"下方的滑块至-6的位置，如图11-63所示。

步骤 04 设置完成后，单击"确定"按钮，回到会声会影编辑器，单击导览面板中的"播放"按钮，即可预览视频画面并试听音频效果，如图11-64所示。

图11-63　设置参数

图11-64　预览视频画面并试听音频效果

◀ 11.5.5 ‖ 制作多音轨声音特效 ▶

在视频制作过程中常常用到多音轨，多音轨是指将不同的声音效果放入不同轨道。下面介绍制作多音轨视频的操作方法。

素材文件	素材\第11章\特色灯展.VSP
效果文件	效果\第11章\特色灯展.VSP
视频文件	视频\第11章\11.5.5　制作多音轨声音特效.mp4

扫码看视频

🔍 **实战精通182——特色灯展** ▶

🔍**步骤 01** 进入会声会影编辑器，打开一个项目文件，如图11-65所示。

🔍**步骤 02** 单击菜单栏中的"设置"|"轨道管理器"命令，弹出"轨道管理器"对话框，在其中设置"音乐轨"数量为2，如图11-66所示。

图11-65　打开项目文件

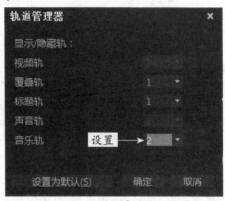

图11-66　设置"音乐轨"数量

🔍**步骤 03** 设置完成后，单击"确定"按钮，将时间移至开始位置，在第一条音乐轨和第二条音乐轨相同的位置，分别添加两段不同的音乐素材，并调整素材的区间长度，如图11-67所示。

🔍**步骤 04** 执行操作后，即可完成多音轨声音特效的制作，单击导览面板中的"播放"按钮，即可预览视频画面并试听制作的多音轨视频效果，如图11-68所示。

图11-67　添加两段不同的音乐素材

图11-68　预览视频画面

第12章

渲染输出视频文件

学习提示

经过一系列的编辑后，用户便可将编辑完成的影片输出成视频文件了。通过会声会影2020提供的"共享"步骤面板，可以将编辑完成的影片进行渲染以及输出成视频文件。本章主要介绍渲染、输出视频文件的操作方法。

🗑 CLEAR　　⬆ SUBMIT

本章重点导航

🗑 CLEAR　　⬆ SUBMIT

本节主要介绍使用会声会影2020渲染输出视频文件的各种操作方法，包括输出AVI、MPEG、MP4、WMV和MOV等格式视频，希望读者熟练掌握视频文件的输出技巧。

12.1.1 ‖ 输出AVI视频文件

AVI主要应用在多媒体视频上，用来保存电视、电影等各种影像信息，它的优点是兼容性好，图像质量高，只是输出的尺寸和容量有点偏大。下面介绍输出AVI视频文件的操作方法。

	素材文件	素材\第12章\蜜蜂之行.VSP
	效果文件	效果\第12章\蜜蜂之行.avi
扫码看视频	视频文件	视频\第12章\12.1.1　输出AVI视频文件.mp4

实战精通183——蜜蜂之行

步骤 01 进入会声会影编辑器，打开一个项目文件，如图12-1所示。

步骤 02 在编辑器的上方单击"共享"标签，切换至"共享"步骤面板，如图12-2所示。

图12-1　打开一个项目文件

图12-2　单击"共享"标签

步骤 03 在上方面板中选择AVI选项，是指输出AVI视频格式，如图12-3所示。

步骤 04 在下方面板中单击"文件位置"右侧的"浏览"按钮，如图12-4所示。

图12-3　选择AVI选项

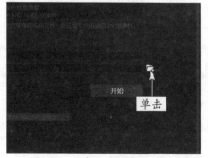

图12-4　单击"浏览"按钮

步骤 05 弹出"选择路径"对话框，在其中设置视频文件的输出名称与输出位置，如图12-5所示。

步骤 06 设置完成后单击"保存"按钮,返回会声会影"共享"步骤面板,单击下方的"开始"按钮,开始渲染视频文件,并显示渲染进度,如图12-6所示。稍等片刻待视频文件输出完成后,弹出信息提示框,提示用户视频文件建立成功,单击OK按钮,完成输出AVI视频的操作。

图12-5 设置视频输出名称和输出位置   图12-6 显示渲染进度

步骤 07 在预览窗口中单击"播放"按钮▶,预览输出的AVI视频画面效果,如图12-7所示。

图12-7 预览输出的AVI视频画面效果

◀ 12.1.2 ‖ 输出MPEG视频文件 ▶

在影视后期输出中,有许多视频文件需要输出MPEG格式,网络上很多视频文件的格式也是MPEG,在会声会影中输出的视频文件扩展名为.mpg。下面介绍输出MPEG视频文件的操作方法。

	素材文件	素材\第12章\景深摄影.VSP
	效果文件	效果\第12章\景深摄影.mpg
扫码看视频	视频文件	视频\第12章\12.1.2 输出MPEG视频文件.mp4

🔍 实战精通184——景深摄影 ▶

步骤 01 进入会声会影编辑器,打开一个项目文件,如图12-8所示。

步骤 02 在编辑器的上方单击"共享"标签,切换至"共享"步骤面板。在上方面板中选择MPEG-2选项,是指输出MPEG视频格式,如图12-9所示。

步骤 03 在下方面板中,单击"文件位置"右侧的"浏览"按钮🖿,如图12-10所示。

步骤 04 弹出"选择路径"对话框,在其中设置视频文件的输出名称与输出位置,如图12-11所示。

图12-8　打开一个项目文件

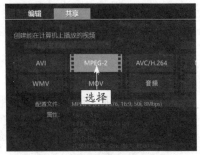

图12-9　选择MPEG-2选项

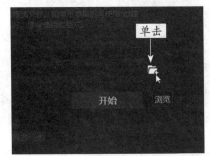

图12-10　单击"浏览"按钮

图12-11　设置视频输出名称和输出位置

步骤 05 设置完成后单击"保存"按钮，返回会声会影"共享"步骤面板，单击下方的"开始"按钮，开始渲染视频文件，并显示渲染进度，稍等片刻待视频文件输出完成后，弹出信息提示框，提示用户视频文件建立成功，单击OK按钮，完成输出MPEG视频的操作，如图12-12所示。

步骤 06 在预览窗口中单击"播放"按钮▶，预览输出的MPEG视频画面效果，如图12-13所示。

图12-12　单击OK按钮

图12-13　预览输出的MPEG视频画面

12.1.3 ‖输出MP4视频文件

　　MP4全称为MPEG-4 Part 14，是一种使用MPEG-4的多媒体格式，文件格式名为.mp4。该格式的优点是应用广泛，在大多数播放软件、非线性编辑软件以及智能手机中都能播放。下面介绍输出MP4视频文件的操作方法。

扫码看视频

素材文件	素材\第12章\白鹭飞行.VSP
效果文件	效果\第12章\白鹭飞行.mp4
视频文件	视频\第12章\12.1.3　输出MP4视频文件.mp4

实战精通185——白鹭飞行

步骤 01 进入会声会影编辑器，打开一个项目文件，如图12-14所示。

步骤 02 在编辑器的上方单击"共享"标签，切换至"共享"步骤面板，在上方面板中选择MPEG-4选项，是指输出MP4视频格式，如图12-15所示。

图12-14 打开一个项目文件

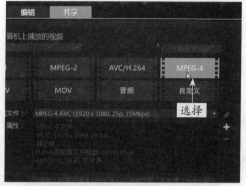

图12-15 选择MPEG-4选项

步骤 03 在下方面板中单击"文件位置"右侧的"浏览"按钮 📁，弹出"选择路径"对话框，在其中设置视频文件的输出名称与输出位置，如图12-16所示。

步骤 04 单击"保存"按钮，返回会声会影"共享"步骤面板，单击下方的"开始"按钮，开始渲染视频文件并显示渲染进度，如图12-17所示。稍等片刻待视频文件输出完成后，弹出信息提示框，提示用户视频文件建立成功，单击OK按钮，完成输出MP4视频的操作。

图12-16 设置视频输出名称和输出位置

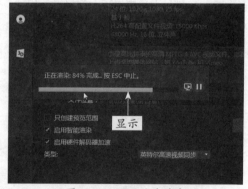

图12-17 显示渲染进度

步骤 05 单击"播放"按钮 ▶，预览输出的MP4视频画面效果，如图12-18所示。

图12-18 预览输出的MP4视频画面效果

12.1.4 ‖ 输出WMV视频文件

WMV视频格式在互联网中使用非常频繁，深受广大用户喜爱。下面介绍输出WMV视频文件的操作方法。

扫码看视频

素材文件	素材\第12章\贺寿特效.VSP
效果文件	效果\第12章\贺寿特效.wmv
视频文件	视频\第12章\12.1.4　输出WMV视频文件.mp4

实战精通186——贺寿特效

步骤 01 进入会声会影编辑器，打开一个项目文件，如图12-19所示。

步骤 02 在编辑器的上方单击"共享"标签，切换至"共享"步骤面板，在上方面板中选择WMV选项，是指输出WMV视频格式，如图12-20所示。

图12-19　打开一个项目文件

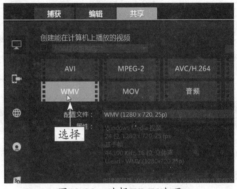
图12-20　选择WMV选项

步骤 03 在下方面板中单击"文件位置"右侧的"浏览"按钮■，弹出"选择路径"对话框，在其中设置视频文件的输出名称与输出位置，如图12-21所示。

步骤 04 设置完成后单击"保存"按钮，返回会声会影"共享"步骤面板，单击下方的"开始"按钮，开始渲染视频文件并显示渲染进度，如图12-22所示。

图12-21　设置视频输出名称和输出位置

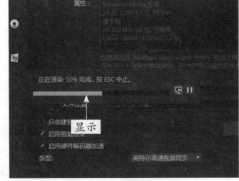
图12-22　显示渲染进度

步骤 05 稍等片刻待视频文件输出完成后，弹出信息提示框，提示用户视频文件建立成功，单击OK按钮，完成输出WMV视频的操作。在预览窗口中单击"播放"按钮■，预览输出的WMV视频画面效果，如图12-23所示。

图12-23 预览输出的WMV视频画面效果

12.1.5 输出MOV视频文件

MOV格式是指Quick Time格式，是Apple(苹果)公司创立的一种视频格式。下面介绍输出MOV视频文件的操作方法。

素材文件	素材\第12章\山水一色.VSP
效果文件	效果\第12章\山水一色.mov
视频文件	视频\第12章\12.1.5 输出MOV视频文件.mp4

扫码看视频

实战精通187——山水一色

步骤 01 进入会声会影编辑器，打开一个项目文件，如图12-24所示。

步骤 02 在编辑器的上方单击"共享"标签，切换至"共享"步骤面板，在上方面板中选择"自定义"选项，单击"格式"右侧的下三角按钮，在弹出的列表框中选择"QuickTime影片文件"选项，如图12-25所示。

图12-24 打开一个项目文件　　　　　图12-25 选择"QuickTime影片文件"选项

步骤 03 在下方面板中单击"文件位置"右侧的"浏览"按钮，弹出"选择路径"对话框，在其中设置视频文件的输出名称与输出位置，如图12-26所示。

步骤 04 设置完成后单击"保存"按钮，返回会声会影"共享"步骤面板，单击下方的"开始"按钮，开始渲染视频文件并显示渲染进度，稍等片刻待视频文件输出完成后，弹出信息提示框，单击OK按钮，如图12-27所示。

图12-26 设置视频输出名称和输出位置

图12-27 单击OK按钮

步骤 05 在预览窗口中单击"播放"按钮 ▶，预览输出的MOV视频画面效果，如图12-28所示。

图12-28 预览输出的MOV视频画面效果

12.2 输出3D视频文件

在会声会影2020中，可以将相应的视频文件输出为3D视频文件，格式主要有MPEG格式、WMV格式和MVC格式等。用户可根据实际情况选择相应的视频格式进行3D视频文件的输出操作。

12.2.1 输出MPEG格式的3D文件

MPEG格式是一种常见的视频格式。下面介绍将视频文件输出为MPEG格式的3D文件的操作方法。

	素材文件	素材\第12章\秋天景色.VSP
扫码看视频	效果文件	效果\第12章\秋天景色.m2t
	视频文件	视频\第12章\12.2.1 输出MPEG格式的3D文件.mp4

实战精通188——秋天景色

步骤 01 进入会声会影编辑器，打开一个项目文件，如图12-29所示。

步骤 02 在编辑器的上方单击"共享"标签，切换至"共享"步骤面板，在左侧单击"3D影片"按钮，如图12-30所示。

图12-29　打开一个项目文件

图12-30　单击"3D影片"按钮

步骤 03 进入"3D影片"选项卡，在上方面板中选择MPEG-2选项，如图12-31所示。

步骤 04 在下方面板中单击"文件位置"右侧的"浏览"按钮，如图12-32所示。

图12-31　选择MPEG-2选项

图12-32　单击"浏览"按钮

步骤 05 弹出"选择路径"对话框，设置视频文件的输出名称与输出位置，如图12-33所示。设置完成后单击"保存"按钮。

步骤 06 返回会声会影"共享"步骤面板，单击下方的"开始"按钮，开始渲染3D视频文件并显示渲染进度，如图12-34所示。

图12-33　设置视频输出名称和输出位置

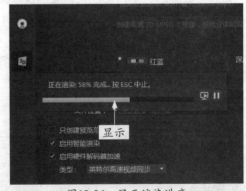

图12-34　显示渲染进度

步骤 07 稍等片刻待3D视频文件输出完成后，弹出信息提示框，提示用户视频文件建立成功，单击OK按钮，完成3D视频文件的输出操作。在预览窗口中单击"播放"按钮，预览输出的3D视频画面，如图12-35所示。

图12-35　预览输出的3D视频画面效果

12.2.2 ‖ 输出WMV格式的3D文件

　　在会声会影2020中，用户不仅可以建立MPEG格式的3D文件，还可以建立WMV格式的3D文件。下面详细介绍具体的方法。

素材文件	素材\第12章\足球比赛.VSP
效果文件	效果\第12章\足球比赛.wmv
视频文件	视频\第12章\12.2.2　输出WMV格式的3D文件.mp4

扫码看视频

实战精通189——足球比赛

步骤 01 进入会声会影编辑器，打开一个项目文件，如图12-36所示。

步骤 02 单击"共享"标签，切换至"共享"步骤面板，在左侧单击"3D影片"按钮，切换至"3D影片"选项卡，在上方面板中选择WMV选项，如图12-37所示。

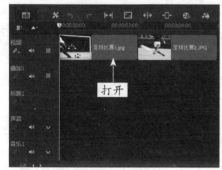

图12-36　打开一个项目文件

图12-37　选择WMV选项

步骤 03 在下方面板中单击"文件位置"右侧的"浏览"按钮 ，弹出"选择路径"对话框，在其中设置视频文件的输出名称与输出位置，如图12-38所示。

步骤 04 设置完成后单击"保存"按钮，返回会声会影"共享"步骤面板，单击下方的"开始"按钮，开始渲染3D视频文件并显示渲染进度，如图12-39所示。稍等片刻待3D视频文件输出完成后，弹出信息提示框，单击OK按钮，完成3D视频文件的输出操作。

图12-38　设置视频输出名称和输出位置

图12-39　显示渲染进度

步骤 05 在预览窗口中单击"播放"按钮 ，预览输出的3D视频画面效果，如图12-40所示。

图12-40 预览输出的3D视频画面效果

12.3 输出其他视频文件

本节主要介绍使用会声会影2020渲染输出视频与音频的各种操作方法，主要包括输出部分区间媒体文件、单独输出项目中的声音、将视频输出为竖屏模式、创建自定义配置文件以及输出压缩内存后的视频等。

12.3.1 输出部分区间媒体文件

在会声会影2020中渲染视频时，为了更好地查看视频效果，常常需要渲染视频中的部分视频内容。下面介绍渲染输出指定范围的视频内容的操作方法。

	素材文件	素材\第12章\高原风景.mpg
	效果文件	效果\第12章\高原风景.mp4
扫码看视频	视频文件	视频\第12章\12.3.1　输出部分区间媒体文件.mp4

🔍 **实战精通190——高原风景** ▶

🔍 步骤 01 进入会声会影编辑器，在视频轨中插入一段视频素材，如图12-41所示。

🔍 步骤 02 在时间轴面板中拖曳当前时间指示器至00:00:01:000的位置，单击"开始标记"按钮 ，此时时间轴上将出现黄色标记，如图12-42所示。

图12-41 插入一段视频素材　　　　　　图12-42 单击"开始标记"按钮

🔍 步骤 03 拖曳当前时间指示器至00:00:05:000的位置，单击"结束标记"按钮 ，如图12-43所示。时间轴上黄色标记的区域为用户所指定的预览范围。

步骤 04 单击"共享"标签，切换至"共享"步骤面板，在上方面板中选择MPEG-4选项，如图12-44所示。

图12-43 单击"结束标记"按钮

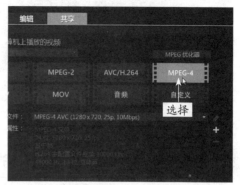

图12-44 选择"MPEG-4"选项

步骤 05 单击"文件位置"右侧的"浏览"按钮，弹出"选择路径"对话框，在其中设置视频文件的输出名称与输出位置，如图12-45所示。

步骤 06 设置完成后单击"保存"按钮，返回会声会影"共享"步骤面板，在面板下方选中"只创建预览范围"复选框，如图12-46所示。

图12-45 设置输出名称和输出位置

图12-46 选中"只创建预览范围"复选框

步骤 07 单击"开始"按钮，开始渲染视频文件并显示渲染进度，如图12-47所示。

步骤 08 稍等片刻待视频文件输出完成后，弹出信息提示框，提示用户视频文件建立成功，单击OK按钮，如图12-48所示。完成指定影片输出范围的操作。

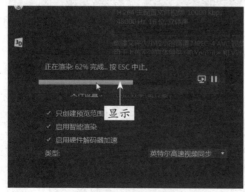

图12-47 显示渲染进度

图12-48 单击OK按钮

步骤 09 单击"播放"按钮，预览输出的部分视频画面效果，如图12-49所示。

图12-49　预览输出的部分视频画面效果

12.3.2 ‖ 单独输出项目中的声音

　　WAV格式是微软公司开发的一种声音文件格式，又称为波形声音文件。下面介绍输出WAV音频文件的操作方法。

素材文件	素材\第12章\清澈湖水.VSP
效果文件	效果\第12章\清澈湖水.wav
视频文件	视频\第12章\12.3.2　单独输出项目中的声音.mp4

扫码看视频

实战精通191——清澈湖水

步骤 01　进入会声会影编辑器，打开一个项目文件，如图12-50所示。

步骤 02　在编辑器的上方单击"共享"标签，切换至"共享"步骤面板，在上方面板中选择"音频"选项，如图12-51所示。

图12-50　打开一个项目文件

图12-51　选择"音频"选项

步骤 03　在下方的面板中单击"格式"右侧的下三角按钮，在弹出的列表框中选择"Microsoft WAV文件"选项，如图12-52所示。

步骤 04　在下方面板中单击"文件位置"右侧的"浏览"按钮，弹出"选择路径"对话框，在其中设置音频文件的输出名称与输出位置，如图12-53所示。

步骤 05　设置完成后单击"保存"按钮，返回会声会影"共享"步骤面板，单击下方的"开始"按钮，开始渲染音频文件并显示渲染进度，稍等片刻待音频文件输出完成后，弹出信息提示框，提示用户音频文件建立成功，单击"确定"按钮，如图12-54所示，完成输出WAV音频的操作。

图12-52　选择相应的选项

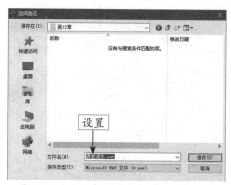
图12-53　设置音频输出名称和输出位置

🔍**步骤 06** 在预览窗口中单击"播放"按钮▶，试听输出的WAV音频文件并预览视频画面效果，如图12-55所示。

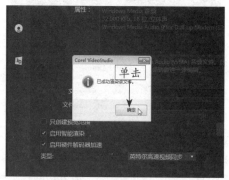
图12-54　单击"确定"按钮

图12-55　预览视频画面效果

12.3.3 ‖ 将视频输出为竖屏模式

为了方便用手机查看输出的视频文件，在会声会影2020中也可以输出竖屏模式的视频文件。下面介绍具体的操作方法。

素材文件	素材\第12章\古镇风景.VSP
效果文件	效果\第12章\古镇风景.mp4
视频文件	视频\第12章\12.3.3　将视频输出为竖屏模式.mp4

扫码看视频

🔍 **实战精通192——古镇风景** ▶

🔍**步骤 01** 进入会声会影编辑器，打开一个项目文件，如图12-56所示。

🔍**步骤 02** 在编辑器的上方单击"共享"标签，切换至"共享"步骤面板，如图12-57所示。

🔍**步骤 03** 在上方面板中选择MPEG-4选项，是指输出MPEG-4视频格式，如图12-58所示。

🔍**步骤 04** 设置"配置文件"为MPEG-4 AVC(720×1280,25p,10Mbps)，如图12-59所示。在下方面板中单击"文件位置"右侧的"浏览"按钮📁。

🔍**步骤 05** 弹出"选择路径"对话框，在其中设置视频文件的输出名称与输出位置，如图12-60所示。

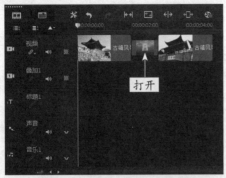

图12-56 打开一个项目文件

图12-57 单击"共享"标签

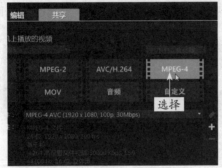

图12-58 选择MPEG-4选项

图12-59 设置相应配置文件

步骤 06 设置完成后单击"保存"按钮，返回会声会影"共享"步骤面板，单击下方的"开始"按钮，开始渲染视频文件并显示渲染进度，如图12-61所示。稍等片刻待视频文件输出完成后，弹出信息提示框，提示用户视频文件建立成功，单击OK按钮，完成输出竖屏模式的操作。

图12-60 设置视频输出名称和输出位置

图12-61 显示渲染进度

步骤 07 在预览窗口中单击"播放"按钮▶，预览输出的竖屏模式画面效果，如图12-62所示。

图12-62 预览输出的竖屏模式画面效果

12.3.4 ‖ 创建自定义配置文件

在会声会影2020的"共享"步骤面板中，每个输出的视频格式都有为用户提供预设的配置文件，如果用户对预设的配置文件不满意，可以创建自定义配置文件。下面介绍具体的操作步骤。

	素材文件	素材\第12章\荷花绽放.VSP
扫码看视频	效果文件	效果\第12章\荷花绽放.mp4
	视频文件	视频\第12章\12.3.4　创建自定义配置文件.mp4

🔍 **实战精通193——荷花绽放** ▶

步骤 01 进入会声会影编辑器，打开一个项目文件，如图12-63所示。

步骤 02 切换至"共享"步骤面板，选择MPEG-4选项，是指输出MP4视频格式，如图12-64所示。

步骤 03 单击"创建自定义配置文件"按钮➕，如图12-65所示。

步骤 04 弹出"新建配置文件选项"对话框，切换至"常规"选项卡，在"帧大小"选项区中单击"标准"右侧的下三角按钮，在弹出的列表框中选择960×720选项，表示输出后的视频尺寸大小，如图12-66所示。

图12-63　打开一个项目文件

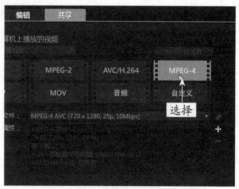

图12-64　选择MPEG-4选项

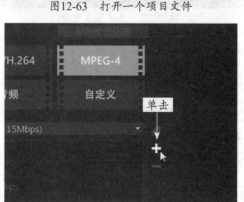

图12-65　单击"创建自定义配置文件"按钮

图12-66　选择相应选项

步骤 05 在下方单击"显示宽高比"下三角按钮，在弹出的列表框中选择4:3选项，表示输出视频后显示的比例大小，如图12-67所示。

🔍步骤 **06** 单击"确定"按钮，返回"共享"步骤面板，此时"配置文件"右侧显示了刚创建的自定义配置，并且在"属性"文本框中也显示了创建的配置属性，如图12-68所示。

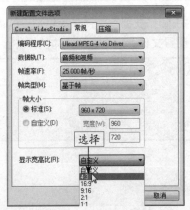
图12-67 选择相应选项

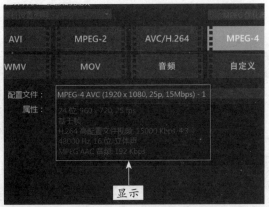
图12-68 显示了创建的配置属性

🔍步骤 **07** 在下方面板中单击"文件位置"右侧的"浏览"按钮，弹出"选择路径"对话框，在其中设置视频文件的输出名称与输出位置，如图12-69所示。

🔍步骤 **08** 单击"保存"按钮，返回会声会影"共享"步骤面板，单击下方的"开始"按钮，开始渲染视频文件并显示渲染进度，如图12-70所示。稍等片刻待视频文件输出完成后，弹出信息提示框，提示用户视频文件建立成功，单击OK按钮，完成输出创建自定义配置文件的操作。

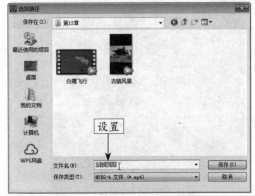
图12-69 设置视频输出名称和输出位置

图12-70 显示渲染进度

如果用户不满意自定义配置文件，在"共享"步骤面板中单击"删除自定义配置文件"按钮，即可删除创建的自定义配置文件。

🔍步骤 **09** 切换至"编辑"步骤面板，在素材库中查看输出的视频文件，如图12-71所示。

🔍步骤 **10** 在保存路径文件夹中选择输出的视频文件，单击鼠标右键，在弹出的快捷菜单中选择"属性"命令，如图12-72所示。

🔍步骤 **11** 弹出相应对话框，在"常规"选项卡中可以查看输出的视频大小为1.98MB，如图12-73所示。

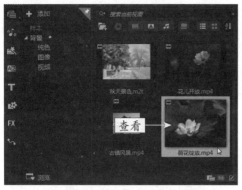

图12-71　查看输出的视频文件

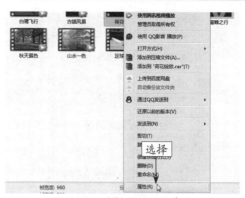

图12-72　选择"属性"命令

12.3.5 ｜ 输出压缩内存后的视频

　　在一些媒体平台上,上传的视频文件都有大小限制,在会声会影中可以压缩项目文件的内存大小后再将其输出为视频文件。下面介绍具体的操作方法。

素材文件	无
效果文件	效果\第12章\荷花绽放01.mp4
视频文件	视频\第12章\12.3.5　输出压缩内存后的视频.mp4

扫码看视频

图12-73　查看输出视频的大小

实战精通194——荷花绽放

步骤 01 打开上一例中的项目文件,切换至"共享"步骤面板,选择MPEG-4选项,设置"配置文件"为上一例中创建的自定义配置,单击"编辑自定义配置文件"按钮，如图12-74所示。

步骤 02 弹出"编辑配置文件选项"对话框,切换至"压缩"选项卡,如图12-75所示。

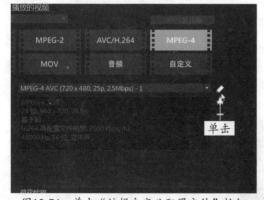

图12-74　单击"编辑自定义配置文件"按钮

图12-75　切换至"压缩"选项卡

步骤 03 在"视频设置"选项区中设置"视频数据速率"为2000kbps,如图12-76所示。这里需要注意的是参数必须在2000~20000kbps。

步骤 04 单击"确定"按钮,返回上一个面板,在下方面板中单击"文件位置"右侧的"浏览"按钮，如图12-77所示。

图12-76　设置参数

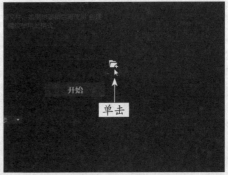

图12-77　单击"浏览"按钮

🔍 **步骤 05** 弹出"选择路径"对话框，在其中设置视频文件的输出名称与输出位置，单击"保存"按钮，如图12-78所示。

🔍 **步骤 06** 返回会声会影"共享"步骤面板，单击下方的"开始"按钮，如图12-79所示。

图12-78　单击"保存"按钮

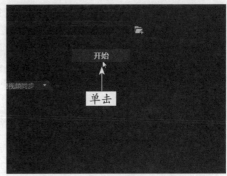

图12-79　单击"开始"按钮

🔍 **步骤 07** 开始渲染视频文件并显示渲染进度，稍等片刻待视频文件输出完成后，弹出信息提示框，提示用户视频文件建立成功，单击OK按钮，完成输出压缩内存后的视频操作，如图12-80所示。

图12-80　单击OK按钮

🔍 **步骤 08** 切换至"编辑"步骤面板，在素材库中查看输出的视频文件，如图12-81所示。

🔍 **步骤 09** 在保存路径文件夹中选择输出的视频文件，单击鼠标右键，在弹出的快捷菜单中选择"属性"命令，弹出相应对话框，在"常规"选项卡中可以查看输出视频的大小为829KB，明显比上一例中输出的文件要小，如图12-82所示。

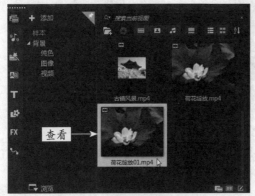

图12-81　查看输出的视频文件

图12-82　查看输出视频的大小

第13章

分享视频至新媒体平台

学习提示

在会声会影2020中，用户将视频文件编辑制作完成后，可以分享至今日头条、一点资讯、优酷网站、百度百家、快手APP和抖音APP等，与网友一起分享制作的视频效果。本章主要介绍分享视频至新媒体各个平台的具体操作方法。

 CLEAR SUBMIT

本章重点导航

- 实战精通195——今日头条
- 实战精通196——一点资讯
- 实战精通197——优酷网站
- 实战精通198——百度百家
- 实战精通199——快手APP
- 实战精通200——抖音APP

- 实战精通201——微信好友
- 实战精通202——微信朋友圈
- 实战精通203——微信公众平台
- 实战精通204——在微信公众平台发布视频

 CLEAR ⬆ SUBMIT

13.1 将视频分享至新媒体平台

本节主要介绍将视频上传至今日头条、一点资讯、优酷网站、百度百家、快手APP以及抖音APP等媒体平台的具体操作方法。如果平台更新后界面有所更改，请用户根据实际情况及平台界面操作指示进行上传操作。

◀ 13.1.1 ▌上传视频至今日头条

今日头条APP是一款用户量众多的新闻阅读客户端，提供了最新的新闻、视频等资讯。下面介绍将会声会影制作的视频文件上传至今日头条公众平台的操作方法。

素材文件	无	
效果文件	无	
视频文件	视频\第13章\13.1.1　上传视频至今日头条.mp4	

扫码看视频

🔍 **实战精通195——今日头条** ▶

🔍**步骤 01** 进入今日头条公众号后台，在界面中单击"上传视频"按钮，如图13-1所示。

🔍**步骤 02** 弹出"打开"对话框，选择需要上传的视频文件，如图13-2所示。

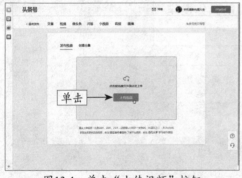

图13-1　单击"上传视频"按钮

图13-2　选择视频文件

🔍**步骤 03** 单击"打开"按钮，开始上传视频文件，并显示上传进度，如图13-3所示。

🔍**步骤 04** 稍等片刻，提示视频上传成功，如图13-4所示。用户即可发布上传的视频。

图13-3　显示上传进度

图13-4　提示视频上传成功

13.1.2 ‖ 上传视频至一点资讯

　　一点资讯自媒体平台又称为一点号，是由一点资讯推出的一个内容发布平台，个人、机构、企业以及其他组织等都可以申请注册该平台。

	素材文件	无
	效果文件	无
	视频文件	视频\第13章\13.1.2　上传视频至一点资讯.mp4

扫码看视频

实战精通196——一点资讯

步骤 01 进入一点资讯公众号后台，在界面中单击"视频上传"按钮，如图13-5所示。

步骤 02 弹出"打开"对话框，选择需要上传的视频文件，如图13-6所示。

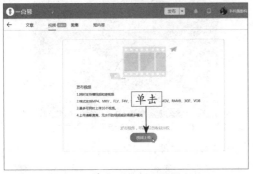
图13-5　单击"视频上传"按钮

图13-6　选择需要上传的视频

步骤 03 单击"打开"按钮，开始上传视频文件，并显示上传进度，如图13-7所示。

步骤 04 待视频上传完成后，输入视频的相关信息，单击"发布"按钮，如图13-8所示。即可在一点资讯自媒体平台上发布制作的视频文件。

图13-7　显示上传进度

图13-8　单击"发布"按钮

13.1.3 ‖ 上传视频至优酷网站

　　优酷网是一个视频分享网站，是网络视频行业的知名品牌。下面介绍将视频上传至优酷网站的操作方法。

扫码看视频	素材文件	无
	效果文件	无
	视频文件	视频\第13章\13.1.3　上传视频至优酷网站.mp4

🔍 **实战精通197——优酷网站** ▶

🔍**步骤 01** 进入优酷视频首页，注册并登录优酷账号，在优酷首页的右上角位置，将鼠标指针移至"上传"文字上，在弹出的面板中单击"上传视频"超链接，如图13-9所示。

🔍**步骤 02** 执行操作后，打开"发布视频"网页，在页面的中间位置单击"上传横版短视频"按钮，如图13-10所示。

图13-9　单击"上传视频"超链接

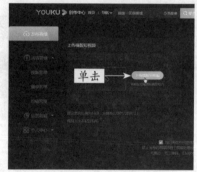

图13-10　单击"上传横版短视频"按钮

🔍**步骤 03** 弹出"打开"对话框，在其中选择需要上传的视频文件，如图13-11所示。

🔍**步骤 04** 单击"打开"按钮，返回"发布视频"网页，在页面上方显示了视频上传进度，稍等片刻，待视频文件上传完成后，页面中会显示100%，在"视频上传"面板中设置视频的标题、标签、分类、定时发布、简介以及隐私设置等内容，如图13-12所示。

🔍**步骤 05** 设置完成后，单击页面最下方的"发布"按钮，即可成功上传视频文件，此时页面中提示用户视频上传成功，进入审核阶段。

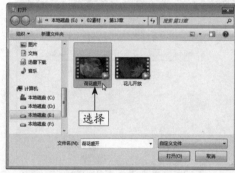

图13-11　选择视频文件

图13-12　设置视频信息

13.1.4 ‖ 上传视频至百度百家

　　百度百家作为百度旗下的自媒体平台，运营者只要注册了百家号，就可以在上面通过多种形式的内容进行推广，视频内容就是其中之一。下面介绍上传视频至百度百家的操作。

	素材文件	无
	效果文件	无
扫码看视频	视频文件	视频\第13章\13.1.4 上传视频至百度百家.mp4

实战精通198——百度百家

步骤 01 进入百家号首页，注册并登录账号，在百家号首页左侧的菜单面板中单击"视频"标签，如图13-13所示。

步骤 02 进入相应页面，输入视频标题后，单击"点击上传视频"按钮，如图13-14所示。

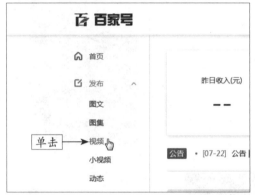

图13-13 单击"视频"标签

图13-14 单击"点击上传视频"按钮

步骤 03 弹出"打开"对话框，在其中选择需要上传的视频文件，如图13-15所示。

步骤 04 单击"打开"按钮，在页面中显示了视频上传进度，稍等片刻，待视频文件上传完成后，在下方面板中设置视频的封面、分类、标签以及视频简介等内容，如图13-16所示。设置完成后，单击"发布"按钮，即可成功上传分享视频文件。

图13-15 选择视频文件

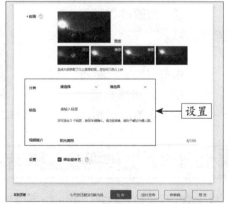

图13-16 设置视频信息

13.1.5 ‖ 上传视频至快手APP ★进阶★

　　快手APP是一个比较热门的手机软件，很多年轻人都喜欢在快手APP上看大家分享的短视频。下面介绍上传本地视频至快手APP的操作方法。

步骤 01 进入快手拍摄界面，点击右下角的"相册"按钮，如图13-17所示。

步骤 02 进入"相机胶卷"页面，在"视频"选项卡中选择手机内的视频，如图13-18所示。

步骤 03 自动进入分段选取页面，用户可以在下方选取满意的片段，然后点击右下方的"下一步"按钮，开始合成短视频素材，如图13-19所示。

图13-17　点击"相册"按钮

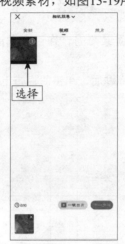
图13-18　选择手机内的视频

图13-19　合成短视频素材

步骤 04 合成完成后，自动进入短视频后期处理界面。用户可以在其中设置封面、音乐、特效、滤镜、贴纸等，执行操作后，点击"下一步"按钮，如图13-20所示。

步骤 05 进入"发布"页面，为视频添加标题字幕，点击下方的"发布"按钮，即可将视频上传分享，如图13-21所示。

图13-20　点击"下一步"按钮

图13-21　点击"发布"按钮

13.1.6 上传视频至抖音APP ★进阶★

抖音APP是目前比较热门的一个手机软件，很多自媒体和"网红"都喜欢将自己拍摄制作的短视频上传分享至抖音平台上。下面介绍上传本地视频至抖音APP的操作方法。

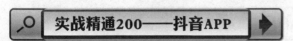

步骤 01 进入抖音拍摄界面，点击右下角的"上传"按钮，如图13-22所示。

步骤 02 进入"上传"页面，在"视频"选项卡中选择手机内的视频，如图13-23所示。

步骤 03 自动进入分段选取页面，用户可以在下方选取满意的片段，然后点击右上方的"下一步"按钮，开始合成短视频素材，如图13-24所示。

图13-22 "上传"按钮

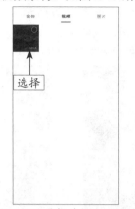

图13-23 选择手机内的视频

图13-24 合成短视频素材

步骤 04 合成完成后，自动进入短视频后期处理界面。用户可以在其中设置封面、音乐、特效、滤镜、贴纸等，执行操作后，点击"下一步"按钮，如图13-25所示。

步骤 05 进入"发布"页面，为视频添加标题字幕，点击下方的"发布"按钮，即可将视频上传分享，如图13-26所示。

图13-25 点击"下一步"按钮

图13-26 点击"发布"按钮

13.2 将视频分享至微信好友及朋友圈

近些年来，越来越多的人通过微信平台进行社交、营销，微信使用率也越来越高。当用户在会声会影中将视频制作完成后，可以将视频文件分享至微信好友及朋友圈中。本节主要介绍将制作的视频分享至微信好友及朋友圈的操作方法。

◀ 13.2.1 ‖ 发送视频给微信好友 ▶

现在基本上有智能手机的人就有一个微信号，用户将制作完成的视频文件导入手机存档后，即可将视频分享给微信好友观看。下面介绍发送视频给微信好友的操作方法。

实战精通201——微信好友 ▶

步骤 01 打开微信，进入与好友的聊天界面，点击下方聊天窗口中的⊕按钮，弹出功能面板，在其中点击"图片"图标，如图13-27所示。

步骤 02 进入"图片和视频"页面，点击页面下方的"图片和视频"按钮，在弹出的选项面板中点击"所有视频"选项，如图13-28所示。

步骤 03 进入"所有视频"选项面板，选中页面中的视频，如图13-29所示。

步骤 04 执行操作后，点击右上角的"发送"按钮，即可将视频发送给好友，如图13-30所示。

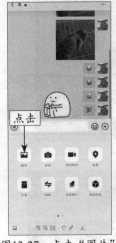   

图13-27 点击"图片" 图标　　　　图13-28 点击"所有视频"选项　　　　图13-29 选中视频　　　　图13-30 发送给好友

13.2.2 分享视频至微信朋友圈

用户除了将视频文件分享给某一个好友外，还可以将视频发布分享至朋友圈，这样就能让更多的微信好友看到视频文件。下面介绍分享视频至微信朋友圈的操作方法。

实战精通202——微信朋友圈

步骤 01 进入"朋友圈"界面，点击右上角的相机图标，在弹出的列表框中点击"从相册选择"选项，如图13-31所示。

步骤 02 进入"图片和视频"页面，点击页面下方的"图片和视频"按钮，在弹出的选项面板中选择"所有视频"选项，如图13-32所示。

步骤 03 进入"所有视频"选项面板，点击页面中的视频，如图13-33所示。

步骤 04 执行操作后，进入"编辑"页面，点击"完成"按钮，如图13-34所示。

图13-31 点击"从相册选择"选项　　　　图13-32 选择"所有视频"选项

执行操作后，即可进入"视频发布"页面，用户可以在上方的空白位置输入对视频文件简短的文字描述，然后点击"发表"按钮，如图13-35所示。执行操作后，即可将视频文件发布分享至朋友圈中。

图13-33　点击视频

图13-34　点击"完成"按钮

图13-35　点击"发表"按钮

13.3 将视频分享至微信公众平台

微信公众号是目前非常火爆的一个媒体公众平台，很多企业、商家都通过微信公众号进行宣传。本节主要介绍将制作的视频分享至微信公众平台的操作方法。

◀ 13.3.1 ‖ 上传视频至微信公众平台 ▶

用户创建微信公众号之后，就可以在公众号的后台上传视频文件。下面以"手机摄影构图大全"公众号为例，介绍上传视频至微信公众平台的操作方法。

扫码看视频

素材文件	无
效果文件	无
视频文件	视频\第13章\13.3.1　上传视频至微信公众平台.mp4

🔍 **实战精通203——微信公众平台** ▶

步骤 01 进入微信公众号后台，在"多媒体素材"界面中单击"添加"按钮，如图13-36所示。

步骤 02 进入相应界面，单击"上传视频"按钮，如图13-37所示。

步骤 03 弹出"打开"对话框，选择需要导入的视频文件，单击"打开"按钮，即可开始上传视频文件，并显示上传进度，稍后将提示文件上传成功，如图13-38所示。在下方输入视频的相关信息。

步骤 04 滚动页面，在最下方单击"保存"按钮，即可完成视频的上传与添加操作，页面中提示视频正在转码，如图13-39所示。待转码完成后，即可在公众号中进行发布。

图13-36 单击"添加"按钮

图13-37 单击"上传视频"按钮

图13-38 提示文件上传成功

图13-39 页面中提示视频正在转码

13.3.2 在微信公众平台发布视频

当用户将视频文件上传至微信公众平台并审核通过后，就可以将视频进行群发操作了。下面介绍在微信公众平台发布视频文件的操作方法。

素材文件	无
效果文件	无
视频文件	视频\第13章\13.3.2　在微信公众平台发布视频.mp4

扫码看视频

实战精通204——在微信公众平台发布视频

步骤 01 登录"手机摄影构图大全"公众号后台，在"新建图文消息"界面上方单击"视频"按钮，如图13-40所示。

步骤 02 弹出"选择视频"对话框，在其中选择上一节中上传成功的视频文件，单击"确定"按钮，如图13-41所示。

步骤 03 即可将视频插入图文消息中，单击下方的"保存并群发"按钮，如图13-42所示。通过扫描二维码，即可群发图文视频文章。

图13-40　单击"视频"按钮

图13-41　单击"确定"按钮

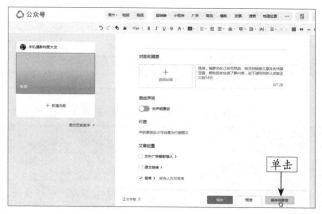

图13-42　单击"保存并群发"按钮

13.4　应用百度网盘分享视频

百度网盘是百度公司推出的一项类似于iCloud的网络存储服务。用户可以通过PC端等多种平台进行数据共享。使用百度网盘，用户可以随时查看与共享文件。本节主要介绍通过百度网盘存储并分享视频的操作方法。

13.4.1 ▍上传视频到网盘

在百度网盘界面中，通过"上传"按钮可以上传视频到网盘中。下面介绍具体的操作方法。

扫码看视频	素材文件	无
	效果文件	无
	视频文件	视频\第13章\13.4.1　上传视频到网盘.mp4

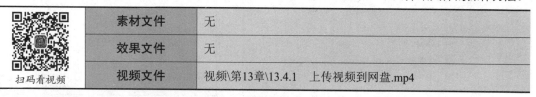

实战精通205——上传视频到网盘

🔍步骤 01　进入百度网盘账号后台，将鼠标指针移至"上传"按钮上，在弹出的列表框中选择

"上传文件"选项，如图13-43所示。

步骤 **02** 弹出"打开"对话框，在其中选择所需要上传的文件，单击"打开"按钮，即可开始上传，并显示上传进度，如图13-44所示。稍等片刻，提示上传完成，即可在网盘中查看上传的文件。

图13-43 选择"上传文件"选项

图13-44 显示上传进度

13.4.2 ‖ 从网盘发送视频给好友

当用户将视频上传至网盘后，接下来可以通过网盘将视频发送给好友，一起分享作品。

素材文件	无
效果文件	无
视频文件	视频\第13章\13.4.2　从网盘发送视频给好友.mp4

扫码看视频

实战精通206——从网盘发送视频给好友

步骤 **01** 进入网盘页面，在下方选中需要分享的视频文件，单击上方的"分享"按钮 分享，如图13-45所示。

步骤 **02** 弹出"分享文件"对话框，切换至"发给好友"选项卡，在其中可以选择一个好友作为收件人，通过验证后，单击"分享"按钮即可通过网盘分享视频文件，如图13-46所示。

图13-45 单击"分享"按钮

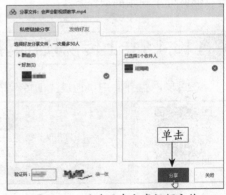

图13-46 通过网盘分享视频文件

专题实战篇

银河延时

第14章

抖音视频——星空银河

学习提示

很多时候，用户所拍摄的视频会有时间太长、画质不够美观等瑕疵，使用会声会影2020可以在后期对视频进行调速延迟、色调处理，使画面更具视觉冲击力。本章主要介绍对有瑕疵的视频进行后期处理的操作方法。

🗑 CLEAR   ⬆ SUBMIT

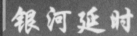

银河延时

本章重点导航

- ■ 14.2.1　导入延时视频素材
- ■ 14.2.2　制作视频片头效果
- ■ 14.2.3　制作延时视频效果
- ■ 14.2.4　制作视频片尾效果
- ■ 14.2.5　添加视频字幕效果
- ■ 14.3.1　制作视频背景音乐
- ■ 14.3.2　渲染输出视频文件

🗑 CLEAR   ⬆ SUBMIT

14.1 实例分析

　　会声会影的神奇之处，不仅在视频转场和滤镜的套用，而是巧妙地将这些功能组合运用，用户根据自己的需要，可以将相同的素材打造出不同的效果，为视频赋予新的生命，也可以使其具有珍藏价值。本节先预览处理的视频画面效果，并掌握技术点睛等内容。

◀ 14.1.1 ‖ 效果欣赏 ▶

　　本实例介绍的是制作抖音视频——星空银河，实例效果如图14-1所示。

图14-1　效果欣赏

◀ 14.1.2 ‖ 技术点睛 ▶

　　首先进入会声会影编辑器，在媒体库中导入相应的视频媒体素材，为视频制作片头，将视频文件导入视频轨中，调整视频延时速度，添加滤镜效果，然后制作视频片尾，在标题轨中为视频添加标题字幕，最后为视频添加背景音乐，输出为视频文件。

14.2 制作视频效果

　　本节主要介绍抖音视频——星空银河的制作过程，如导入视频素材、对视频进行调速延时、添加滤镜、制作视频转场效果、制作覆叠效果以及制作字幕动画等内容。

◀ 14.2.1 ‖ 导入延时视频素材 ▶

　　在制作视频效果之前，首先需要导入相应的视频媒体素材，导入后才能对媒体素材进行相应编辑。下面介绍导入延时视频素材的操作方法。

素材文件	素材\第14章\视频1.mp4、1.JPG、背景音乐.m4a
效果文件	无
视频文件	视频\第14章\14.2.1　导入延时视频素材.mp4

扫码看视频

步骤 01 在界面右上角单击"媒体"按钮，切换至"媒体"素材库，单击"添加"按钮，新增一个"文件夹"选项，如图14-2所示。

步骤 02 单击素材库上方的"显示音频文件"按钮，然后在右侧的空白位置单击鼠标右键，在弹出的快捷菜单中选择"插入媒体文件"命令，如图14-3所示。

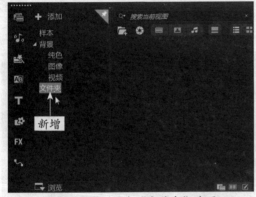

图14-2　新增一个"文件夹"选项

图14-3　选择"插入媒体文件"命令

步骤 03 弹出"选择媒体文件"对话框，在其中选择需要导入的媒体文件，单击"打开"按钮，如图14-4所示。

步骤 04 执行上述操作后，即可将素材导入"文件夹"选项卡中，在其中用户可以查看导入的素材文件，如图14-5所示。

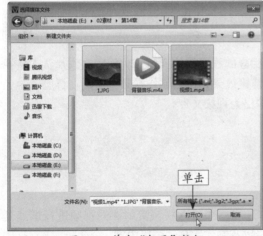

图14-4　单击"打开"按钮

图14-5　查看导入的素材文件

◀ **14.2.2** ‖ 制作视频片头效果 ▶

　　将素材导入"媒体"素材库的"文件夹"选项卡中后，接下来用户可以为视频制作片头效果，增添影片的观赏性。下面介绍制作视频片头特效的操作方法。

扫码看视频

素材文件	无
效果文件	无
视频文件	视频\第14章\14.2.2　制作视频片头效果.mp4

步骤 01 在"文件夹"选项卡中选择1.JPG素材，按住鼠标左键拖曳，将其添加到视频轨的开始位置，如图14-6所示。

步骤 02 打开"编辑"选项面板，设置素材的"照片区间"为0:00:05:000，如图14-7所示。

图14-6　添加到视频轨的开始位置

图14-7　设置素材的"照片区间"

步骤 03 选中"摇动和缩放"单选按钮，单击"自定义"按钮□，如图14-8所示。

步骤 04 在弹出的"摇动和缩放"对话框中设置开始和结束动画参数，单击"确定"按钮，如图14-9所示。

步骤 05 单击"转场"按钮▣，切换至"转场"素材库，在库导航面板中选择"过滤"选项，如图14-10所示。

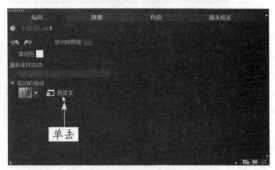

图14-8　单击"自定义"按钮

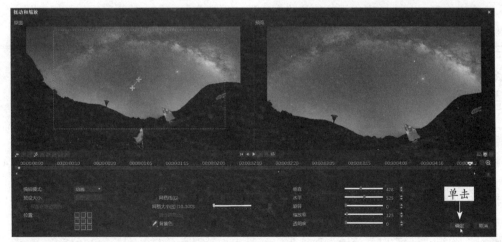

图14-9　单击"确定"按钮

步骤 06 在"过滤"转场组中选择"淡化到黑色"转场，按住鼠标左键拖曳"淡化到黑色"转场，将其添加至视频轨的图像素材后方，如图14-11所示。

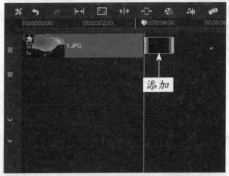

图14-10　选择"过滤"选项　　　　　　图14-11　添加"淡化到黑色"转场

步骤 07 单击导览面板中的"播放"按钮▶，即可预览制作的视频效果，如图14-12所示。

图14-12　预览制作的视频效果

专家指点

在添加摇动效果时，用户还可以单击"自定义"左侧的下三角按钮，在弹出的下拉列表框中选择相应的预设样式进行应用。

◀ **14.2.3 ‖ 制作延时视频效果** ▶

在会声会影2020中，完成视频的片头制作后，用户需要对导入的视频进行调速剪辑、添加滤镜等操作，从而使视频画面具有特殊的效果。

素材文件	无	
效果文件	无	
视频文件	视频\第14章\14.2.3　制作延时视频效果.mp4	

扫码看视频

步骤 01 在"文件夹"选项卡中选择"视频1.mp4"素材，如图14-13所示。

步骤 02 按住鼠标左键并拖曳视频素材，将其添加到视频轨的00:00:05:00位置，如图14-14所示。

步骤 03 选择"视频1.mp4"素材，打开"编辑"选项面板，在其中单击"速度/时间流逝"按钮 ，如图14-15所示。

步骤 04 弹出"速度/时间流逝"对话框，在其中设置"新素材区间"为0:0:15:0，单击"确定"按钮，如图14-16所示，在预览窗口中可以查看调速后的视频效果。

步骤 05 单击"滤镜"按钮 ，切换至"滤镜"素材库，在库导航面板中选择"NewBlue精选I"选项，如图14-17所示。

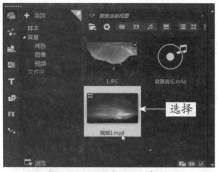

图14-13　选择视频素材

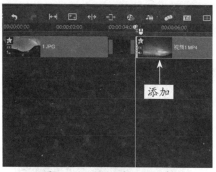

图14-14　添加到视频轨中

图14-15　单击"速度/时间流逝"按钮

图14-16　单击"确定"按钮

步骤 06 在打开的滤镜组中选择"色调"滤镜效果，如图14-18所示。

图14-17　选择相应选项

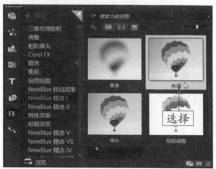

图14-18　选择"色调"滤镜效果

步骤 07 按住鼠标左键并将其拖曳至"视频1.mp4"素材上，如图14-19所示。

步骤 08 展开"效果"选项面板，在其中单击"自定义滤镜"按钮 ，如图14-20所示。

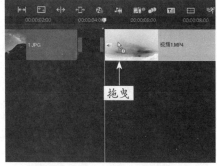

图14-19　拖曳至相应视频素材上

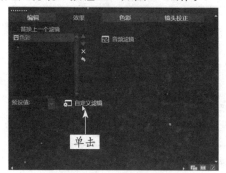

图14-20　单击"自定义滤镜"按钮

步骤 09 弹出"NewBlue色彩"对话框，将滑块移至开始位置，设置"色彩"为4.2、"饱和"为31.9、"亮度"为-2.1、"电影伽玛"为47.7，如图14-21所示。

步骤 10 将滑块移至00:07:12的位置，设置"色彩"为0、"饱和"为39.4、"亮度"为-16.5、"电影伽玛"为56.8，在下方单击"行"按钮，如图14-22所示。即可完成"色调"滤镜效果的制作。

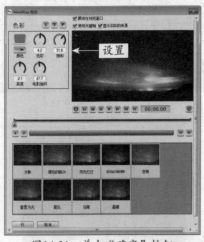
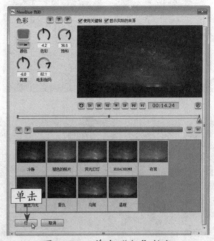

图14-21　单击"确定"按钮　　　　图14-22　单击"行"按钮

步骤 11 在导览面板中单击"播放"按钮▶，即可查看视频调色效果，如图14-23所示。

图14-23　预览制作的视频效果

> 在"NewBlue 色彩"对话框中，移动滑块的时间位置，调整"色彩"参数后，在滑块所在位置会自动添加一个关键帧(以红色标记显示)。

14.2.4 制作视频片尾效果

在完成视频内容剪辑之后，用户可以在会声会影中为视频添加片尾特效，添加片尾特效可以使视频效果更加完整、自然。

素材文件	无
效果文件	无
视频文件	视频\第14章\14.2.4　制作视频片尾效果.mp4

扫码看视频

步骤 01 单击"转场"按钮，切换至"转场"素材库，在库导航面板中选择"过滤"选项，如图14-24所示。

步骤 02 在"过滤"素材库中选择"淡化到黑色"转场，如图14-25所示。

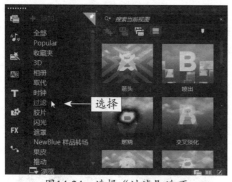
图14-24　选择"过滤"选项

图14-25　选择"淡化到黑色"转场

步骤 03 按住鼠标左键，拖曳"淡化到黑色"转场至视频轨的"视频1.mp4"素材后方，如图14-26所示。

步骤 04 释放鼠标左键，即可添加"淡化到黑色"转场，如图14-27所示。完成视频片尾特效的制作。

图14-26　拖曳"淡化到黑色"转场

图14-27　添加"淡化到黑色"转场

步骤 05 单击导览面板中的"播放"按钮▶，即可预览制作的视频片尾效果，如图14-28所示。

图14-28　预览制作的视频片尾效果

14.2.5 ‖ 添加视频字幕效果

在会声会影2020中，用户可以为制作的视频画面添加字幕，可以简明扼要地对视频进行说明。下面介绍添加视频字幕的操作方法。

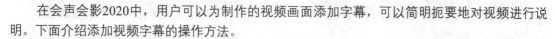

扫码看视频	素材文件	无
	效果文件	无
	视频文件	视频\第14章\14.2.5　添加视频字幕效果.mp4

步骤 01 在时间轴面板中将时间线移至00:00:00:002的位置，切换至"标题"素材库，在预览

窗口中双击鼠标左键，在文本框中输入内容为"银河延时"，如图14-29所示。

步骤 02 在"标题选项"|"字体"选项面板中设置"区间"为0:00:03:023、"字体"为"隶书"、"颜色"为黄色、"字体大小"为85，如图14-30所示。

图14-29 输入内容

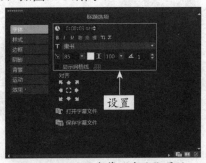

图14-30 设置字幕"字体"属性

步骤 03 选择预览窗口中的标题字幕并调整位置，在"标题选项"面板中单击"运动"标签，展开"运动"选项面板，如图14-31所示。

步骤 04 选中"应用"复选框，单击"选取动画类型"下三角按钮▼，弹出下拉列表框，选择"移动路径"选项，如图14-32所示。

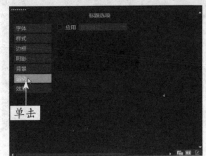

图14-31 单击"运动"标签

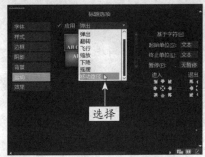

图14-32 选择"移动路径"选项

步骤 05 在下方的列表框中选择第2行第2个字幕运动样式，在导览面板中调整字幕运动的暂停区间，如图14-33所示。

步骤 06 在标题轨中选择并复制字幕文件，粘贴至00:00:05:00的位置，如图14-34所示。

图14-33 调整字幕运动的暂停区间

图14-34 粘贴相应位置

步骤 07 在预览窗口中更改字幕内容，展开"标题选项"|"字体"选项面板，设置"区间"为00:00:04:009、"字体"为"楷体"、"颜色"为白色、"字体大小"为40，如图14-35所示。并在预览窗口中调整字幕的位置。

步骤 08 在"标题选项"面板中单击"运动"标签，展开"运动"选项面板，选中"应用"复选框，如图14-36所示。

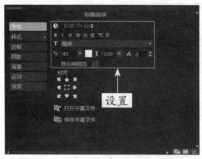
图14-35　设置字幕"字体"属性

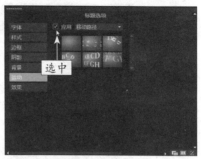
图14-36　选中"应用"复选框

步骤 09 单击"选取动画类型"下三角按钮▼，弹出下拉列表框，选择"淡化"选项，如图14-37所示。

步骤 10 在下方的列表框中选择第1行第1个淡化样式，在导览面板中调整字幕的暂停区间，如图14-38所示。

图14-37　选择"淡化"选项

图14-38　调整字幕的暂停区间

步骤 11 在标题轨中选择并复制上一个制作的字幕文件，粘贴至00:00:10:00的位置，如图14-39所示。在预览窗口中更改字幕内容。

步骤 12 使用同样的方法，选择并复制上一个制作的字幕文件，粘贴至标题轨中00:00:15:00的位置，并更改字幕内容，如图14-40所示。

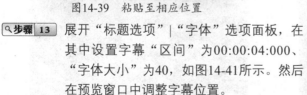
图14-39　粘贴至相应位置

图14-40　更改字幕内容

步骤 13 展开"标题选项"|"字体"选项面板，在其中设置字幕"区间"为00:00:04:000、"字体大小"为40，如图14-41所示。然后在预览窗口中调整字幕位置。

步骤 14 执行上述操作后，单击导览面板中的"播放"按钮▶，即可预览视频中的标题字幕效果，如图14-42所示。

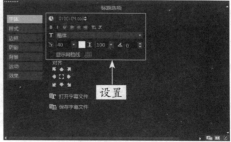
图14-41　设置字幕"字体"属性

图14-42　预览视频中的标题字幕效果

14.3　视频后期处理

通过对影片的后期处理，可以为影片添加各种音乐及特效，并输出视频文件，使影片更具珍藏价值。本节主要介绍制作视频的背景音乐特效以及渲染输出视频的操作方法。

14.3.1 ‖ 制作视频背景音乐

视频经过前期的调整制作后，用户可为其添加背景音乐，以增加视频的感染力。下面介绍制作视频背景音乐的操作方法。

扫码看视频

素材文件	无
效果文件	无
视频文件	视频\第14章\14.3.1　制作视频背景音乐.mp4

🔍**步骤 01**　将时间线移至素材的开始位置，在"文件夹"选项卡中选择"背景音乐.m4a"素材，如图14-43所示。

🔍**步骤 02**　按住鼠标左键并拖曳，将音频素材添加到音乐轨中，展开"音乐和声音"选项面板，在其中设置音频素材的"区间"为00:00:19:000，单击"淡入"和"淡出"按钮，即可为背景音乐添加淡入淡出效果，如图14-44所示。

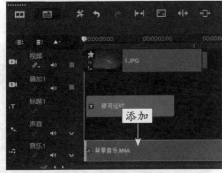

图14-43　添加音频素材

图14-44　单击相应按钮

14.3.2 ‖ 渲染输出视频文件

　　项目文件编辑完成后，用户即可将其渲染输出为视频文件，完整保存。渲染时间会根据编辑项目的长短以及计算机配置的高低而略有不同。下面介绍渲染输出视频文件的操作方法。

	素材文件	无
扫码看视频	效果文件	效果\第14章\抖音视频——星空银河.mpg
	视频文件	视频\第14章\14.3.2　渲染输出视频文件.mp4

步骤 01 切换至"共享"步骤面板，在其中选择MPEG-2选项，在"配置文件"下拉列表中选择第3个选项，如图14-45所示。

步骤 02 设置完成后，在下方面板中单击"文件位置"右侧的"浏览"按钮，弹出"选择路径"对话框，在其中设置文件的保存位置和名称，单击"保存"按钮，如图14-46所示。

图14-45　选择第3个选项

图14-46　单击"保存"按钮

步骤 03 返回会声会影"共享"步骤面板，单击"开始"按钮，如图14-47所示，即可开始渲染视频文件，并显示渲染进度。

步骤 04 稍等片刻，弹出提示信息框，提示渲染成功，单击"确定"按钮，如图14-48所示。切换至"编辑"步骤面板，在素材库中可以查看输出的视频文件。

图14-47　单击"开始"按钮

图14-48　单击"确定"按钮

华大学出版
荣誉出版

一秒打造光影视觉大片

第15章

电商视频——图书宣传

学习提示

　　所谓电商产品视频，是指在各大网络电商贸易平台(如淘宝网、京东商场等)上投放的，对商品、品牌进行宣传的视频。本章主要介绍制作电商产品视频的方法，包括导入电商宣传视频素材、背景动画效果、片头画面特效、覆叠素材画面效果、字幕效果以及渲染输出影片文件等内容。

🗑 CLEAR ⬆ SUBMIT

旅行街拍记录美好生活

本章重点导航

- 15.2.1　导入电商宣传视频素材
- 15.2.2　制作电商宣传背景特效
- 15.2.3　制作电商宣传片头特效
- 15.2.4　制作画中画宣传特效
- 15.2.5　制作视频字幕特效
- 15.3.1　制作视频背景音乐
- 15.3.2　渲染输出影片文件

🗑 CLEAR ⬆ SUBMIT

15.1　实例分析

在制作电商宣传视频之前，首先预览项目效果，并掌握项目技术点睛等内容，希望读者学完以后可以举一反三，制作出更多精彩漂亮的作品。

◀ 15.1.1 ‖ 效果欣赏

本实例介绍制作电商视频——图书宣传，实例效果如图15-1所示。

图15-1　视频效果

◀ 15.1.2 ‖ 技术点睛

用户首先需要将电商宣传视频的素材导入素材库中，然后添加背景视频至视频轨中，将照片添加至覆叠轨中，为覆叠素材添加动画效果，然后添加字幕、音乐文件。

15.2　制作视频效果

本节主要介绍视频文件的制作过程，包括导入电商宣传视频素材、制作电商宣传背景特效、制作电商宣传片头特效等内容。

◀ 15.2.1 ‖ 导入电商宣传视频素材

在编辑电商宣传视频之前，首先需要导入媒体素材文件。下面介绍导入电商宣传视频素材的操作方法。

	素材文件	素材\第15章\视频背景.mp4、背景音乐.wav、1.jpg～7.jpg
扫码看视频	效果文件	无
	视频文件	视频\第15章\15.2.1　导入电商宣传视频素材.mp4

步骤 01 在界面右上角单击"媒体"按钮▦，切换至"媒体"素材库，展开库导航面板，单击上方的"添加"按钮➕，新增一个"文件夹"选项，如图15-2所示。

步骤 02 单击菜单栏中的"文件"|"将媒体文件插入到时间轴"|"插入视频"命令，如图15-3所示。

图15-2 单击"添加"按钮

图15-3 单击"插入视频"命令

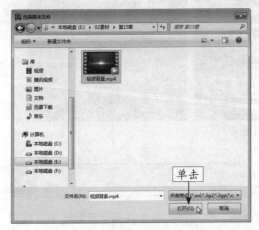

图15-4 单击"打开"按钮

步骤 03 弹出"选择媒体文件"对话框，在其中选择需要导入的视频素材，单击"打开"按钮，即可将视频素材导入新建的文件夹中，如图15-4所示。

步骤 04 选择相应的电商宣传视频素材，在导览面板中单击"播放"按钮▶，即可预览导入的视频素材画面效果，如图15-5所示。

图15-5 预览导入的视频素材画面效果

步骤 05 单击菜单栏中的"文件"|"将媒体插入到素材库"|"插入照片"命令，弹出"选择媒体文件"对话框，在其中选择需要导入的多张电商宣传照片素材，单击"打开"按钮，即可将照片素材导入"文件夹"选项卡中，如图15-6所示。

图15-6 将照片素材导入"文件夹"选项卡中

步骤 06　在素材库中选择相应的电商宣传照片素材，在预览窗口中可以预览导入的照片素材画面效果，如图15-7所示。

图15-7　预览导入的照片素材画面效果

15.2.2 ‖制作电商宣传背景特效

将电商宣传素材导入"媒体"素材库的"文件夹"选项卡中后，接下来用户可以将背景视频文件添加至视频轨中，制作电商宣传背景视频画面效果。

	素材文件	无
扫码看视频	效果文件	无
	视频文件	视频\第15章\15.2.2　制作电商宣传背景特效.mp4

步骤 01　在"文件夹"选项卡中将"视频背景"素材添加到视频轨中，如图15-8所示。

步骤 02　在"编辑"选项面板中将视频素材区间更改为0:00:52:001，如图15-9所示。即可完成背景视频的添加，在预览窗口中可以查看添加的视频画面。

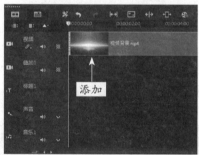

图15-8　将"视频背景"素材添加到视频轨中

图15-9　更改素材区间

15.2.3 ‖制作电商宣传片头特效

在会声会影2020中，为电商宣传片制作片头动画效果，可以提升影片的视觉效果。下面介绍制作电商视频片头特效的操作方法。

	素材文件	无
扫码看视频	效果文件	无
	视频文件	视频\第15章\15.2.3　制作电商宣传片头特效.mp4

步骤 01　将时间线移至00:00:06:004的位置，在素材库中选择1.jpg素材图像，按住鼠标左键并将其拖曳至覆叠轨的时间线位置，如图15-10所示。在"编辑"选项面板中设置区间

为0:00:07:027。

步骤 02 在预览窗口中调整覆叠素材的大小和位置，展开"编辑"选项面板，设置"边框"为2，"颜色"为白色，选中"基本动作"单选按钮，在"进入"选项区中单击"淡入动画效果"按钮▬▬▬，如图15-11所示。

图15-10 拖曳至覆叠轨中

图15-11 单击相应按钮

步骤 03 在导览面板中调整好暂停区间后，即可完成覆叠特效的制作，在预览窗口中可以预览制作的覆叠画面效果，如图15-12所示。

图15-12 预览制作的覆叠画面效果

步骤 04 调整时间线滑块至0:00:01:011的位置，切换至"标题"素材库，在预览窗口中双击鼠标左键，出现一个文本输入框，在其中输入片头字幕内容，如图15-13所示。

步骤 05 在"标题选项"|"字体"选项面板中设置片头字幕文件的字体属性，展开"运动"选项面板，选中"应用"复选框，单击"应用"右侧的下三角按钮，在弹出的列表框中选择"淡化"选项，如图15-14所示。在下方选择第1行第2个预设样式。

图15-13 输入片头字幕内容

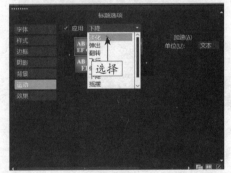

图15-14 选择"淡化"样式

步骤 06 在标题轨中选择添加的标题字幕，单击鼠标右键，在弹出的快捷菜单中选择"复制"命令，将其粘贴至标题轨的适当位置，在"标题选项"面板中设置"区间"为0:00:02:005，单击"运动"标签，在"运动"选项面板中取消选中"应用"复选框，即可完成第2段字幕文件的制作，相应标题轨道如图15-15所示。

步骤 07 使用同样的方法，在标题轨的
适当位置继续添加相应的字幕
文件，时间轴面板如图15-16
所示。

步骤 08 单击导览面板中的"播放"按
钮▶，即可在预览窗口中预览片
头效果，如图15-17所示。

图15-15 完成第二段字幕文件的制作

图15-16 继续添加相应的字幕文件

图15-17 预览片头效果

15.2.4 ∥ 制作画中画宣传特效

在会声会影2020中，用户可以在覆叠轨中添加多个覆叠素材，制作视频的画中画特效，还
可以为覆叠素材添加边框效果，使视频画面更加丰富多彩。本节主要介绍制作画面覆叠特效的
操作方法。

	素材文件	无
	效果文件	无
扫码看视频	视频文件	视频\第15章\15.2.4 制作画中画宣传特效.mp4

步骤 01 在视频轨中移动时间线至0:00:14:001的位置，在素材库中选择2.jpg图像素材，按住
鼠标左键并将其拖曳至覆叠轨中的时间线位置，在"编辑"选项面板中设置"照片

区间"为0:00:04:015，如图15-18所示。

步骤 02 继续在"编辑"选项面板中设置"边框"为2、"边框颜色"为白色，在预览窗口中可以调整素材的大小和位置，如图15-19所示。

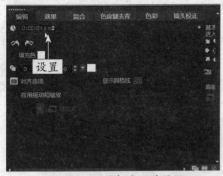
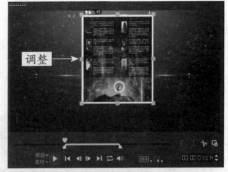

图15-18　设置相应照片区间　　　　　图15-19　调整素材的大小和位置

步骤 03 继续在"编辑"选项面板中选中"基本动作"单选按钮，单击"淡入动画效果"按钮，为素材添加动画效果，单击"播放"按钮，在预览窗口中预览覆叠画中画效果，如图15-20所示。

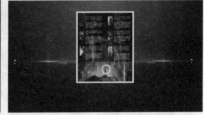

图15-20　预览覆叠画中画效果

步骤 04 使用同样的方法，在覆叠轨中的其他位置添加相应的覆叠素材，并为覆叠素材添加边框与动画特效，单击"播放"按钮，预览覆叠画中画效果，如图15-21所示。

图15-21　预览覆叠画中画效果

15.2.5 制作视频字幕特效

在会声会影2020中，单击"标题"按钮，切换至"标题"素材库，在其中用户可根据需要输入并编辑多个标题字幕。

扫码看视频

素材文件	无
效果文件	无
视频文件	视频\第15章\15.2.5　制作视频字幕特效.mp4

🔍**步骤 01** 在标题轨中复制前面制作的片头字幕文件，将字幕粘贴到标题轨中的适当位置，根据需要更改字幕的内容，在"标题选项"|"字体"选项面板中更改字幕的"字体大小"；在"运动"选项面板中为字幕文件添加相应的动画效果，并调整暂停区间，在预览窗口中预览字幕效果，标题轨中的字幕文件如图15-22所示。

图15-22　标题轨中的字幕文件

🔍**步骤 02** 单击导览面板中的"播放"按钮▶，预览制作的字幕特效，如图15-23所示。

图15-23　预览制作的字幕特效

15.3　视频后期处理

当用户对视频编辑完成后，接下来可以对视频进行后期处理，主要包括在影片中添加音频素材以及渲染输出影片文件。

◀ 15.3.1 ║ 制作视频背景音乐 ▶

在会声会影2020中，为视频添加配乐，可以增加视频的感染力。下面介绍制作视频背景音乐的操作方法。

扫码看视频	素材文件	无
	效果文件	无
	视频文件	视频\第15章\15.3.1　制作视频背景音乐.mp4

步骤 01 在"媒体"素材库中的空白位置上单击鼠标右键，在弹出的快捷菜单中选择"插入媒体文件"命令，弹出"选择媒体文件"对话框，在其中选择需要添加的音乐素材，单击"打开"按钮，将选择的音乐素材导入素材库中，如图15-24所示。

步骤 02 在时间轴面板中将时间线移至视频轨中的开始位置，在"媒体"素材库中选择"背景音乐.wav"素材，按住鼠标左键并拖曳至音乐轨中的开始位置，为视频添加背景音乐后，在时间轴面板中将时间线移至将其00:00:52:00的位置，如图15-25所示。

图15-24　导入音乐素材

图15-25　移动时间线的位置

步骤 03 选择音乐轨中的素材，单击菜单栏中的"编辑"|"分割素材"命令，即可将音频素材分割为两段，如图15-26所示。

步骤 04 选择分割的后段音频素材，按【Delete】键进行删除操作，留下剪辑后的音频素材，如图15-27所示。

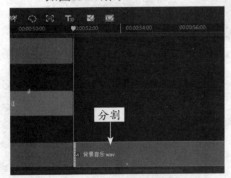

图15-26　将音频素材分割为两段

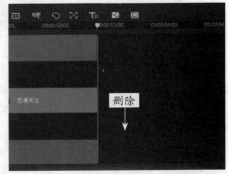

图15-27　留下剪辑后的音频素材

步骤 05 在音乐轨中选择剪辑后的音频素材，打开"音乐和声音"选项面板，在其中单击"淡入"按钮，设置背景音乐的淡入特效，如图15-28所示。在导览面板中单击"播放"按钮，预览视频画面并聆听背景音乐的声音。

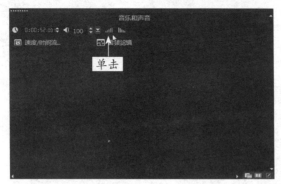

图15-28 单击"淡入"按钮

15.3.2 渲染输出影片文件

创建并保存视频文件后，用户即可对其进行渲染，渲染完成后可以将视频分享至各种新媒体平台，视频的渲染时间根据项目的长短以及计算机配置的高低而略有不同。下面介绍输出视频文件的操作方法。

素材文件	无	
效果文件	效果\第15章\电商视频——图书宣传.mpg	
视频文件	视频\第15章\15.3.2 渲染输出影片文件.mp4	

扫码看视频

步骤 01 切换至"共享"步骤面板，在其中选择MPEG-2选项，如图15-29所示。

步骤 02 在下方面板中单击"文件位置"右侧的"浏览"按钮，弹出"选择路径"对话框，在其中设置文件的保存位置和名称，单击"保存"按钮，如图15-30所示。

图15-29 选择MPEG-2选项

图15-30 单击"保存"按钮

步骤 03 返回"共享"步骤面板，单击"开始"按钮，即可开始渲染视频文件，并显示渲染进度，如图15-31所示。

步骤 04 稍等片刻弹出提示信息框，提示渲染成功，单击OK按钮，如图15-32所示。切换至"编辑"步骤面板，在素材库中查看输出的视频文件。

图15-31 显示渲染进度

图15-32 单击OK按钮

婚纱视频——携手相伴

第16章

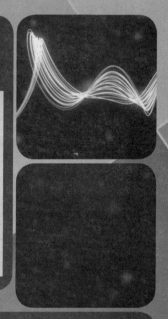

学习提示

　　婚姻是人生最美好的事情之一，新人会到婚纱摄影公司拍摄各种风格的婚纱照，并用数码摄像机将婚礼中一切美好的过程记录下来，接下来可以使用会声会影软件将拍摄的照片或影片制作成精美的电子相册。本章主要介绍婚纱视频的制作方法。

🗑 CLEAR　　⬆ SUBMIT

携手相

本章重点导航

- 16.2.1　导入婚纱媒体素材
- 16.2.2　制作婚纱背景画面
- 16.2.3　制作画中画遮罩特效
- 16.2.4　制作婚纱字幕特效
- 16.3.1　制作视频背景音乐
- 16.3.2　渲染输出影片文件

🗑 CLEAR　　⬆ SUBMIT

16.1　实例分析

结婚是人一生中最重要的事情之一，是新郎和新娘新生活的开始，也是人生中最美好的回忆。在制作视频效果之前，首先预览项目效果，并掌握项目技术点睛等内容。

◀ 16.1.1 ‖效果欣赏 ▶

本实例制作的是婚纱视频——携手相伴，实例效果如图16-1所示。

图16-1　视频效果

◀ 16.1.2 ‖技术点睛 ▶

首先进入会声会影编辑器，在视频轨中添加需要的婚纱摄影素材，为照片素材制作画中画特效，并添加摇动效果，然后根据影片的需要制作字幕特效，最后添加音频特效，并将影片渲染输出。

16.2　制作视频效果

本节主要介绍视频文件的制作过程，如导入婚纱媒体素材、制作婚纱背景画面、制作画中画遮罩特效、制作婚纱字幕特效等内容，希望读者熟练掌握婚纱视频效果的各种制作方法。

◀ 16.2.1 ‖导入婚纱媒体素材 ▶

在编辑婚纱媒体素材之前，首先需要导入婚纱媒体素材。下面介绍导入婚纱媒体素材的操作方法。

扫码看视频	素材文件	素材\第16章\背景视频.mp4、1.jpg～8.jpg、音乐.mp3
	效果文件	无
	视频文件	视频\第16章\16.2.1　导入婚纱媒体素材.mp4

步骤 01 进入会声会影编辑器，在"媒体"素材库中新建一个"文件夹"素材库，在右侧的空白位置单击鼠标右键，在弹出的快捷菜单中选择"插入媒体文件"命令，如图16-2所示。

步骤 02 执行操作后，弹出"选择媒体文件"对话框，在其中选择需要导入的婚纱相册素材文件，单击"打开"按钮，即可将素材导入"文件夹"选项卡中，在其中用户可查看导入的素材文件，如图16-3所示。

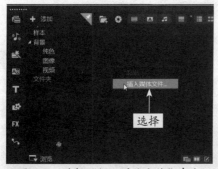
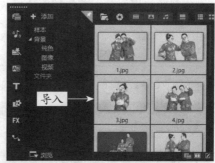

图16-2　选择"插入媒体文件"命令　　　　图16-3　导入素材文件

步骤 03 选择相应的婚纱素材，在导览面板中单击"播放"按钮▶，即可预览导入的素材画面效果，如图16-4所示。

图16-4　预览导入的素材画面效果

16.2.2 ‖制作婚纱背景画面

在会声会影2020中，导入婚纱媒体素材后，接下来用户可以制作婚纱视频背景画面。下面介绍制作婚纱视频背景画面的操作方法。

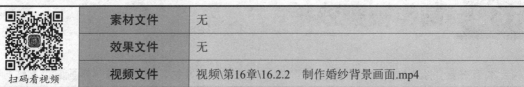

素材文件	无
效果文件	无
视频文件	视频\第16章\16.2.2　制作婚纱背景画面.mp4

扫码看视频

步骤 01 在"文件夹"选项卡中选择"背景视频.mp4"素材，按住鼠标左键并将其拖曳至视频轨的开始位置，在"编辑"选项面板中设置视频素材的区间为0:00:11:023，如图16-5所示。

步骤 02 在时间轴面板中选择视频素材，单击鼠标右键，在弹出的快捷菜单中选择"音频"|"静音"命令，如图16-6所示。在时间轴面板中可以查看制作的背景视频静音效果。

步骤 03 使用同样的方法，再次在时间轴面板的视频轨中添加背景视频，进入"编辑"选项面板，在其中单击"速度/时间流逝"按钮，弹出"速度/时间流逝"对话框，设置"新素材区间"为0:0:36:18，单击"确定"按钮，如图16-7所示。

步骤 04 执行操作后，选择视频素材，单击鼠标右键，在弹出的快捷菜单中选择"音频"|"静音"命令，即可在时间轴面板中查看添加的静音效果，如图16-8所示。

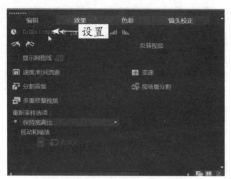

图16-5 设置视频素材的区间

图16-6 选择"静音"命令

图16-7 单击"确定"按钮

图16-8 查看添加的静音效果

步骤 05 在时间轴面板中可以查看添加的两段视频素材效果，在右上角可以查看视频的总体时间长度，如图16-9所示。

图16-9 查看视频的总体时间长度

步骤 06 单击"播放"按钮▶，预览制作的婚纱背景画面效果，如图16-10所示。

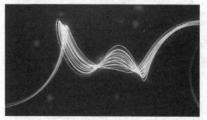

图16-10 预览制作的婚纱背景画面效果

◀ 16.2.3 制作画中画遮罩特效 ▶

在会声会影2020中，为婚纱影片制作画中画遮罩特效，可以提升影片的视觉效果，增强吸引力。下面介绍制作婚纱视频画中画遮罩特效的操作方法。

扫码看视频

素材文件	无
效果文件	无
视频文件	视频\第16章\16.2.3　制作画中画遮罩特效.mp4

步骤 01　将时间线移至00:00:07:011的位置，在素材库中选择1.jpg照片素材，按住鼠标左键并将其拖曳至覆叠轨中的时间线位置，在"编辑"选项面板中设置素材的区间为0:00:04:013，如图16-11所示。在预览窗口中拖曳素材四周的控制柄，调整素材至全屏大小。

步骤 02　在"编辑"选项面板中选中"应用摇动和缩放"复选框，单击"自定义"左侧的下三角按钮，在下方选择第1行第2个摇动样式。继续在"编辑"选项面板中单击"淡入动画效果"按钮，如图16-12所示。

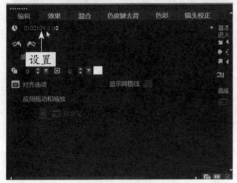

图16-11　设置素材区间

图16-12　单击"淡入动画效果"按钮

步骤 03　在"混合"选项面板中单击"蒙版模式"下三角按钮，在弹出的列表框中选择"遮罩帧"选项，如图16-13所示。在下方选择相应的遮罩样式，在左边设置"最小值"为60。

步骤 04　将时间线移至00:00:12:019的位置，在素材库中选择2.jpg照片素材，按住鼠标左键并将其拖曳至覆叠轨中的时间线位置，在"编辑"选项面板中设置素材的区间为0:00:04:010，在预览窗口中拖曳素材四周的控制柄，调整素材至全屏大小，如图16-14所示。

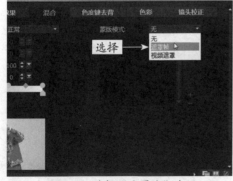

图16-13　选择"遮罩帧"选项

图16-14　调整素材至全屏大小

步骤 05　在"编辑"选项面板中选中"应用摇动和缩放"复选框，单击"自定义"左侧的下三角按钮，在下方选择第1行第2个摇动样式，如图16-15所示。

步骤 06　在"混合"选项面板中单击"蒙版模式"下三角按钮，在弹出的列表框中选择"遮罩帧"选项，如图16-16所示。在下方选择相应的遮罩样式，在左边设置"最小值"为60。

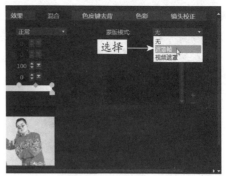

图16-15 选择相应摇动样式　　　　　图16-16 选择"遮罩帧"选项

步骤 07 使用同样的方法，在覆叠轨中的其他位置依次添加相应的覆叠素材，设置覆叠素材的区间长度。单击导览面板中的"播放"按钮▶，预览制作的婚纱视频画中画遮罩特效，如图16-17所示。

图16-17 预览婚纱视频画中画遮罩特效

16.2.4 制作婚纱字幕特效

在会声会影2020中，为婚纱视频文件应用字幕动画效果，可以对画面起到画龙点睛、点明主题的作用。下面介绍制作婚纱视频标题字幕特效的操作方法。

扫码看视频

素材文件	无
效果文件	无
视频文件	视频\第16章\16.2.4　制作婚纱字幕特效.mp4

步骤 01 将时间线移至00:00:01:18的位置，切换至时间轴视图，单击"标题"按钮■，切换至"标题"素材库，在预览窗口中的适当位置双击鼠标左键，出现一个文本输入框，在其中输入相应文本内容，如图16-18所示。

步骤 02 在"标题选项"面板中设置"字体"为"楷体"、"字体大小"为169、"颜色"为黄色、"区间"为0:00:01:008，如图16-19所示。

步骤 03 展开"边框"选项面板，在其中选中"外侧笔画框线"复选框，然后设置"边框宽度"为7、"线条色彩"为红色，如图16-20所示。

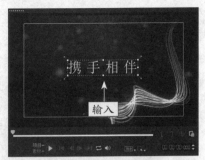

图16-18　输入相应文本内容

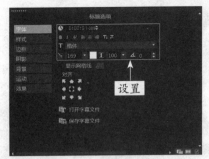

图16-19　设置字体参数

步骤 04 在"标题选项"面板中单击"阴影"标签，切换至"阴影"选项面板，单击"突起阴影"按钮▲，在其中设置X为9、Y为9、"突起阴影色彩"为黑色，如图16-21所示。

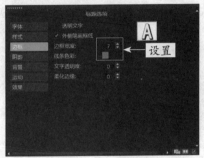

图16-20　设置边框参数

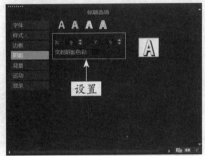

图16-21　设置阴影参数

步骤 05 在"标题选项"面板中单击"运动"标签，展开"运动"选项面板，选中"应用"复选框，单击"选取动画类型"下三角按钮█，在弹出的列表框中选择"下降"选项，如图16-22所示。在下方的列表框中选择第1行第2个下降样式。

步骤 06 在其中选中"加速"复选框，如图16-23所示。

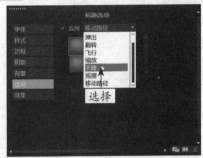

图16-22　选择"下降"选项

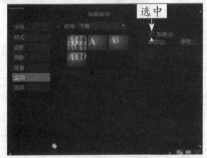

图16-23　选中"加速"复选框

步骤 07 执行操作后，即可设置标题字幕动画效果，单击导览面板中的"播放"按钮▶，预览标题字幕动画效果，如图16-24所示。

图16-24　预览标题字幕动画效果

🔍**步骤 8** 在标题轨中选择并复制上一个制作的字幕文件，设置字幕区间为 0:00:03:018，在"运动"选项面板中取消选中"应用"复选框，取消字幕动画效果，如图16-25示。

🔍**步骤 09** 使用同样的方法，在标题轨中对字幕文件进行多次复制操作，然后更改字幕的文本内容和区间长度，在预览窗口中调整字幕的摆放位置，时间轴面板中的字幕文件如图16-26所示。

图16-25　取消字幕动画效果

🔍**步骤 10** 制作完成后，单击"播放"按钮▶，预览字幕动画效果，如图16-27所示。

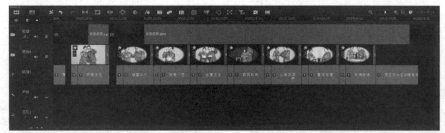

图16-26　时间轴面板中的字幕文件显示效果

图16-27　预览字幕动画效果

16.3 视频后期处理

通过影视后期处理，可以为影片添加各种音乐及特效，使影片更具珍藏价值。本节主要介绍影片的后期编辑与输出，包括制作视频的背景音乐特效和输出为视频文件的操作方法。

◀ 16.3.1 ‖ 制作视频背景音乐 ▶

在会声会影2020中，在音乐轨中添加音频素材，然后为音频素材应用淡入淡出效果，实现更好的听觉效果。下面介绍制作婚纱音频特效的操作方法。

	素材文件	素材\第16章\音乐.mp3
 扫码看视频	效果文件	无
	视频文件	视频\第16章\16.3.1　制作视频背景音乐.mp4

步骤 01 将时间线移至素材的开始位置，在音乐轨中添加一段音乐素材，将时间线移至00:00:48:15的位置，选择音频素材，单击鼠标右键，在弹出的快捷菜单中选择"分割素材"命令，如图16-28所示。

步骤 02 执行操作后，即可将音频分割为两段，选择后段音频素材，按【Delete】键进行删除操作，如图16-29所示。

步骤 03 选择剪辑后的音频素材，单击鼠标右键，在弹出的快捷菜单中选择"淡出音频"命令，设置音频淡出特效，如图16-30所示。至此，完成音频素材的添加和剪辑操作。

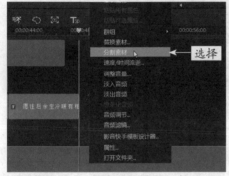

图16-28　选择"分割素材"命令

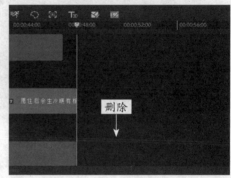

图16-29　删除后段音频素材

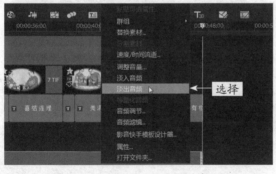

图16-30　选择"淡出音频"命令

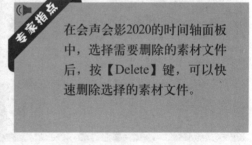

专家指点

在会声会影2020的时间轴面板中，选择需要删除的素材文件后，按【Delete】键，可以快速删除选择的素材文件。

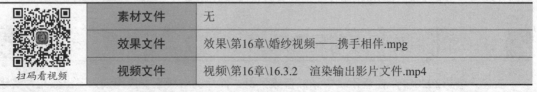

16.3.2 渲染输出影片文件

通过会声会影2020中的"共享"步骤选项面板，可以将编辑完成的影片进行渲染并输出成视频文件。在会声会影2020中提供了多种输出影片的方法，用户可以根据需要进行相应的选择。

	素材文件	无
 扫码看视频	效果文件	效果\第16章\婚纱视频——携手相伴.mpg
	视频文件	视频\第16章\16.3.2　渲染输出影片文件.mp4

步骤 01 切换至"共享"步骤面板，在其中选择MPEG-2选项，在"配置文件"右侧的下拉列

表中选择相应的输出选项，如图16-31所示。

步骤 02 在下方面板中单击"文件位置"右侧的"浏览"按钮，弹出"选择路径"对话框，在其中设置文件的保存位置和名称，单击"保存"按钮，如图16-32所示。

图16-31　选择相应的输出选项

图16-32　单击"保存"按钮

步骤 03 返回会声会影"共享"步骤面板，单击"开始"按钮，即可开始渲染视频文件，并显示渲染进度，如图16-33所示。

步骤 04 稍等片刻，弹出提示信息框，提示渲染成功，单击OK按钮，如图16-34所示。切换至"编辑"步骤面板，在素材库中查看输出的视频文件。

图16-33　显示渲染进度

图16-34　单击OK按钮

天资聪颖

惹人喜爱

第17章

儿童相册——成长记录

学习提示

　　对于父母来说，儿童相册都是美好的回忆，而通过会声会影把静态的写真变成动态的视频，将为其增加收藏价值。本章主要介绍儿童相册的制作方法。

🗑 CLEAR　　⬆ SUBMIT

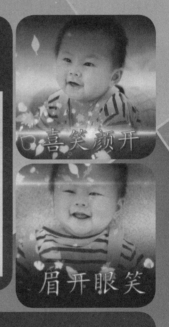
喜笑颜开

眉开眼笑

你的可爱
治愈一切不可
我的岁月因你
你是我热爱生活的

本章重点导航

🗑 CLEAR　　⬆ SUBMIT

17.1 实例分析

在会声会影中，用户可以将摄影师拍摄的各种儿童照片巧妙地组合在一起，为其添加各种摇动效果、字幕效果、背景音乐，并为其制作画中画特效。在制作视频效果之前，首先预览项目效果，并掌握项目技术点睛等内容。

17.1.1 效果欣赏

本实例制作的是儿童相册——成长记录，实例效果如图17-1所示。

图17-1　效果欣赏

17.1.2 技术点睛

首先进入会声会影编辑器，在视频轨中添加需要的写真摄影素材，为照片素材制作画中画特效，并添加摇动效果，然后根据影片的需要制作字幕特效，最后添加音频特效，并将影片渲染输出。

17.2 制作视频效果

本节主要介绍视频文件的制作过程，如导入儿童媒体素材、制作儿童背景画面、制作视频画中画特效、制作视频片头字幕特效、制作视频主题画面字幕特效等内容，希望读者熟练掌握儿童视频效果的各种制作方法。

17.2.1 导入儿童媒体素材

在编辑儿童媒体素材之前，首先需要导入儿童媒体素材。下面介绍导入儿童媒体素材的操作方法。

 扫码看视频	素材文件	素材\第17章\视频1.mpg、视频2.mpg、1.jpg～7.jpg
	效果文件	无
	视频文件	视频\第17章\17.2.1　导入儿童媒体素材.mp4

步骤 01 在界面左上角单击"媒体"按钮，切换至"媒体"素材库，在库导航面板中单击"添加"按钮，新增一个"文件夹"选项，如图17-2所示。

步骤 02 单击菜单栏中的"文件"|"将媒体文件插入到素材库"|"插入视频"命令，如图17-3所示。

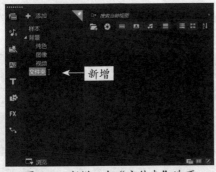

图17-2　新增一个"文件夹"选项

图17-3　单击"插入视频"命令

步骤 03 弹出"选择媒体文件"对话框，在其中选择需要导入的视频素材，单击"打开"按钮，即可将视频素材导入新建的选项卡中，如图17-4所示。

步骤 04 在"媒体"素材库中选择"文件夹"选项，在右侧的空白位置单击鼠标右键，在弹出的快捷菜单中选择"插入媒体文件"命令，如图17-5所示。

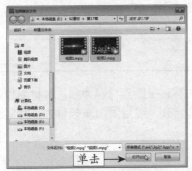

图17-4　单击"打开"按钮

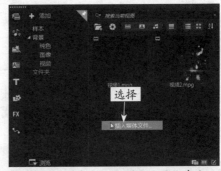

图17-5　选择"插入媒体文件"命令

步骤 05 弹出"选择媒体文件"对话框，在其中选择需要插入的儿童媒体素材文件，单击"打开"按钮，即可将素材导入"文件夹"选项卡中，在其中用户可查看导入的素材文件，如图17-6所示。

图17-6　将素材导入新建的选项卡中

步骤 06 在素材库中选择相应的照片素材，在预览窗口中可以预览导入的照片素材画面效果，如图17-7所示。

图17-7 预览导入的照片素材画面效果

17.2.2 制作儿童背景画面

在会声会影2020中，导入儿童媒体素材后，接下来用户可以制作儿童视频背景动态画面。下面介绍制作儿童视频背景画面的操作方法。

素材文件	无
效果文件	无
视频文件	视频\第17章\17.2.2　制作儿童背景画面.mp4

扫码看视频

步骤 01 在"媒体"素材库的"文件夹"选项卡中，依次选择"视频1"和"视频2"素材，按住鼠标左键并将其拖曳至视频轨的开始位置，释放鼠标左键，如图17-8所示。

步骤 02 在"视频2"素材的最后位置添加"淡化到黑色"转场效果，展开"转场"选项面板，设置"区间"为0:00:00:009，如图17-9所示。

图17-8 拖曳至视频轨的开始位置　　　　图17-9 设置转场区间

步骤 03 在导览面板中单击"播放"按钮▶，预览制作的儿童视频画面背景效果，如图17-10所示。

图17-10   预览制作的儿童视频画面背景效果

专家指点

在素材库中，如果用户创建了不需要的库项目，此时可以对库项目进行删除操作。删除库项目的方法很简单，用户只需选择需要删除的库项目，单击鼠标右键，在弹出的快捷菜单中选择"删除"命令，即可删除不需要的库项目。

◀ 17.2.3 ‖ 制作视频画中画特效 ▶

在会声会影2020中，用户可以通过覆叠轨制作儿童视频的画中画特效。下面介绍制作儿童视频画中画特效的操作方法。

素材文件	无
效果文件	无
视频文件	视频\第17章\17.2.3 制作视频画中画特效.mp4

扫码看视频

🔍步骤 01 将时间线移至00:00:05:00的位置，在"媒体"素材库中单击"文件夹"选项，选择1.jpg素材，如图17-11所示。

🔍步骤 02 按住鼠标左键并将其拖曳至时间轴中，在"编辑"选项面板中设置覆叠素材的"照片区间"为0:00:03:000，如图17-12所示。

图17-11   选择1.jpg素材

图17-12   设置素材的"照片区间"

🔍步骤 03 在预览窗口中调整覆叠素材的大小和位置，并拖曳下方的暂停区间，调整覆叠属性，如图17-13所示。

🔍步骤 04 在"编辑"选项面板中选中"应用摇动和缩放"复选框，如图17-14所示。在下方选择相应的摇动样式，制作覆叠动画效果。

图17-13　拖曳下方的暂停区间

图17-14　选中"应用摇动和缩放"复选框

步骤 05 在"混合"选项面板中单击"蒙版模式"右侧的下三角按钮，在弹出的列表框中选择"遮罩帧"选项，如图17-15所示。在下方选择相应的遮罩帧样式。

图17-15　选择"遮罩帧"选项

步骤 06 单击"播放"按钮▶，预览制作的视频画中画效果，如图17-16所示。

图17-16　预览制作的视频画中画效果

步骤 07 将时间线移至00:00:08:00的位置，依次将2.jpg～7.jpg素材添加至覆叠轨中，在预览窗口中调整覆叠素材的大小，并分别设置覆叠素材的"照片区间"为0:00:03:00，然后为素材添加摇动和缩放效果，时间轴面板如图17-17所示。

图17-17　添加摇动和缩放效果

步骤 08 单击导览面板中的"播放"按钮▶，即可在预览窗口中预览制作的视频画中画效果，如图17-18所示。

图17-18　预览制作的视频画中画效果

17.2.4 ▍制作视频片头字幕

在会声会影2020中，为儿童视频的片头制作字幕动画效果，可以使视频主题明确，传达用户需要的信息。下面介绍制作视频片头字幕特效的操作方法。

	素材文件	无
	效果文件	无
	视频文件	视频\第17章\17.2.4　制作视频片头字幕.mp4

扫码看视频

🔍**步骤 01** 将时间线移至00:00:00:009的位置，切换至"标题"素材库，在素材库中选择一个标题模板，并拖曳至时间轴面板的标题轨中，如图17-19所示。

🔍**步骤 02** 在预览窗口中输入"成长记录"，字幕中间各加一个空格，如图17-20所示。

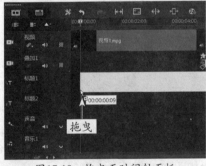

图17-19　拖曳至时间轴面板　　　　　图17-20　输入"成长记录"

🔍**步骤 03** 在"标题选项"面板中设置"字体"为"隶书"、"字体大小"为90、"色彩"为黄色、"区间"为0:00:01:008，如图17-21所示。

🔍**步骤 04** 展开"边框"选项面板，在其中选中"外侧笔画框线"复选框，然后设置"边框宽度"为3，在右侧设置"线条色彩"为红色，如图17-22所示。

🔍**步骤 05** 在"标题选项"面板中单击"阴影"标签，切换至"阴影"选项卡，单击"下垂阴影"按钮，在其中设置X为5、Y为5、"下垂阴影色彩"为黑色、"透明度"为60、"柔化边缘"为10，如图17-23所示。

🔍**步骤 06** 设置完成后，在"标题选项"面板中单击"运动"标签，展开"运动"选项面板，选中"应用"复选框，如图17-24所示。

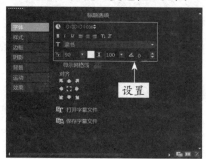

图17-21　设置相应属性

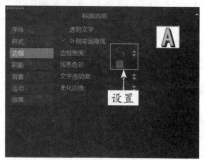

图17-22　设置边框属性

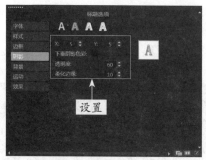

图17-23　设置相应属性

图17-24　选中"应用"复选框

🔍**步骤 07**　单击"选取动画类型"下三角按钮，在弹出的下拉列表框中选择"淡化"选项，在下方的预设列表框中选择第1行第2个下降样式，如图17-25所示。在导览面板中调整暂停区间。

图17-25　选择第1行第2个下降样式

🔍**步骤 08**　执行操作后，即可设置标题字幕动画效果，单击导览面板中的"播放"按钮▶，预览标题字幕动画效果，如图17-26所示。

图17-26　预览标题字幕动画效果

🔍**步骤 09**　在标题轨中选择并复制上一个制作的字幕文件，设置字幕区间为0:00:03:000，在"运动"选项面板中取消选中"应用"复选框，如图17-27所示。完成视频片头字幕特效的制作。

图17-27　取消选中"应用"复选框

17.2.5 | 制作主体画面字幕

在会声会影2020中，为儿童视频制作主体画面字幕动画效果，可以丰富视频画面的内容，增强视频画面感。下面介绍制作视频主体画面字幕特效的操作方法。

扫码看视频

素材文件	无
效果文件	无
视频文件	视频\第17章\17.2.5 制作主体画面字幕.mp4

步骤 01 在标题轨中将上一例制作的标题字幕文件复制到标题轨右侧的合适位置，更改字幕内容为"聪明可爱"，在"标题选项"面板中设置"字体"为"楷体"、"字体大小"为90、"色彩"为黄色、"区间"为0:00:01:008，如图17-28所示。

步骤 02 展开"边框"选项面板，在其中选中"外侧笔画框线"复选框，然后设置"边框宽度"为3，在右侧设置"线条色彩"为红色，如图17-29所示。

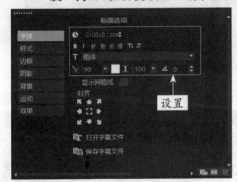

图17-28 设置相应属性

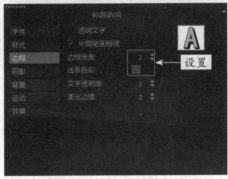

图17-29 设置边框属性

步骤 03 在"标题选项"面板中单击"阴影"标签，换至"阴影"选项卡，单击"下垂阴影"按钮，在其中设置X和Y均为5、"下垂阴影色彩"为黑色、"透明度"为60、"柔化边缘"为10，如图17-30所示。

步骤 04 设置完成后，在"标题选项"面板中单击"运动"标签，展开"运动"选项面板，选中"应用"复选框，单击"选取动画类型"下三角按钮，在弹出的下拉列表框中选择"淡化"选项，在下方的列表框中选择第1行第2个下降样式，如图17-31所示。在导览面板中调整暂停区间。

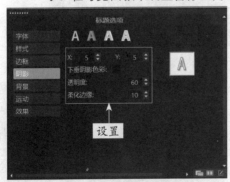

图17-30 设置阴影属性

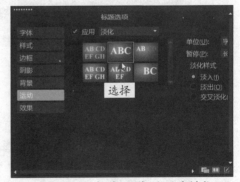

图17-31 选择第1行第2个下降样式

步骤 05 在标题轨中选择并复制上一个制作的字幕文件，如图17-32所示。在"标题选项"面板中设置字幕区间为0:00:01:017。

步骤 06 在"运动"选项面板中取消选中"应用"复选框，如图17-33所示。即可取消字幕动画效果，完成视频片头字幕特效的制作。

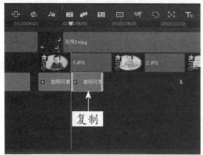
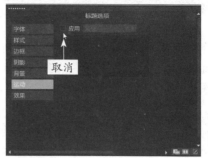

图17-32 复制上一个制作的字幕文件　　　　图17-33 取消选中"应用"复选框

步骤 07 使用同样的方法，在标题轨中对字幕文件进行多次复制操作，然后更改字幕的文本内容和区间长度，在预览窗口中调整字幕的摆放位置，查看时间轴面板中的字幕文件，如图17-34所示。

图17-34 查看时间轴面板中的字幕文件

步骤 08 单击"转场"按钮，展开"过滤"转场组，在其中选择"交叉淡化"转场，将其添加至标题轨中最后一个标题字幕的左侧，如图17-35所示。

步骤 09 制作完成后，单击"播放"按钮，预览字幕动画效果，如图17-36所示。

图17-35 添加"交叉淡化"转场

图17-36 预览字幕效果

17.3 视频后期处理

通过后期处理，不仅可以对写真视频的原始素材进行合理编辑，而且可以为影片添加各种音乐和特效，使影片更具珍藏价值。本节主要介绍影片的后期编辑与输出，包括制作儿童视频的音频特效和输出视频文件等内容。

◀ 17.3.1 ‖ 制作视频背景音乐

音频是一部影片的灵魂，在后期编辑过程中，音频的处理相当重要。下面主要介绍添加并处理音乐文件的操作方法。

素材文件	素材\第17章\背景音乐.wav
效果文件	无
视频文件	视频\第17章\17.3.1　制作视频背景音乐.mp4

扫码看视频

🔍 **步骤 01** 将时间线移至素材的开始位置，在音乐轨中添加一段音乐素材，将时间线移至00:00:30:000的位置，如图17-37所示。

🔍 **步骤 02** 选择音频素材，单击鼠标右键，在弹出的快捷菜单中选择"分割素材"命令，即可将音频分割为两段，选择后段音频素材，按【Delete】键进行删除操作，如图17-38所示。

图17-37　移动相应位置　　　　　　　图17-38　删除后段音频

◀ 17.3.2 ‖ 渲染输出影片文件

通过会声会影2020中的"共享"步骤选项面板，可以将编辑完成的影片进行渲染并输出成视频文件。会声会影2020提供了多种输出影片的方法，用户可根据需要进行相应的选择。

素材文件	无
效果文件	效果\第17章\儿童相册——成长记录.mp4
视频文件	视频\第17章\17.3.2　渲染输出影片文件.mp4

扫码看视频

🔍 **步骤 01** 切换至"共享"步骤面板，在其中选择MPEG-4选项，如图17-39所示。

🔍 **步骤 02** 在"配置文件"右侧的下拉列表框中选择第4个选项，执行上述操作后，在下方面板中单击"文件位置"右侧的"浏览"按钮，如图17-40所示。

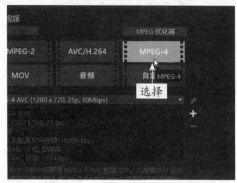

图17-39 选择MPEG-4选项

图17-40 单击右侧"浏览"按钮

步骤 03 弹出"选择路径"对话框，在其中设置文件的保存位置和名称，单击"保存"按钮，如图17-41所示。

图17-41 单击"保存"按钮

步骤 04 返回会声会影"共享"步骤面板，单击"开始"按钮，即可开始渲染视频文件，并显示渲染进度，如图17-42所示。

步骤 05 稍等片刻，弹出提示信息框，提示渲染成功，单击OK按钮，如图17-43所示。切换至"编辑"步骤面板，在素材库中查看输出的视频文件。

图17-42 显示渲染进度

图17-43 单击OK按钮

45个会声会影问题解答

1. **打开会声会影项目文件时，有时会提示找不到链接，但是素材文件还在，这是为什么呢？**

答：这是因为会声会影项目文件路径方式都是绝对路径(只能记忆初始的文件路径)，移动素材或者重命名文件，都会使项目文件丢失路径。只要用户不去移动素材或者重命名，是不会出现这种现象的。如果用户移动了素材或者进行了重命名，只需要找到源素材进行重新链接就可以了。

2. **在会声会影2020中，如何在"媒体"素材库中以列表的形式显示图标？**

答：在会声会影2020的"媒体"素材库中，软件默认状态下以图标的形式显示导入的素材文件，如果用户需要以列表的形式显示，只需单击界面上方的"列表视图"按钮，即可以列表显示素材。

3. **在会声会影的时间轴面板中，如何添加多个覆叠轨道？**

答：只需在覆叠轨图标上单击鼠标右键，在弹出的快捷菜单中选择"轨道管理器"命令，在其中选择需要显示的轨道复选框，然后单击"确定"按钮即可。

4. **如何查看会声会影素材库中的文件在视频轨中是否已经使用了？**

答：当用户将素材库中的素材拖曳至视频轨中进行应用后，此时素材库中相应素材的右上角将显示一个对勾符号，表示该素材已经被使用，这样可以帮助用户很好地对素材进行管理。

5. **如何添加软件自带的多种图像、视频以及音频媒体素材？**

答：在以前的会声会影版本中，软件自带的媒体文件都显示在软件中，而当用户安装好会声会影2020后，默认状态下"媒体"素材库中没有自带的图像或视频文件，此时用户需要启动安装文件中的Autorun.exe应用程序，打开相应面板，在其中单击"赠送内容"超链接，在弹出的列表框中选择"图像素材""音频素材"或"视频素材"后，即可进入相应文件夹，选择素材并将其拖曳至"媒体"素材库中，即可添加软件自带的多种媒体素材。

6. **会声会影2020是否适合Windows 10系统？**

答：到目前为止，会声会影2020是完美适配于Windows 10系统，会声会影2020同时也完美兼容Windows 8、Windows 7等系统。

7. **在会声会影2020中，系统默认的图像区间为3秒，这种默认设置能修改吗？**

答：可以修改，只需要单击菜单栏中的"文件"|"参数选择"命令，弹出"参数选择"对话框，在"编辑"选项卡的"默认照片/色彩区间"数值框中输入需要设置的数值，单击"确定"按钮，即可更改默认的参数。

8. **当用户在时间轴面板中添加多个轨道和视频文件时，上方的轨道会隐藏下方添加的轨道，只有滚动控制条才能显示预览下方的轨道，此时如何在时间轴面板中显示全部轨道信息呢？**

答：显示全部轨道信息的方法很简单，用户只需单击时间轴面板上方的"显示全部可视化轨道"按钮，即可显示全部轨道。

9. **在会声会影2020中，如何在预览窗口中确认素材是否居中？**

答：用户可以拖曳素材调整停放位置，当画面中出现横向的红色虚线时，表示当前素材位置为水平居中；当画面中出现竖向的红色虚线时，则表示当前素材位置为垂直居中；当画面中出现两条红色虚线时，则表示当前素材位置为画面正中央。

10．在会声会影2020中，如何在预览窗口中显示标题安全区域？

答：只有设置显示标题安全区域，才知道标题字幕是否出界，单击菜单栏中的"设置"|"参数选择"命令，弹出"参数选择"对话框，在"预览窗口"选项区中选中"在预览窗口中显示标题安全区域"复选框，即可显示标题安全区域。

11．在会声会影2020中，为什么在AV连接摄像机时，采用会声会影的DV转DVD向导模式无法扫描摄像机？

答：此模式只有在通过DV连接(1394)摄像机以及USB接口的情况下，才能使用。

12．在会声会影2020中，为什么在DV中采集视频的时候是有声音的，而将视频采集到会声会影中后，没有DV视频的背景声音？

答：有可能是音频输入设置错误。在小喇叭按钮处单击鼠标右键，在弹出的快捷菜单中选择"录音设备"命令，在弹出的"声音"对话框中调整线路输入的音量，单击"确定"按钮后，即可完成声音设置。

13．在会声会影2020中，怎样将修整后的视频保存为新的视频文件？

答：通过菜单栏中的"文件"|"保存修整后的视频"命令，保存修整后的视频，新生成的视频就会显示在素材库中。在制作片头、片尾时，需要的片段可以用这种方法逐段分别生成后再使用。把选定的视频素材文件拖曳至视频轨上，通过渲染，加工输出为新的视频文件。

14．当用户采集视频时，为何提示"正在进行DV代码转换，按【Esc】键停止"等信息？

答：这有可能是因为用户的计算机配置过低，例如硬盘转速低、CPU主频低，或者内存太小等原因所造成的。还有用户在捕获DV视频时，建议将杀毒软件和防火墙关闭，同时停止所有后台运行的程序，这样可以提高计算机的运行速度。

15．在会声会影2020中，色度键的功能如何正确应用？

答：色度键的作用是指抠像技术，主要针对单色(白、蓝等)背景进行抠像操作。用户可以先将需要抠像的视频或图像素材拖曳至覆叠轨上，展开"色度键去背"选项面板，然后使用吸管工具在需要采集的单色背景上单击鼠标左键，采集颜色，即可进行抠图处理。

16．在会声会影2020中，为什么刚装好的软件自动音乐功能不能用？

答：因为Quicktracks音乐必须要有QuickTime软件才能正常运行，所以用户在安装会声会影软件时，最好先安装最新版本的QuickTime软件，这样安装好会声会影2020后，自动音乐功能就可以使用了。

17．在会声会影2020中选择字幕颜色时，为什么选择的红色有偏色现象？

答：这是因为用户使用了色彩滤镜的原因，用户可以按【F6】键，弹出"参数选择"对话框，进入"编辑"选项卡，在其中取消选择"应用色彩滤镜"复选框，即可消除红色偏色的现象。

18．在会声会影2020中，为什么无法把视频直接拖曳至多相机编辑器视频轨中？

答：在多相机编辑器中，用户不能直接将视频拖曳至多相机编辑器中，只能在需要添加视频的视频轨道上单击鼠标右键，在弹出的快捷菜单中选择"导入源"命令，在弹出的对话框中选择需要导入的视频素材，单击"确定"按钮，即可将视频导入多相机编辑器视频轨中。

19．在会声会影中如何将两个视频合成一个视频？

答：将两个视频依次导入会声会影2020的视频轨中，然后切换至"共享"步骤面板，渲染输出后，即可将两个视频合成为一个视频文件。

20．摄像机和会声会影2020之间为什么有时会失去连接？

答：有些摄像机可能会因为长时间无操作而自动关闭。出现这种情况后，用户只需要重新打开摄像机电源以建立连接即可。无须关闭与重新打开会声会影，因为该程序可以自动检测捕获设备。

21．如何设置覆叠轨上素材的淡入淡出时间？

答：首先选中覆叠轨中的素材，在选项面板中设置动画的淡入和淡出特效，然后调整导览面板中两个暂停区间的滑块位置，即可设置素材的淡入淡出时间。

22．为什么会声会影无法精确定位时间码？

答：在某个时间码处捕获视频或定位磁带时，会声会影有时可能会无法精确定位时间码，甚至可能导致程序自行关闭。发生这种情况时，用户可能需要关闭程序，或者通过时间码手动输入需要采集的视频位置进行精确定位。

23．在会声会影2020中，可以调整图像的色彩吗？

答：可以，用户只需选择需要调整的图像素材，展开"色彩"选项面板，在其中可以自由更改图像的色彩。

24．在会声会影2020中，如何使用色度键中的吸管工具？

答：与Photoshop中吸管工具的使用方法相同，用户只需在"色度键去背"选项面板中选择吸管工具，然后在需要吸取的图像颜色位置单击鼠标左键，即可吸取图像颜色。

25．如何利用会声会影2020制作一边是图像，一边是文字的放映效果？

答：首先拖曳一张图片素材至视频轨中，播放的视频放在覆叠轨，调整大小和位置；在标题轨中输入需要的文字，调整文字大小和位置，即可制作图文画面特效。

26．在会声会影2020中，为什么无法导入AVI文件？

答：可能是因为会声会影不完全支持所有的视频格式编码，所以出现了无法导入AVI格式文件的情况，此时要进行视频格式的转换操作，最好转换MPG或MP4的视频格式。

27．在会声会影2020中，为什么无法导入RM格式文件？

答：因为会声会影2020并不支持RM、RMVB格式的文件。

28．在会声会影2020中，为什么有时打不开MP3格式的音乐文件？

答：这有可能因为该文件的位速率较高，用户可以使用转换软件来降低音乐文件的位速率，这样就可以顺利地将MP3音频文件导入会声会影中。

29．在会声会影中如何导入MLV文件？

答：可以将MLV的扩展名改为MPEG，就可以导入会声会影中进行编辑了。另外，对于某些MPEG1编码的AVI，也是不能导入会声会影的，但是将扩展名改成MPG，就可以解决该类视频的导入问题。

30．会声会影在导出视频时自动退出，这是什么情况？

答：出现此种情况，多数是和第三方解码或编码插件发生冲突造成的，建议用户先卸载第三方解码或编码插件后，再渲染生成视频文件。

31．能否使用会声会影2020刻录 Blu-ray 光盘？

答：在会声会影2020中，用户可以通过菜单栏中的"工具"|"创建光盘"|Blu-ray命令打开相应对话框，在其中可以根据需要进行剪辑，待剪辑素材后便可以刻录蓝光光盘。

32. 会声会影2020新增的多点运动追踪可以用来做什么？

答：在以前的会声会影版本中，只有单点运动追踪，新增的多点运动追踪可以用来制作人物面部马赛克等效果，该功能十分实用。

33. 制作视频的过程中，如何让视频、歌词、背景音乐进行同步？

答：用户可以先从网上下载需要的音乐文件，下载后用播放软件进行播放，并关联LRC歌词到本地，然后通过转换软件将歌词转换为会声会影能识别的字幕文件，再插入会声会影中，即可使用。

34. 当用户刻录光盘时，提示工作文件夹占用C盘，应该如何处理？

答：在"参数选择"对话框中，如果用户已经更改了工作文件夹的路径，在刻录光盘时用户仍然需要再重新将工作文件夹的路径设定为C盘以外的分区，否则还会提示占用C盘，影响系统和软件的运行速率。

35. VCD光盘能实现卡拉OK时原唱和无原唱切换吗？

答：在会声会影2020中，用户可以将歌曲文件分别放在音乐轨和声音轨中，然后将音乐轨中的声音全部调成左边100%、右边0%，声音轨中的声音则反之，然后进行渲染操作，最好生成MPEG格式的视频文件，这样可以在刻录时掌握码率，制作出来的视频文件清晰度有所保证。

36. 在会声会影2020中，用压缩方式刻录会不会影响视频质量？

答：可能会影响视频质量，使用降低码流的方式可以增加时长，但这样做会降低视频的质量。如果对质量要求较高，那么可以将视频分段，刻录成多张光盘。

37. 打开会声会影时，系统提示"无法初始化应用程序，屏幕的分辨率太低，无法播放视频"，这是什么原因呢？

答：在会声会影2020中，用户只能在大于1024×768的屏幕分辨率下才能运行。

38. 如何区分计算机系统是32位还是64位，以此来选择安装会声会影的版本？

答：在桌面的"计算机"图标上单击鼠标右键，在弹出的快捷菜单中选择"属性"命令，在打开的"系统"窗口中即可查看计算机的相关属性。如果用户的计算机是64位系统，则需要选择64位的会声会影2020进行安装。

39. 在会声会影中，如何取消重新链接检查提示？

答：单击"设置"|"参数选择"命令，弹出"参数选择"对话框，在"常规"选项卡中取消选中"重新链接检查"复选框，然后单击对话框底部的"确定"按钮即可。

40. 在会声会影2020中，用户可以直接导入没编码的AVI视频文件进行视频编辑吗？

答：不可以的，有编码的才可以导入会声会影中，建议用户先安装相应的AVI格式播放软件或编码器，然后再使用。

41. 会声会影默认的色块颜色有限，能否自行修改需要的RGB颜色参数？

答：可以。用户可以在视频轨中添加一个色块素材，然后在"色彩"选项面板中单击"色彩选取器"色块，在弹出的列表框中选择"Corel色彩选取器"选项，在弹出的对话框中可以自行设置色块的RGB颜色参数。

42. 在会声会影2020中，可以制作出画面下雪的特效吗？

答：用户可以在素材上添加"雨点"滤镜，然后在"雨点"对话框中自定义滤镜的参数值，即可制作出画面下雪的特效。

43. 在会声会影2020中，视频画面太暗了，能否调整视频的亮度？

答：用户可以在素材上添加"亮度和对比度"滤镜，然后在"亮度和对比度"对话框中自定义滤镜的参数值，即可调整视频画面的亮度和对比度。

44. 在会声会影2020中，即时项目模板太少了，可否从网上下载然后导入使用？

答：用户可以从会声会影官方网站上下载需要的即时项目模板，然后在"即时项目"界面中通过"导入一个项目模板"按钮，将下载的模板导入会声会影界面中，然后再拖曳到视频轨中使用(如果网站界面有更新，请用户根据实际情况及界面提示进行操作)。

45. 如何对视频中的Logo进行马赛克处理？

答：用户可以通过会声会影2020中的"运动追踪"功能，打开该界面，单击"设置多点跟踪器"按钮，然后设置需要使用马赛克的视频Logo标志，单击"运动跟踪"按钮，即可对视频中的Logo标志进行马赛克处理。